ERINNERUNGEN 1934–1999

FLUGTRIEBWERKBAU IN MÜNCHEN

Helmut Schubert

Bildnachweis:
Airbus Industries (3), Bayerische Motoren Werke AG (9), Boeing Corp. (3), Cessna (1), Daimler-Benz AG (25), DASA (16), Deutsche Lufthansa AG (6), Deutsches Museum (8), DLR (1), Dornier GmbH (6), Eurocopter (1), Fairchild Dornier (1), General Electric Corp. (3), Glander (1), IAE (2), M.A.N. AG (6), McDonnell-Douglas (2), Panavia GmbH (1), PWC (2), Rolls-Royce Ltd. (2), Siemens AG (2), Smithsonian Institution (1), SNECMA (1), UTC (5), Zeppelin-Metallwerke GmbH (1).

Alles andere Bildmaterial stammt aus dem Unternehmensarchiv der MTU München.

3., erweiterte Auflage 1999
© MTU München 1984
Genehmigte Ausgabe AVIATIC VERLAG GmbH, Oberhaching

Alle Rechte, auch diejenigen der Übersetzung,
der fotomechanischen Wiedergabe
und des auszugsweisen Abdrucks, vorbehalten.
Speicherung und Verbreitung einschließlich
Übernahme auf elektronische Datenträger wie CD-Rom,
Bildplatte u.ä. sowie Einspeisung in
elektronische Medien wie Bildschirmtext,
Internet usw. ist ohne vorherige schriftliche
Genehmigung unzulässig.

Graphische Gestaltung und Satz:
MTU München und
Michael Bauer, Weißenfeld

Gesamtherstellung:
Bosch-Druck GmbH, Landshut

Printed in Germany

ISBN 3-925505-49-0

Zum Geleit

In unserer kurzlebigen Zeit vergißt man sehr schnell, wie es vor fünfzig oder gar hundert Jahren war. Das gilt ganz besonders für alle technischen Entwicklungen. Machte beispielsweise die Motorisierung der Luftfahrt Anfang unseres Jahrhunderts nur mühsam Fortschritte, so war es in den dreißiger Jahren schon möglich, in nur wenigen Stunden nach Übersee zu kommen. Und 1969 – vor jetzt dreißig Jahren – landete bereits der erste Mensch auf dem Mond.

Dreißig Jahre ist es auch her, daß am 11. Juli 1969 in München die MTU gegründet wurde. In ihr kam ein Großteil der damaligen deutschen Triebwerksaktivitäten zusammen. Ihre Wurzeln gehen aber – über mehrere Fusionsschritte – weit in die Geschichte des Triebwerksbaues zurück. So ist nicht nur die 1934 gegründete BMW Flugmotorenbau die Rechtsvorgängerin der MTU München, auch so berühmte Namen wie Daimler, Otto, Siemens und Rapp sind mit ihr verbunden.

Heute – an der Schwelle zum nächsten Jahrtausend – setzt die MTU die Tradition des deutschen Triebwerksbaues als führendes Unternehmen dieser Branche in Deutschland fort. In ihrer ausgeprägten Kooperationsstrategie arbeitet sie dabei eng mit allen bedeutenden Triebwerksherstellern der Welt zusammen und ist zum global agierenden Unternehmen geworden.

Das Buch zeigt nicht nur die wechselvolle Geschichte des Flugmotoren- und Triebwerksbaues in Deutschland auf, es geht vor allem auch auf die enormen technischen Leistungen ein, die von den Ingenieuren an allen Standorten erbracht wurden. Es vermittelt so, was es heißt, Antriebe mit höchster Leistungsdichte und größter Zuverlässigkeit herzustellen, die die Flugzeuge und ihre Passagiere schnell und zuverlässig von einem Ort der Erde zu einem anderen – oftmals Tausende von Kilometern entfernten – bringen.

Wenn das Buch das Verständnis für diese Leistungen ein wenig weckt, dann hat es seine Aufgabe erfüllt.

Unser Dank gilt allen, die direkt und indirekt am Zustandekommen dieses Werkes beteiligt waren.

MTU München
Die Unternehmensleitung

Inhalt

Zum Geleit	3
Am Anfang stand der Antrieb	8
Die große Zeit der Kolbenflugmotoren	10
Die Ausgliederung des Flugmotorenbaus bei BMW im Jahre 1934	10
Der BMW VI setzt sich durch	13
Die BMW 132-Motorenfamilie	16
Pionierflüge mit BMW 132	17
BMW 139 – Nachfolger des BMW 132	18
Flugdieselmotoren-Entwicklung	18
Große flüssigkeitsgekühlte Flugmotoren von BMW	19
Siemens-Flugmotoren-Tradition	20
Kleinflugmotor Sh 14A	22
Erste Hubschrauberantriebe bei Siemens und Bramo	23
Eingliederung der Bramo in die BMW	25
Das BMW-Werk 2 in Allach entsteht	26
Der BMW 800 – ein unbekannter Bruder des BMW 801	27
Der BMW 801	28
Das Kommandogerät	29
Die Triebwerkfamilie BMW 801	30
BMW 801 Höhenmotor-Versionen	32
Vom BMW 802 bis zum BMW 805	34
Von Daimler und Benz zu Daimler-Benz	36
Erste Flugmotoren von Gottlieb Daimler und Carl Benz	36
Flugmotorenentwicklungen ab 1925	39
Der Einspritzmotor DB 601	41
Rekorde mit Daimler-Benz-Motoren	42
Daimler-Benz-Dieselmotoren	42
DB 603 – der große Daimler-Benz-Flugmotor	44
Abgasturboladerentwicklungen bei Daimler-Benz	45
DB 605 – der kleine Daimler-Benz-Flugmotor	46
Flugmotorenentwicklungen bei der MAN	48
Mana III und Mana IV	48
Ein zweiter Anlauf bei MAN	50
Die Anfänge der Strahltriebwerkentwicklung	52
Strahltriebwerke von Bramo und BMW	52
Erste Projektarbeiten bei den Brandenburgischen Motorenwerken	52
TL-Projektarbeiten bei BMW in München	53
Prinzip- und Komponentenversuche	53
Das Weinrich-Triebwerkprojekt	54
Erstlauf des Triebwerks BMW P 3302 im Jahre 1941	55
Prüfstands- und Flugerprobung des BMW P 3302 V 1 bis V 10	55
Das Projekt BMW P 3302 V 11 bis V 14	56
Das BMW 109-003 A-0 geht in Serie	56
Einsatz der BMW-Triebwerke in der Arado Ar 234 und der Heinkel He 162	57
Weitere BMW-TL-Projekte	58
BMW 109-018 und BMW 109-028	60
Die erste Höhenprüfstandsanlage der Welt: Herbitus	61
Technologischer Stand des BMW 109-003 am Ende des Krieges	62

Strahltriebwerke von Daimler-Benz	64
DB 109-007 – das erste Zweistromtriebwerk der Welt	64
Die BMW-Raketenentwicklungen	66
Starthilfen standen am Anfang	66
Salpetersäure als Sauerstoffträger	66
Entwicklungsstand der Raketenantriebe 1945	68
Der Wiederbeginn bei BMW	69
Das Werk 2 in Allach von 1945 bis 1955	69
Teilverkauf des Allacher Werkes an MAN	71
Erste BMW-Kleintriebwerkprojekte	72
Kleingasturbine BMW 6002	72
Kleingasturbine BMW 6012	75
Luftlieferer BMW 6012 L	75
Weitere Anwendungen der BMW 6012	77
Kleingasturbine BMW 6022	78
Flugerprobung im Hubschrauber Bo 105	79
Gasturbinen-Generatorantrieb auf Schiffen	80
Einsatz der Version 6022-716	80
Erste Lizenzfertigung und Wartungsarbeiten	81
Lycoming-Lizenzfertigung	81
Kolbenmotoren-Betreuung	83
Orenda Triebwerkwartung	83
Motor- und Getriebeinstandsetzung	84
Nachbau des General Electric-Triebwerks J79-11A	85
Vorbereitung zur Serienproduktion	85
Weiterentwicklung zur J1K-Version	87
Lizenzbau des Triebwerks J79 für die Phantom II	88
Lizenzbau von Wellentriebwerken	89
Triebwerk Tyne R. Ty. 20 Mk 21 und Mk 22	89
Lizenzbau General Electric T64	92
Gemeinschaftsentwicklungen mit Rolls-Royce	93
Rolls-Royce/MAN RB.153-17	93
Rolls-Royce/MAN RB.153-61	95
Rolls-Royce/MAN RB.145	98
Rolls-Royce/MAN RB.193-12	99
Weitere Versionen des RB.193	102
Triebwerke für das Neue Kampfflugzeug – NKF	102
Das Baugruppenprogramm	103
Daimler-Benz entwickelt wieder Flugtriebwerke	104
DB 720/PTL 6	104
Daimler-Benz-Staustrahltriebwerk ST 190	105
DB 721/PTL 10	106
DB 730 und DB 731	106
Vom MRCA zum Tornado	107
Internationale Vereinbarungen	107
Die MRCA75-Definitionsphase	107
Die Entwicklung des Triebwerks Turbo-Union RB.199-34 R	108
Meilensteine der Triebwerkentwicklung	109
Europäische Zusammenarbeit	111
Die Serienversionen des Triebwerks RB.199-34 R	111
Übersicht über die RB.199-Triebwerksversionen	113
RB 199 Feldprüfstand	114

Das Alpha Jet-Triebwerk   115
   Beteiligung am Larzac 04C6   115
   Kooperationsprogramm Larzac 04C20   116

Die Hubschraubertriebwerksentwicklungen   118
   Kleingasturbine T 7B-1   118
   Kleingasturbine MTU SM-450   118
   EPM/ESM 600   118
   Von der Kleingasturbine MTM 380 zur MTR 390   119
   Lizenzbau des Triebwerks 250-MTU-C20B   121

Beteiligung am Bau ziviler Großtriebwerke   123
   Airbus-Triebwerk RB.207   123
   Teilefertigung für das Airbus-Triebwerk CF6-50   123
   Erweiterung der Zusammenarbeit mit General Electric –
   das Triebwerksprojekt CF6-80   124
   Fertigung für General Electric CF6-80E1   126

Transatlantische Zusammenarbeit bei der Entwicklung ziviler Flugtriebwerke   127
   Wege zum 10 Tonnen-Schub-Triebwerk   127
   Die Anfänge der JT10D-Entwicklung   127
   Vom JT10D zum PW 2037   128
   Konstruktive Besonderheiten des Triebwerks PW 2037   131
   Beteiligung der MTU am Triebwerk PW 2037   132

IAE V 2500 – ein erfolgreiches ziviles Triebwerk   133
   Ein Fünf Nationen-Triebwerks-Projekt   133
   Das V 2500 SF-Superfan-Projekt   136
   Serienfertigung der V 2500   136
   V 2500-Triebwerksversionen   137

Die Triebwerksallianz mit Pratt & Whitney   138
   Vom RTF 180 zum MTFE   138
   Beteiligung an der Triebwerksfamilie PW 4000   139
   PW 4090 mit gekühlter Niederdruckturbine   142
   Beteiligung an der PW 4098-Entwicklung   142
   Teilefertigung für das JT8D-200-Triebwerksprogramm   143

Produkterhaltung ziviler und militärischer Triebwerke   144
   Die Anfänge der Triebwerksbetreuung   144
   Die MTU Maintenance Hannover   145
   Die MTU Maintenance Berlin-Brandenburg   145
   Die MTU Maintenance Canada   146
   Produkterhaltung militärischer Triebwerke   146

Antriebe für Geschäftsreiseflugzeuge – Kooperation mit Pratt & Whitney Canada   147
   Die Triebwerksfamilie PW 300   147
   MTU-Beteiligung am PW 500   148

Technologie-Programme für Hochbypass-Triebwerke   150
   Das CRISP-Triebwerkskonzept   150
   Das ADP-Technologieprogramm   151

Engine 3E – Das Triebwerkskonzept der Zukunft   153
   Engine 3E-Verdichtertechnologie   153
   Engine 3E-Brennkammertechnologie   155
   Engine 3E-Turbinentechnologie   155
   Zukünftige Zielsetzungen   155

Forschung und Entwicklung	156
Neue Technologien	156
Moderne Versuchsträgerprogramme	161
Versuchsträger VT1A	161
Versuchsträger VT1B	162
Versuchsträger VT3	163
Blisk-Technologie	164
Lineares Reibschweißen	164
Adaptives Fräsen	164
Dichtungstechnologie	165
Fertigung von Bürstendichtungen	165
Antriebskonzepte für Raumflugkörper	166
EJ 200 – Europas wichtigstes militärisches Triebwerk	168
Das EF 2000 Typhoon-Flugzeugprogramm	168
Das EJ 200-Triebwerksentwicklungsprogramm	169
Die EJ 200-Triebwerkstechnologie	171
Die elektronische Triebwerksregelung	171
Die Zukunft des EJ 200	172
Weiterführende Fachliteratur	173
Aus der Geschichte der MTU München und ihrer Vorgängergesellschaften	174

Lenk-Motorballon des Mainzer Ingenieurs Paul Haenlein, angetrieben von einem Lenoir-Gasmotor von 2 bis 4 kW Leistung, bei der Probefahrt in Brünn 1872, die sich auf eine Länge von etwa 600 Meter erstreckte

Am Anfang stand der Antrieb

Eine erste Erfüllung des uralten Menschheitstraumes vom Fliegen erfolgte mit Flugapparaten, die nach dem Prinzip »Leichter als Luft« als Gasballon und Heißluftballon die Menschen im neunzehnten Jahrhundert erfreuten und zuweilen auch erschreckten. Doch bald war die aufkommende »Luftfahrt« wegen Steuerungs- und Antriebsproblemen an einer technischen Grenze. Einen ersten Wandel brachten die Erfindungen des Gasmotors 1860 von Etienne Lenoir, des Viertaktmotors 1876 von Nicolaus August Otto und dessen Weiterentwicklung durch Wilhelm Maybach und Gottlieb Daimler. Damit standen erstmals zweckmäßige, wenn auch noch nicht ausgereifte Antriebe zur Verfügung. Das lenkbare Luftschiff war mit ihnen möglich geworden. Viele »Erfinder« befaßten sich mit Konstruktion und Bau von Luftschiffen. Nur wenige waren erfolgreich. Die größten Erfolge erzielten Parseval, Schütte-Lanz und Graf Zeppelin in Deutschland.

Mit dem Ottomotor war aber auch die Verwirklichung des Prinzips »Schwerer als Luft« in greifbare Nähe gerückt. Der Motorflug mit einem Flugzeug war gegen Ende des neunzehnten Jahrhunderts nur noch eine Frage der Zeit.

Der erste gesteuerte Motorflug der Welt – am 17. Dezember 1903 in Kitty Hawk, North Carolina – war nur möglich, weil die Gebrüder Orville und Wilbur Wright der Konstruktion des Antriebs dieselbe Bedeutung zumaßen wie dem Bau des Flugzeugs. Mit Hilfe des Mechanikers Charlie Taylor war ein funktionsfähiger Flugmotor mit 11 kW Leistung entwickelt worden, der samt Zubehör rund 80 kg wog.

In der nach 1903 beginnenden und sich im Tempo immer mehr steigernden Entwicklung der Luftfahrt ist sehr viel über die Fortschritte und Errungenschaften des Flugzeugs berichtet worden, aber sehr viel weniger über den parallel laufenden und ebenso stürmischen Wettkampf um verbesserte Flugantriebe.

Zu Beginn ähnelte die Technik der Flugmotoren der Technik der im selben Zeitraum angewandten Kraftfahrzeugmotoren, die überwiegend Vier- und Sechszylinder-Kolbenmotoren im Viertakt-Arbeitsverfahren mit Wasser- oder Luftkühlung waren.

Bereits vor dem Ersten Weltkrieg stellte sich heraus, daß die Hauptanforderungen an einen brauchbaren Flugantrieb kleinstmögliche Masse, geringe Abmessungen und sehr hohe Betriebssicherheit sind, Forderungen, die einander zum Teil widersprechen. Für hochleistungsfähige, betriebssichere Antriebe mußten auch entsprechende Werkstoffe entwickelt werden, die gute Ermüdungseigenschaften hatten und den hohen mechanischen und thermischen Beanspruchungen der Luftfahrt genügten. Da der Betriebsstoff des Flugzeugs mitgetragen werden muß, bekam auch der Brennstoffverbrauch des Flugmotors eine große Bedeutung. Diese Forderungen verlangten besonders intensive Forschungs- und Entwicklungsarbeiten, die mit hohen Kosten verbunden waren. Dies alles bewirkte, daß Flugantriebe zum Spitzenprodukt des Kraftmaschinenbaus wurden.

Unter dem Namen MTU München ist das Unternehmen in diesem Bereich seit 30 Jahren tätig. Sie ist mit über 6000 Mitarbeitern das größte Unternehmen auf dem Gebiet der Luftfahrtantriebe in Deutschland. Ihr Hintergrund sind die Erfahrungen einer ganzen Reihe bedeutender deutscher Maschinenbauunternehmen.

Keimzellen waren die Flugmotorenaktivitäten der Bayerischen Motorenwerke AG (BMW), München und deren Tochter, der BMW Flugmotorenbau GmbH, München. Nach dem Zweiten Weltkrieg waren es dann die BMW Studiengesellschaft für Triebwerkbau GmbH, München, die BMW Triebwerkbau GmbH, München, die Daimler-Benz AG, Abteilung Strömungsmaschinen, Stuttgart, die M.A.N. Turbomotoren GmbH, München und die M.A.N. Turbo GmbH, München, deren Aktivitäten 1969 zur MTU Motoren- und Turbinen-Union München GmbH führten.

Die MTU München feiert 1999 das 65jährige Bestehen, zurückgehend auf die Ausgliederung des Flugmotorenbaues aus den Bayerischen Motorenwerken AG von 1934.

Die Geschichte der Luftfahrtantriebe in Deutschland ist von Anfang an eine Aneinanderreihung von Fusions- und Integrationsprozessen. Wie ein roter Faden ziehen sich Unternehmensveränderungen durch die Geschichte.

Nicht zu übersehen sind die technischen Impulse, die die Produkte der beteiligten Unternehmen der gesamten Entwicklung der Luftfahrt gegeben haben. Die Leistungen der Flugmotorenhersteller in ihren Produkten aufzuspüren und darzustellen, ist der Sinn dieses Buches.

Erster Motorflug der Gebrüder Wright am 17. Dezember 1903 bei Kitty Hawk

Die große Zeit der Kolbenflugmotoren

Rapp-Motorenwerke GmbH in der Schleißheimer Straße im Jahre 1915

Otto-Werke an der Neulerchenfeldstraße am Rande des Oberwiesenfeldes 1914

Hallen der Bayerischen Flugzeug-Werke AG am Rande des Münchener Flugplatzes Oberwiesenfeld mit Schulflugzeug Albatros D III

Die Ausgliederung des Flugmotorenbaus bei BMW im Jahre 1934

Als der Flugmotorenbau 1934 aus der Bayerischen Motoren-Werke AG in München ausgegliedert wurde, beschäftigte sich das unternehmen bereits fast 20 Jahre mit der Entwicklung und Produktion von Flugmotoren. Schließt man die Tradition der am 28. Oktober 1913 in München gegründeten Rapp-Motorenwerke GmbH und der Gustav Otto Flugmaschinenwerke ein, so ist der Flugmotorenbau bei BMW noch älter und führt bis in die Pionierzeit der Luftfahrt in Deutschland zurück. Vorläuferin der BMW war die am 17. März 1916 gegründete Bayerische Flugzeug-Werke AG (BFW), in der die gustav Otto Flugmaschinenwerke aufgegangen sind, die sich in der Anfangszeit neben dem Flugzeugbau auch mit Flugmotoren beschäftigten.

Den Übergang von der reinen Flugmotorenfertigung zu anderen Produkten, ausgelöst von den im Versailler Vertrag 1919 festgelegten Verboten, vollzog BMW schrittweise. Franz Josef Popp, der damalige Leiter des kurz vor Kriegsende fertig gewordenen hochmodernen BMW-Motorenwerkes an der Moosacher Straße in München, suchte im Rahmen des »Friedensprogramms« geeignete zivile Produkte für sein Werk. Der Konstrukteur des BMW IIIa-Flugmotors »Bayernmotor«, Max Friz, entwarf in dieser Situation einen 6 kW-Zweizylinder-Boxermotor, mit der Bezeichnung M 2 B 15, der u. a. für Motorräder vorgesehen war. Dazu wurde ein passendes neuartiges Motorrad, die R 32, mit Kardanwelle und angeblocktem Getriebe entwickelt. Dieses Motorrad stellte BMW ab 1923 in Serie her. Damit war für BMW eine erste neue Produktionsbasis gefunden. Dies war auch die Zeit, in der die Bayerischen Flugzeug-Werke AG nach Gesellschafterwechsel den Namen Bayerische Motoren Werke Aktiengesellschaft annahmen und die BMW-Fabrikanlagen in der Moosacher Straße 80 in München von der Südbremse AG, Berlin, übernommen wurden. Auf die »neue« BMW – sprich »alte« BFW – wurden Namen, Firmenzeichen und Patente übertragen und als Werksgelände die Hallen und Büros der ehemaligen Otto-Werke in der Neulerchenfeldstraße in München-Milbertshofen bezogen. Die Voraussetzungen für neue Aktivitäten waren damit geschaffen.

Sechszylinder-Flugmotor BMW IIIa *Jagdeinsitzer Dornier Do DI mit BMW IIIa,*
»Bayernmotor« *erster Flug am 4. Juni 1918*

Ende der 20er Jahre konnte Franz Josef Popp sich einen lange ersehnten unternehmerischen Wunsch erfüllen: BMW wurde mit dem Kauf der Dixi-Werke in Eisenach am 14. November 1928 auch Automobilfabrik. Das Unternehmen hatte damit zwei Werke, in München-Milbertshofen und in Eisenach/Thüringen, mit drei Produktionssparten: in München den Flugmotorenbau, der ab 1923 in kleinem Umfang wieder aufgenommen wurde, und den Motorradbau sowie in Eisenach den Automobilbau.

Die politischen Veränderungen des Jahres 1933 in Deutschland berührten auch die BMW AG. Nur sehr widerstrebend war Franz Josef Popp bereit, auf die Wünsche des Reichsluftfahrtministeriums, bezüglich einer Kapazitätserweiterung des Flugmotorenbaus bzw. einer Kapitalbeteiligung des Deutschen Reiches bei der BMW AG, einzugehen. Das Unternehmen wollte um jeden Preis, auch zu dieser Zeit, privatwirtschaftlich bleiben. Vor allem wollte man langfristig auf dem Automobilsektor ein größeres Gewicht bekommen, da der Flugmotorenbau zu stark von den Unsicherheiten öffentlicher Aufträge abzuhängen schien. BMW wehrte sich mit allen Mitteln gegen staatliche Einflußnahme auf die Unternehmenspolitik. Einen Weg, um aus dieser Zwangslage herauszukommen, bot die Ausgliederung des Flugmotorenbaus.

Man entschloß sich aus juristischen, organisatorischen und produktbedingten Überlegungen, 1934 eine Tochtergesellschaft zu gründen. Sie sollte künftig den Flugmotorenbau übernehmen. Wertvoll war, daß eine von der BMW AG am 22. Juni 1934 zu anderen Zwecken gegründete Tochterfirma, die BMW Grundstücksgesellschaft mbH, nur umbenannt und das Kapital dieser Gesellschaft von 50 000 RM auf 7,5 Millionen RM erhöht werden mußte. Nach Umbenennung dieser Grundstücksgesellschaft in BMW Flugmotorenbau GmbH erfolgte am 22. Dezember 1934 die Eintragung in das Handelsregister. Die damalige Tochter der BMW AG ist juristisch gesehen nach mehreren Umbenennungen, Kapital- und Gesellschafteränderungen, die heutige MTU Motoren- und Turbinen-Union München GmbH.

Im Zweiten Weltkrieg sind die Gründungsakten der BMW Flugmotorenbau GmbH verlorengegangen, in den Münchner Neuesten Nachrichten vom 29. Dezember 1934 findet sich unter den Handelsregister-Mitteilungen ein Hinweis über die Eintragung der Firma.

Oberleutnant Zeno Diemer in dem mit einem BMW IV ausgerüsteten Doppeldecker DFW F 37 III der Deutschen Flugzeugwerke nach dem Höhenflugrekord am 11. Mai 1919 am Flugplatz Oberwiesenfeld

Höhenbarogramm von Diemers Rekordflug am 11. Mai 1919

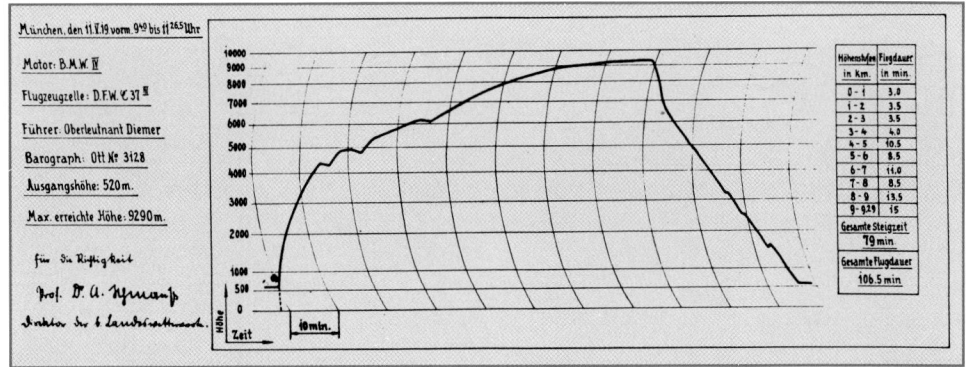

Der BMW VI setzt sich durch

Trotz der ungünstigen wirtschaftlichen Verhältnisse von 1926 bis 1933, machte BMW beachtliche Umsätze mit Flugmotoren. Laufend der technischen Entwicklung angepaßt, war dies im wesentlichen dem Flugmotor BMW VI zuzuschreiben. Er wurde mehr und mehr in verschiedene deutsche Verkehrsflugzeuge eingebaut und errang 1926 fünf Nutzlastrekorde mit Werner Landmann in einem Rohrbach-Flugboot Ro VII »Robbe I« und 1929 mit Rolf Starke acht Geschwindigkeits-Klassenrekorde, davon sieben in der Heinkel He 9a.

Dornier-Wal-Flugboote mit BMW-Motoren führten regelmäßigen Luftverkehr bis zu den Kanarischen Inseln durch. Nach der Musterprüfung 1926 flog der Schweizer Walter Mittelholzer 1926/27 in einem Etappenflug mit der Dornier Do B »See« nach Kapstadt in Südafrika. Auch im Dornier-Flugboot »Amundsen Wal« N25, D-1422, mit dem Wolfgang von Gronau 1930 den Nordatlantik überquerte, waren zwei BMW VI-Motoren eingebaut. Die Motoren wurden in der Tschechoslowakei, in Japan und in der UdSSR nachgebaut. Der Lizenzbau von Flugmotoren hatte auch damals schon eine große Bedeutung. Im Jahre 1928 wurde der BMW VI auf dem Aero Salon Paris und der

12-Zylinder-Flugmotor BMW VI

Langstreckenflugboot Rohrbach Ro X »Romar« mit drei Motoren BMW VI u

Dornier Verkehrsflugzeug »Merkur I« der deutsch-russischen Luftfahrtgesellschaft DERULUFT 1926

Flugboot Do-J »Amundsen Wal« mit zwei Flugmotoren BMW VI vor der Skyline von New York 1930

Franz Kruckenbergs Schienenzeppelin mit BMW VI als Antrieb, dieser Zug fuhr am 21. Juni 1930 einen Geschwindigkeitsrekord mit 230 km/h auf der Strecke Hamburg/Berlin

12-Zylinder-Flugmotor BMW VIIa mit 442 kW Leistung

Dornier Do-J IIb Bos »Grönland Wal«, angetrieben von zwei Motoren des Typs BMW VIIa

»Hornet«-Lizenzvertrag zwischen BMW und Pratt & Whitney vom 3. Januar 1928

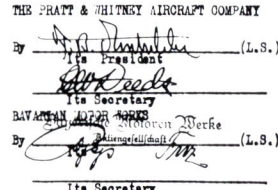

Internationalen Luftfahrtausstellung Berlin, der ILA, vorgestellt. Die Gesellschaft für Versuchstechnik verwendete den BMW VI im Prototyp eines Propeller-Triebwagens »Schienenzeppelin«, mit dem die Reichsbahn 1930 bei Versuchsfahrten eine Geschwindigkeit von 182 km/h erreichte.

Neben dem Baumuster BMW VI wurden weitere wassergekühlte Motoren entwickelt, die jedoch nur in kleiner Stückzahl gebaut wurden. Es war dies vor allem der 12-Zylinder-Doppelreihenmotor BMW VIIa mit einer Dauerleistung von 442 kW. Mit zwei im Dornier Flugboot Do-J IIb Bos »Grönland Wal« eingebauten Motoren dieses Typs, gelang 1931 dem deutschen Pionierflieger Wolfgang von Gronau ein zweiter Ozeanflug. Im Jahre 1932 flog er mit dem Dornier »Amundsen Wal«, der ebenfalls mit zwei BMW VIIa-Motoren ausgestattet war, um die Welt und legte bei 234 Stunden reiner Flugzeit eine Strecke von 44 800 km zurück.

BMW hatte bereits mit dem Wiederbeginn des Flugmotorenbaus nach dem Ersten Weltkrieg erkannt, daß neben den wassergekühlten Flugmotoren auch die luftgekühlten Sternmotoren in der zivilen Luftfahrt Zukunft haben würden. Man entschloß sich deshalb auch zum Bau luftgekühlter Flugmotoren großer Leistung. Um den Rückstand, der aufgrund der Beschränkungen im Flugmotorenbau nach dem Ersten Weltkrieg in Deutschland entstanden war, in kurzer Zeit aufzuholen, nahm BMW die Europa-Lizenz für die amerikanischen Motoren Hornet-A und Wasp von Pratt & Whitney. Nach dem Vertragsabschluß in East Hartford am 3. Januar 1928 kamen die ersten BMW-Lizenzmotoren mit der Bezeichnung BMW-Hornet 1930 zur Auslieferung an die Deutsche Lufthansa, die ihre Junkers Ju 52-Flugzeuge damit ausrüstete. Um sich den Anschluß an die Entwicklung der luftgekühlten Motoren weiter zu sichern, nahm BMW 1933 auch eine Lizenz für den Hornet-B-Motor. Dieser 387 kW leistende Flugmotor ging nach einigen von BMW durchgeführten Abänderungen und Verbesserungen, vor allem an der Zylinderkühlung, als Baumuster BMW 132 in Serie. Er wurde im Laufe der nächsten Jahre in verschiedenen Versionen weiterentwickelt und erreichte als BMW 132 HA eine maximale Leistung von 735 kW. Als Antrieb der Flugzeuge Junkers Ju 52, Ju 86 und Ju 90, Arado Ar 95, Heinkel He 114, Dornier Do 17, Henschel Hs 123 und Hs 125, Blohm & Voss BV 141 und Focke-Wulf Fw 200 Condor wurde der BMW 132 einer der bekanntesten Flugmotoren der dreißiger Jahre.

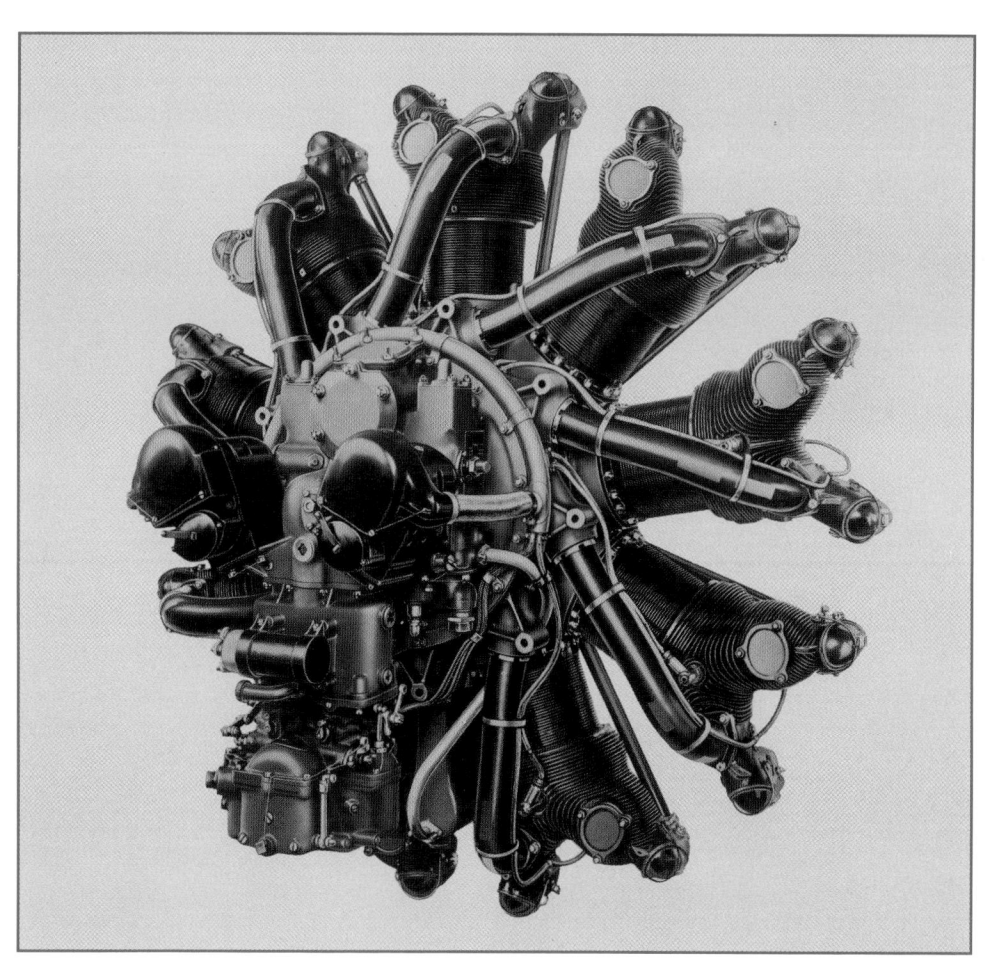

Luftgekühlter Vergasermotor BMW 132A

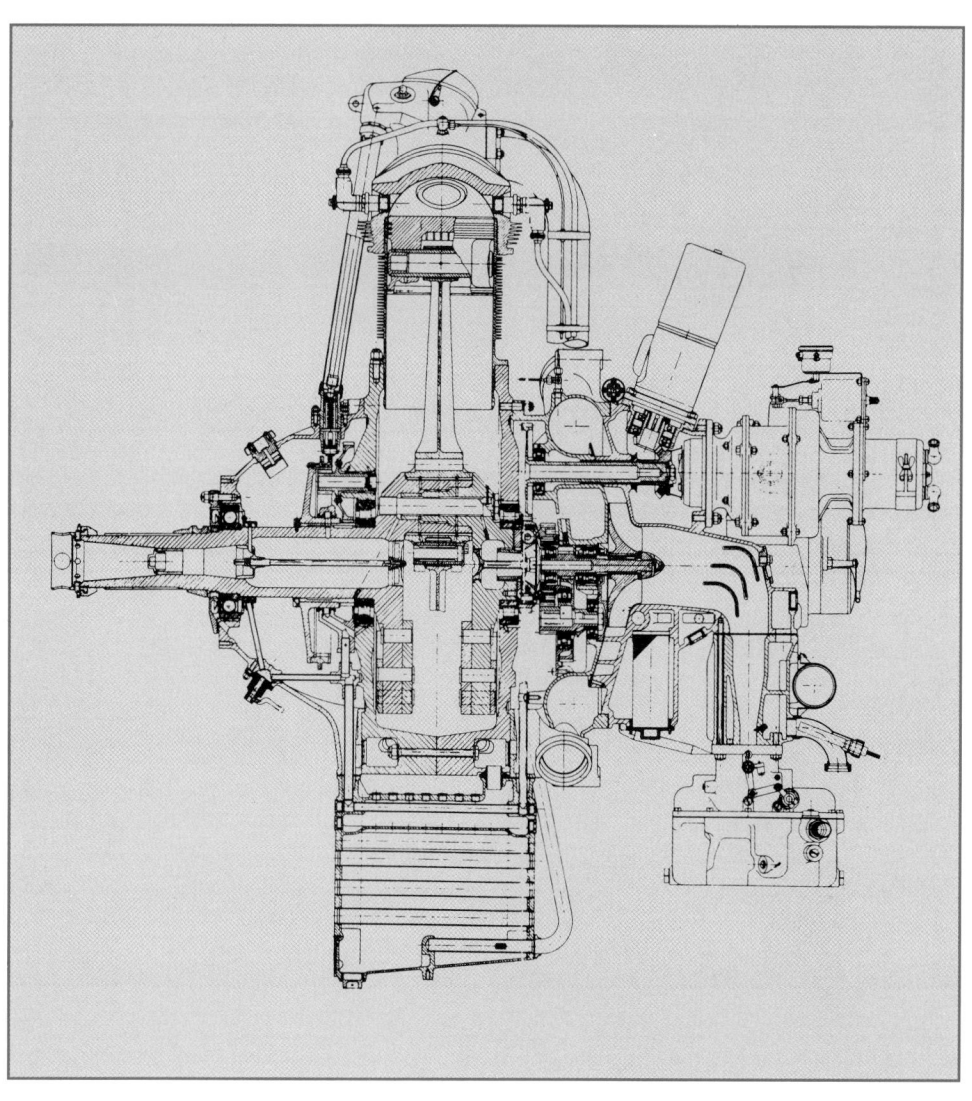

Schnitt durch den BMW 132A

Die BMW 132-Motorenfamilie

Der luftgekühlte BMW 132-Flugmotor mit seinen verschiedenen Varianten und Weiterentwicklungen war für BMW der wichtigste zivile Flugmotor bis in die vierziger Jahre.

Der Neunzylinder-Sternmotor hatte ein Hubvolumen von 27,7 Litern und in der Ausgangsversion ohne Getriebe eine Leistung von 385 kW und mit Getriebe 375 kW.

Aus dem Grundbaumuster BMW 132 entstanden im Laufe der Jahre wichtige Baureihen als Vergasermotoren und als Einspritzmotoren. Zu jeder dieser beiden Motorenarten gab es dann die speziellen Ausführungen als Bodenmotor und als Höhenmotor.

Wichtige Schritte bei der Weiterentwicklung eines Baumusters sind immer die Steigerung der Leistung und die Erhöhung der Zuverlässigkeit. So auch beim BMW 132 A. Zunächst gab dieser Motor am Boden noch eine Startleistung von 485 kW ab (535 kW werden als nicht zugelassene Höhenleistung bzw. Kurzleistung angegeben). Die Motorenreihen BMW 132 P, Q, R, S hatten bereits eine Leistung von 882 kW, das bedeutet eine Leistungserhöhung um mindestens 66 % bei unverändertem Hubraum von 27,7 Litern. Den dabei auftretenden höheren Belastungen mußten die Bauteile angepaßt werden. Bei der Einführung der Brennstoffeinspritzung mit den Baumustern F, J, K, M und N konnten die Erfahrungen mit anderen BMW-Motoren genutzt werden.

Alle Entwicklungsfortschritte waren neben der Leistungssteigerung auch auf Erhöhung der Zuverlässigkeit bzw. Lebensdauer ausgerichtet. Der BMW 132 A brachte es in den Junkers Ju 52/3m (»Tante Ju«) der Lufthansa auf 800 Betriebsstunden zwischen zwei Grundüberholungen. Dies war für die damalige Zeit ein ausgezeichneter Wert. Eine Teilüberholung im Flugzeug erfolgte zwischen 200 und 300 Flugstunden.

Eine im Zweiten Weltkrieg entwickelte sogenannte »sparstofffreie« Ausführung des BMW 132 wurde als Baumuster BMW 134 bezeichnet und im Versuch erprobt. Bei diesem verwendete man möglichst wenig importierte Werkstoffe.

Einbau des BMW 132 A in das Verkehrsflugzeug Junkers Ju 52/3m

Pionierflüge mit dem BMW 132

Sehr viele deutsche Flugzeughersteller wie Arado, Blohm & Voss, Dornier, Focke-Wulf, Heinkel, Henschel und Junkers wählten den BMW 132 zum Antrieb ihrer Flugzeuge. Als Vergasermotor wurde er im zivilen Luftverkehr und bei der deutschen Luftwaffe verwendet, als Einspritzmotor nur für die Flugzeuge der Luftwaffe. Er war eingesetzt in Kampf-, Sturz-, Torpedo-, Borderkundungs-, Mehrzweck-, Aufklärungs-, Langstrecken-, Langstreckenpost-, Verkehrs- und Großraum-Flugzeugen.

Besonders zu erwähnen sind die 1938 durchgeführten Langstrecken-Pionierflüge, wie der erste Linien-Fernflug ohne Zwischenlandung in 24 Stunden 57 Minuten von Berlin nach New York, der am 10. August 1938 mit einer Focke-Wulf Fw 200 S-1 Condor mit vier BMW 132 Dc durchgeführt wurde, dann die Flüge von Berlin nach Kairo und nach Tokio.

Mit der Junkers Ju 52/3m eröffnete die Lufthansa den Linienverkehr von München nach Rom und auf anderen europäischen Strecken. Dieses Flugzeug wurde mit seinen BMW 132-Motoren an viele europäische und amerikanische Luftfahrtgesellschaften verkauft, auch an die deutsch-russische Gesellschaft DERULUFT und an die EURASIA in China. Von 1932 bis 1945 sind insgesamt 4854 Junkers Ju 52 gebaut worden.

Dornier »Super Wal« mit BMW Hornet A

Verkehrsflugzeug Junkers Ju 90 V3 »Bayern« der Deutschen Lufthansa mit vier Motoren BMW 132H-1

Zwei Verkehrsflugzeuge Junkers Ju 160 der Deutschen Lufthansa, ausgerüstet mit Motoren vom Typ BMW 132 E; im Hintergrund eine Junkers Ju 52/1 m

Focke-Wulf Fw 200 »Condor« mit Hornet A-Flugmotor nach dem ersten Nonstop-Atlantik-Flug in New York am 10. August 1938

BMW 139 – Nachfolger des BMW 132

Die 1938 mit dem BMW 132 erreichte Leistung von 882 kW, die in einem Neunzylinder-Motor modernster Technik damals noch verwirklicht werden konnte, reichte bei gestiegenen militärischen Anforderungen nicht mehr aus. Man war gezwungen, auf höhere Zylinderzahlen überzugehen. Dies führte bei den luftgekühlten BMW-Motoren zum 14-Zylinder-Doppelsternmotor. Er war von Anfang an als Einspritzmotor ausgelegt und erhielt die Baumusterbezeichnung BMW 139. Bei dieser Neuentwicklung wurden die zahlreichen guten konstruktiven Lösungen und umfangreichen Betriebserfahrungen mit dem BMW 132 verwertet. Erstmals wurde ein Axial-Lüfterrad zur Verbesserung der Luftkühlung vorgesehen. Konstruiert 1936, war er zu Ostern 1937 auf dem Prüfstand. Neun Versuchsmotoren wurden gebaut und mit Erfolg erprobt. Nachdem bei der praktischen Flugerprobung des BMW 139 in der Focke-Wulf Fw 190 Gehäuse- und Kurbelwellenbrüche auftraten, wurde die Entwicklung am 30. September 1938 im Zusammenhang mit der vorgesehenen engeren Zusammenarbeit mit den Brandenburgischen Motorenwerken abgebrochen.

Prototyp des 14-Zylinder-Doppelsternmotors BMW 139, Leistung 1100 kW

Flugdieselmotoren-Entwicklung

Um das Jahr 1930 war man in Deutschland sehr an der Anwendung von Flugdieselmotoren interessiert. Wegen des niedrigen Brennstoffverbrauchs wurden größere Reichweiten für Langstreckenflüge und wegen der Selbstzündung des Dieselkraftstoffes größere Flughöhen erwartet. Auch BMW beschäftigte sich ab 1931 mit einem solchen Motor. Nach Vorschlägen von Franz Lang wählte man das Viertakt-Lanova-Verfahren.

Endmontage des Jagdflugzeugs Focke-Wulf Fw 190 V1 mit BMW 139

Sein wesentliches Merkmal ist der sogenannte Luftspeicher. Erste Prinzipversuche wurden mit flüssigkeitsgekühlten Einzylindermotoren durchgeführt, die mit einem fremd angetriebenen Gebläse aufgeladen waren. Die günstigen Versuchsergebnisse führten zum Bau von zwei luftgekühlten und einem flüssigkeitsgekühlten Sternmotor mit der Bezeichnung BMW 114.

Die Entwicklung des Ottomotors blieb jedoch nicht stehen. Aufgrund der technischen Fortschritte bei der Herstellung feinerer Kühlrippen wurden für luftgekühlte Motoren bald Zylinder für bedeutend höhere Wärmebelastungen hergestellt. Die Entwicklung von Vergaserkraftstoffen mit hohen Oktanzahlen ließ höhere Verdichtung und niedrigeren Verbrauch zu. Als man gelernt hatte, das gesamte Zündungssystem zu kapseln und unter Ladedruck zu setzen, war die Zündung für große Höhen gesichert. Der Dieselmotor hatte an Attraktivität verloren und wurde aufgegeben. Im Jahre 1937 stellte BMW die Arbeiten am Flugdieselmotor vollständig ein.

Flüssigkeitsgekühlter Dieselmotor BMW 114

Große flüssigkeitsgekühlte Flugmotoren von BMW

Zur Jahreswende 1936/37 hatte das Reichsluftfahrtministerium (RLM) in Berlin verfügt, daß sich BMW aus Kapazitätsgründen ausschließlich mit der Entwicklung und dem Bau von luftgekühlten Sternmotoren zu beschäftigen habe. Alle Arbeiten an flüssigkeitsgekühlten Flugmotoren mußten eingestellt werden. Damit waren im Deutschen Reich auf Wunsch des RLM von den vier großen Flugmotorenherstellern zwei, nämlich Daimler-Benz und Junkers, auf den Bau von flüssigkeitsgekühlten und BMW und Siemens auf den Bau von luftgekühlten Flugmotoren festgelegt.

BMW in München hatte zu dieser Zeit noch zwei flüssigkeitsgekühlte Flugmotoren in der Entwicklung – den BMW 116 und den BMW 117. Konstruktive Vorstudien für solche 12-Zylinder-V-Motoren im Leistungsbereich zwischen 600 und 800 kW liefen dort seit 1930. Bekannt geworden sind die Entwürfe des BMW XII mit 30 Litern Hubraum und des BMW XV mit 20 Litern Hubraum. Durchkonstruiert und mit einigen Mustern gebaut wurden dann Motoren mit der Bezeichnung BMW 112 bzw. BMW 115.

Siemens-Flugmotoren-Tradition

Siemens & Halske hatten in Berlin im sogenannten »Blockwerk« schon 1907 die Entwicklung von Ottomotoren allgemein und 1912/13 auch die Entwicklung von Flugmotoren aufgenommen. Das Unternehmen bewarb sich bei der 2. Kaiserpreisausschreibung für Flugmotoren 1913/14 mit dem Entwurf eines luftgekühlten Neunzylinder-Sternmotors, der als Besonderheit gegenüber allen anderen Umlaufmotoren eine Gegenläufigkeit von Zylinderstern und Kurbelwelle aufwies. Die Gegenläufigkeit von Zylinderstern und Kurbelwelle hatte erhebliche Vorteile aufzuweisen: bei hoher Kolbengeschwindigkeit weniger Ventilationsverluste, weniger

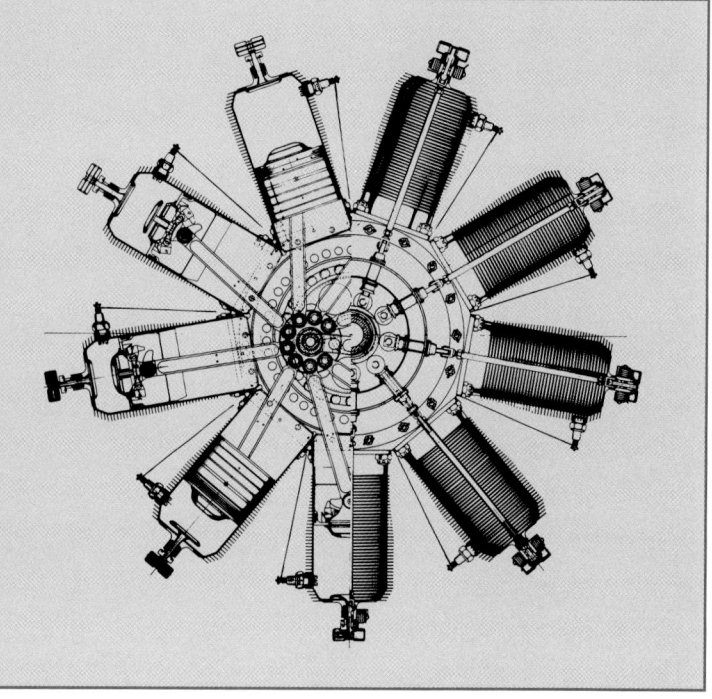

Neunzylinder-Siemens-Umlaufmotor Sh I mit 85 kW Leistung

Jagdeinsitzer der Siemens-Schuckert-Werke SSW D-3 mit Siemens-Flugmotor Sh IIIa

11-Zylinder-Siemens-Umlaufmotor Sh III mit 175 kW Leistung

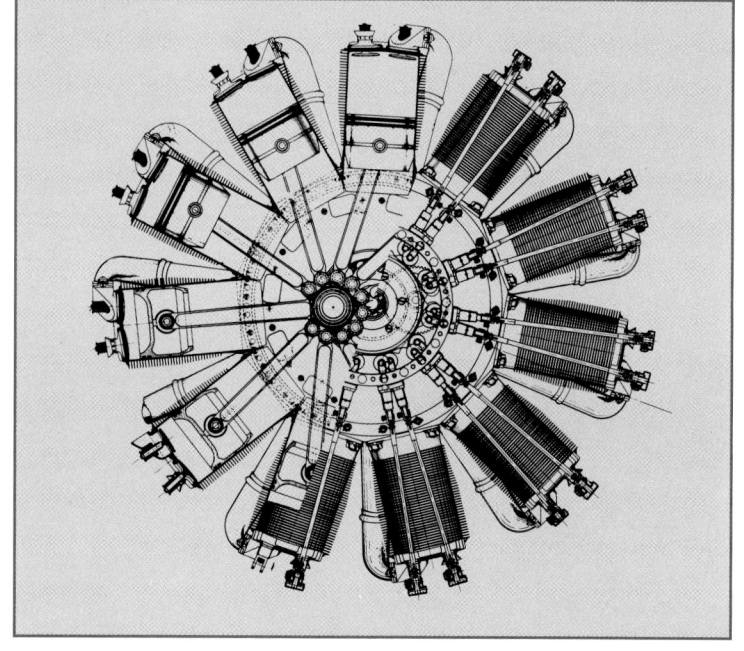

Luftwiderstand, geringere Zentrifugalkräfte, Verringerung der Masse und des spezifischen Brennstoffverbrauchs bei gleichzeitiger Erhöhung des Luftschrauben-Wirkungsgrades. Aus diesem Konzept entstand später der Siemens Sh I, ein luftgekühlter Neunzylinder-Flugmotor, der 1916 in einem Siemens-Eindecker-Flugzeug zum ersten Mal zum Einsatz kam. Von der Bauart Sh I wurden 1915/1916 von der Inspektion der Fliegertruppen 450 Motoren in Auftrag gegeben. Ihm folgte 1917/18 der 11-Zylinder-Umlaufmotor Sh III, mit 118 kW, von dem bis Ende 1918 rund 550 Stück gebaut wurden. Bei diesem Motor kam bei Siemens erstmals das Prinzip der Leistungsüberbemessung und der Überverdichtung zur Anwendung. Eingebaut wurde er in die Siemens-Schuckert-Flugzeuge SSW D-3, D-4 und D-6.

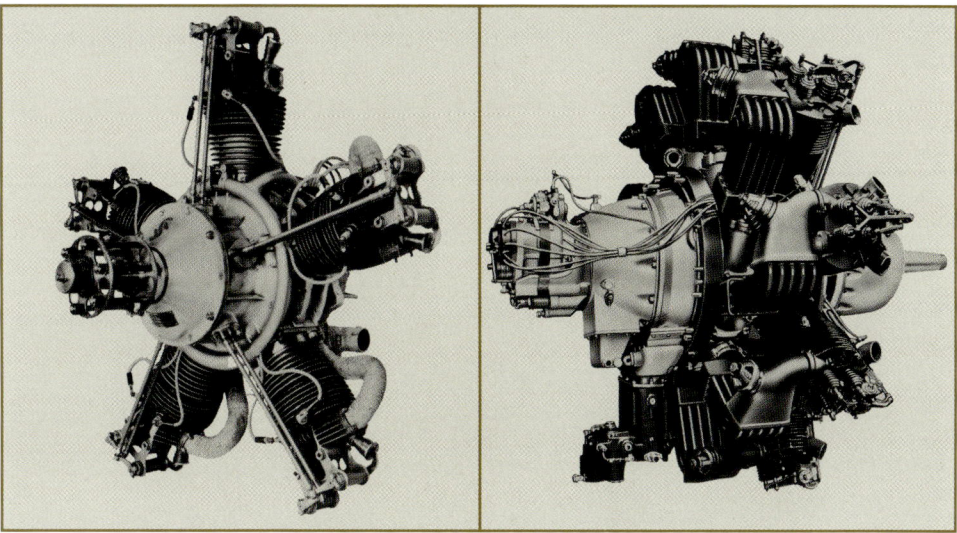

Fünfzylinder-Sternmotor Siemens Sh 4 mit 45 kW Leistung

Luftgekühlter Neunzylinder-Sternmotor Siemens »Jupiter« mit Getriebe

Im Jahre 1921 begann man bei Siemens & Halske wieder mit der Entwicklung von Flugmotoren, jedoch nun mit feststehenden Sternmotoren. Es entstanden der Fünfzylinder-Motor Sh 4, der Siebenzylinder-Motor Sh 5 und der Neunzylinder-Motor Sh 6, die ab 1925/26 von den verbesserten Sh 10-, Sh 11- und Sh 12-Motoren ersetzt wurden.

In langen Überlandflügen hatten die drei Motorenmuster Sh 4, Sh 5 und Sh 6 ihre Betriebstüchtigkeit nachgewiesen, bei vielen Flugwettbewerben waren sie überlegen. Alle deutschen Flugzeughersteller waren Abnehmer dieser Motoren.

Als 1926 alle Beschränkungen auch für den Bau von größeren zivilen Verkehrsflugzeugen in Deutschland aufgehoben wurden, entschloß man sich, einen Flugmotor der 370 kW-Klasse in das Motorenprogramm aufzunehmen. Um den Entwicklungsvorsprung des Auslandes auf dem Gebiet der leistungsstarken luftgekühlten Flugmotoren aufzuholen, fiel 1926/27 die Entscheidung für den Lizenzbau des von Gnôme-Rhône hergestellten englischen Bristol-Sternmotors »Jupiter«. Insgesamt wurden bei Siemens von allen Jupiter-Versionen etwa 130 Motoren gebaut.

Montage von Sh 12-Flugmotoren bei Siemens in Berlin 1926

Ihm folgte 1928/29 die Eigenentwicklung des Sh 20, ein Neunzylinder-Sternmotor mit 440 kW. Nach einer Flugerprobung von 175 Stunden bestand der Sh 20 im Jahre 1930 seine Musterprüfung bei der Deutschen Versuchsanstalt für Luftfahrt (DVL). Der Motor wurde in die Junkers W 34 und K 47, die Heinkel He 41, die Focke-Wulf A 38b »Möwe« und in Versionen der Dornier »Wale« eingebaut. Um den Nachweis der Zuverlässigkeit dieses Baumusters auf langen Überlandflügen zu erbringen, wurde 1931 ein 100stündiger Überlandflug mit einer Junkers W 34f unternommen, der die Städte Paris, Amsterdam, Budapest, Wien, Belgrad, Athen, Sofia, Malmö und Stockholm berührte. Dieser Erprobungsflug wurde zu einem vollen Erfolg, was sich trotz aller Bemühungen vom Motor nicht sagen läßt. Insgesamt wurden nur 33 Motoren verkauft.

Mehrzweckflugzeug Junkers W 34fao mit einem Siemens Sh 20-Flugmotor

Kleinflugmotor Sh 14A

Mit dem Sh 14A-Motor hatte Siemens den erfolgreichsten und zuverlässigsten luftgekühlten deutschen Flugmotor in der unteren Leistungsklasse herausgebracht. Aufgrund seiner hervorragenden Eigenschaften und seiner zahlreichen Siege in internationalen Wettbewerben konnte dieser Flugmotor in 20 Ländern der Welt schnell Eingang finden. Er wurde in großen Serien gebaut. Im Juni 1937 konnte das für einen Flugmotor in Friedenszeiten seltene Jubiläum der Fertigstellung des 3000. Motors Sh 14A gefeiert werden.

Schnitt durch den Siemens & Halske-Motor Sh 14A

Eines der erfolgreichsten Schulflugzeuge der dreißiger Jahre war die Focke-Wulf Fw 44B »Stieglitz« mit Siemens-Motor Sh 14A

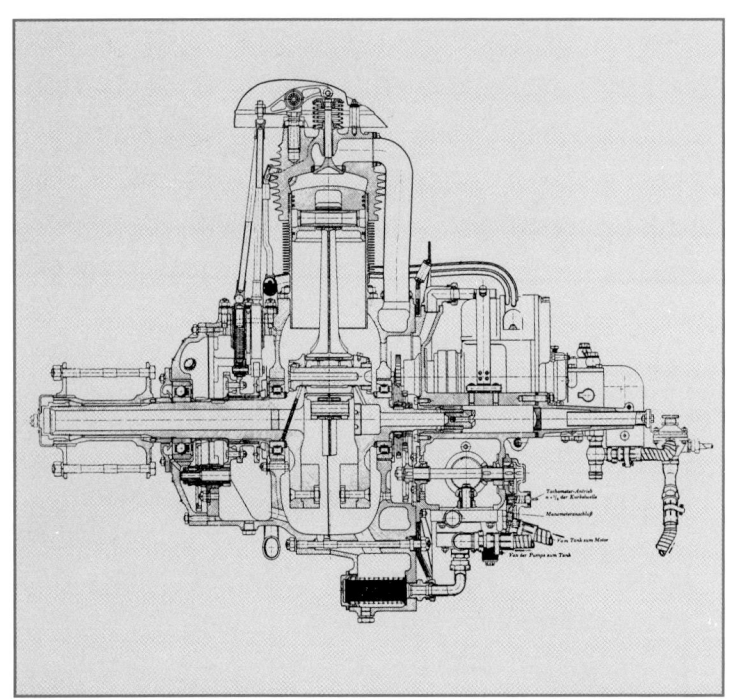

Erste Hubschrauberantriebe bei Siemens und Bramo

Erste Aktivitäten auf dem Gebiet der Drehflügler begannen in Deutschland um das Jahr 1930. Die Initiative dazu kam vor allem von Henrich Focke, Teilhaber bei Focke-Wulf in Bremen. Auf der Antriebsseite war Siemens von Anfang an mit eigenen Lösungsvorschlägen beteiligt. So lieferte das Unternehmen den Antrieb für den ersten in Deutschland gebauten Tragschrauber, einen Lizenz-Nachbau des von dem Spanier Juan de la Cierva entwickelten Fluggerätes, mit der Bezeichnung Focke-Wulf C 19 Mk IV »Don Quijote«. Der Tragschrauber hatte einen kleinen starren Hilfsflügel am Rumpf, einen Dreiblattrotor und einen im Rumpf vorne eingebauten Siemens Sh 14-Motor mit Zweiblatt-Luftschraube zur Vortriebserzeugung. Der Rotor war antriebslos. Ein Anfang für die Entwicklung von Hubschraubern war damit gemacht. Anspruchsvollere Aufgaben, vor allem auf dem Antriebs- und Getriebesektor, kamen bald.

Hubschrauber Focke-Wulf Fw 61, angetrieben von einem Sh 14B bzw. 314E

Eigene Entwicklungsarbeiten an einem Doppelrotor-Hubschrauber begann Henrich Focke 1932. Seinen Erstflug machte dieser Hubschrauber mit der Bezeichnung Fw 61 am 26. Juni 1936 in Bremen. Ein Jahr später, im Juli 1937, wurden mit ihm alle bis dahin bestehenden internationalen Hubschrauberrekorde überboten. Er gilt als der erste praktisch verwendbare und vollbetriebsfähige Hubschrauber der Welt.

Als Antrieb hatte der Fw 61 einen Sh 14B bzw. 314E, eine Sonderausführung des Sh 14A, mit einer Leistung von 117 kW. Über ein Winkelgetriebe wurde die Leistung auf die beiden Hubschrauberrotoren übertragen. Die Auslegung, Konstruktion und Fertigung der ganzen mechanischen Übertragungsteile, einschließlich des Rotorkopfes, erfolgte bei den Siemens-Flugmotorenwerken in Berlin-Spandau. Siemens hatte also das Verdienst, den ersten zuverlässigen Hubschrauberantrieb der Welt geliefert zu haben. Mit diesem Hubschrauber gelangen 1937 und 1938 vier Entfernungs- und Geschwindigkeitsbestleistungen und am 29. Januar 1939 mit 3427 Metern ein Höhenrekord. Hanna Reitsch führte ihn vom 19. Februar bis 6. März, insgesamt 18mal, in der Deutschlandhalle in Berlin vor.

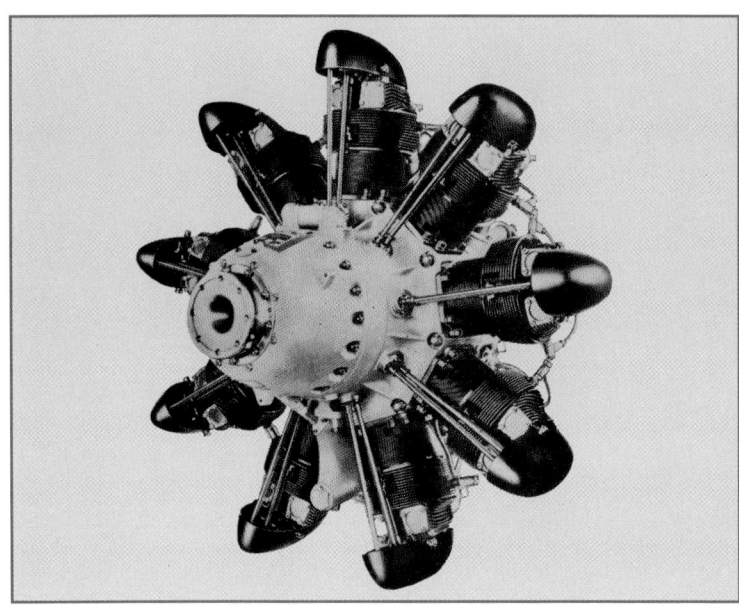
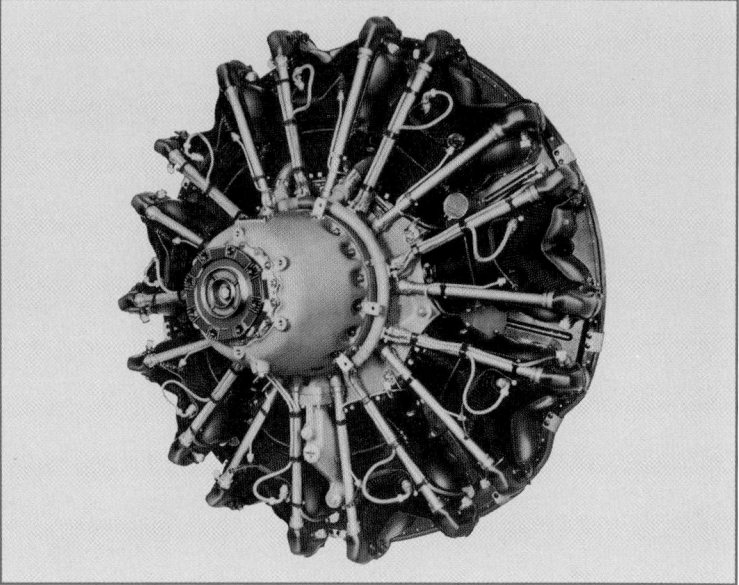

Der Neunzylinder-Sternmotor Bramo 322 mit der ursprünglichen Bezeichnung Sh 22

Neunzylinder-Sternmotor Bramo 323, Nachfolger des Bramo 322

Der erste große Transporthubschrauber der Welt Focke-Achgelis Fa 223, ausgerüstet mit Bramo 323Q3 »Fafnir« bei der Truppenerprobung

Von seiten des Reichsluftfahrtministeriums war damals vorgeschlagen worden, den Focke Hubschrauber Fw 61 in Serie zu bauen. Für Henrich Focke war er jedoch in erster Linie noch ein Versuchsträger. Er wollte nach dem gleichen Prinzip eine wesentlich größeren und leistungsfähigeren Hubschrauber bauen. Dies wurde unter Beteiligung von Gerd Achgelis der Focke-Achgelis Fa 223, der erste erfolgreiche Lastenhubschrauber der Welt. Er hatte eine maximale Abflugmasse von 4450 kg. Ein erster Schwebeflug des Fa 223 erfolgte am 8. März 1940. Als Motor diente ein Neunzylinder-Sternmotor Bramo 323Q3 »Fafnir« mit 734 kW. Insgesamt wurden bis Kriegsende elf Fa 223-Hubschrauber gebaut. Sie bewährten sich in schwierigen Einsatzfällen. Aufgrund der Kriegseinwirkungen kam es nicht mehr zu einer Serienfertigung.

Eingliederung der Bramo in die BMW

Das gute Geschäft mit den neuen Flugmotoren machte es für Siemens & Halske erforderlich, den Flugmotorenbau 1928 in das neu errichtete und selbständige Werk »Siemens & Halske Flugmotorenwerk« in Spandau-Haselhorst zu verlegen. Im Jahre 1932 entstand dort der Sternmotor Sh 22, der nach der 1933 erfolgten Eingliederung des Werkes in die »Siemens-Apparate und Maschinen GmbH« (SAM) die Baumusterbezeichnung SAM 322 erhielt. Von diesem Motor wurden über 2000 Stück gebaut. Die vom Reichsluftfahrtministerium gewünschte Ausgliederung der Flugmotorenaktivitäten aus dem Hause Siemens & Halske ließ Mitte 1936 die juristisch selbständige Firma »Brandenburgische Motorenwerke GmbH«, Bramo, entstehen, deren erster eigener Motor der Bramo 323 Fafnir wurde. Als zur weiteren Leistungserhöhung größere Zylinderzahlen nicht mehr in einem Zylinderstern unterzubringen waren, entstand der 14-Zylinder-Doppelsternmotor Bramo 329, dessen Entwicklung aber bald abgebrochen wurde.

Im Herbst 1938 begann auch eine engere Zusammenarbeit mit BMW in München. Ein Entwicklungsgemeinschaftsvertrag zum gegenseitigen Erfahrungsaustausch wurde abgeschlossen. Aus Konkurrenten waren Partner geworden.

Stufenweise wurden die Großflugmotoren-Entwicklungsprogramme zwischen BMW und Bramo abgestimmt und zusammengelegt. So entstanden auf der Basis des erwähnten BMW 139 unter Verwendung der Technik des Bramo 329 die luftgekühlten Motoren der BMW 800-Serie.

Mit Wirkung vom 1. Juli 1939 wurde dann die Brandenburgische Motorenwerke GmbH mit ihrem Werk in Berlin-Spandau als »BMW Flugmotorenwerke Brandenburg GmbH« voll in den BMW-Konzern integriert. Siemens hatte damit seine 1912 begonnenen Aktivitäten auf dem Sektor der Luftfahrtantriebe vollkommen aufgegeben.

Transportflugzeug Junkers Ju 352 V Prototyp mit drei Bramo 323 Fafnir-Flugmotoren

Das BMW-Werk 2 in Allach entsteht

Das Milbertshofener Flugmotorenwerk der BMW war Mitte der dreißiger Jahre für die rasch expandierende Flugmotorenfertigung zu klein geworden. BMW erwarb deshalb in den Jahren 1934/35 an der nordwestlichen Stadtgrenze von München in Allach ein über 100 Hektar großes Waldgelände und baute dort ein sogenanntes Ausweichwerk.

BMW-Werk 2 in Allach mit dem U-Gebäude

Am 16. Oktober 1936 wurde von der BMW AG und der BMW Flugmotorenbau GmbH eine neue Gesellschaft, die Flugmotorenfabrik Allach GmbH, gegründet. Die Anteile dieser Gesellschaft gingen bereits am 14. August 1937 auf die Luftfahrtkontor GmbH über, eine Gründung des RLM. Die Anlagen des Werkes Allach wurden von der Luftfahrtkontor GmbH an die BMW Flugmotorenbau GmbH zunächst verpachtet und 1941 von dieser zurückgekauft.

Das Zweigwerk Allach, später BMW-Werk 2 genannt, wurde 1935 zunächst als Reparatur- und Auslieferungswerk für den BMW 132 errichtet. Im ersten Bauabschnitt entstanden westlich der Dachauer Straße ein U-förmiges Verwaltungsgebäude, zwei Montagehallen und drei Motorenprüfstände. Hier wurden die Motoren BMW 132 K/N abgenommen und versandfertig gemacht. Das Allacher Werk erfuhr 1939/40, aufgrund der geplanten Serienfertigung des BMW 801-Motors, eine wesentliche Erweiterung zu einem der modernsten Flugmotorenwerke der Welt. Es wurde für die Fließbandfertigung großer Flugmotoren eingerichtet. Die Auslieferung von 1000 Motoren pro Monat war vorgesehen. Außer verschiedenen Nebengebäuden entstanden zwei große massive Fertigungshallen mit einer Grundfläche von ungefähr je 36 000 m^2, das Eingangsgebäude, ein großer Verwaltungsbau, des weiteren Hallen mit rund 14 000 bis 18 000 m² überbauter Fläche und anschließend eine Montagehalle, die 25 000 m² überbaute Fläche umfaßte. Zwei große Heizkraftwerke lieferten Strom, Heizung, Preßluft. Etwas später, während des Krieges, wurde noch ein großer Bunker gebaut, der als Schutzraum und Fabrikationsstätte genutzt wurde.

Rückmontage eines BMW 132 im BMW-Werk Allach

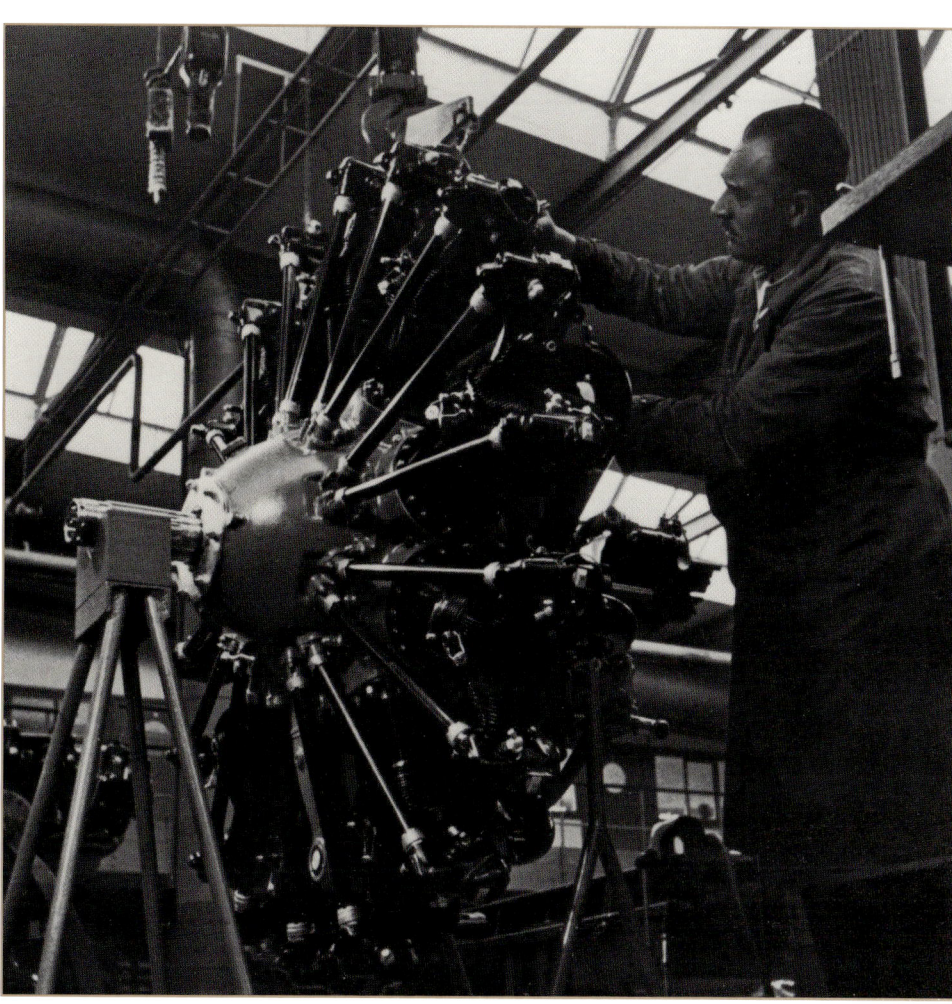

BMW 800

Der BMW 800 – ein unbekannter Bruder des BMW 801

Mit den Erfahrungen des BMW 132 und des Bramo 323 wurde 1939, parallel zur Entwicklung des Motors BMW 801, die Entwicklung des Neunzylinder-Sternmotors BMW 800 mit 29,8 l Hubraum und einer Leistung von 880 kW begonnen. Einzelne Versuchsmuster wurden gebaut, einer davon – mit Schiebersteuerung – bei der DVL in Berlin erprobt. Die Leistungen und das Betriebsverhalten des Motors waren jedoch nicht befriedigend. Die Arbeiten am BMW 800 wurden Mitte 1942 aufgegeben und alle Aktivitäten auf den BMW 801 konzentriert.

Der Motor BMW 801

Auslegung und Konstruktion des BMW 801 A erfolgten ab Oktober 1938. Schon im April 1939 lief der erste Versuchsmotor auf dem Prüfstand. Obwohl noch nicht fertig entwickelt, wurde bereits im Dezember 1939 eine fallweise Freigabe für die Serienfertigung erteilt, so daß Mitte 1940 die ersten Serienmotoren an die Flugzeughersteller geliefert werden konnten. Die Einführung dieses vollkommen neuartigen, aus rund 18 000 Teilen bestehenden Motors, insbesondere die Vorbereitung der Fertigungsunterlagen und der Fertigungshilfsmittel, wurde trotz scheinbar unüberwindlicher Schwierigkeiten innerhalb kürzester Zeit ermöglicht. Bereits Ende 1940 waren 200 Motoren BMW 801 A und 32 Motoren BMW 801 C ausgeliefert. Der Abschluß der Entwicklung des serienreifen BMW 801 A fällt in die Mitte des Jahres 1942. Für die Weiterentwicklung des BMW 801 kam dann erschwerend und verzögernd hinzu, daß das

Schnitt durch den Doppelsternmotor BMW 801

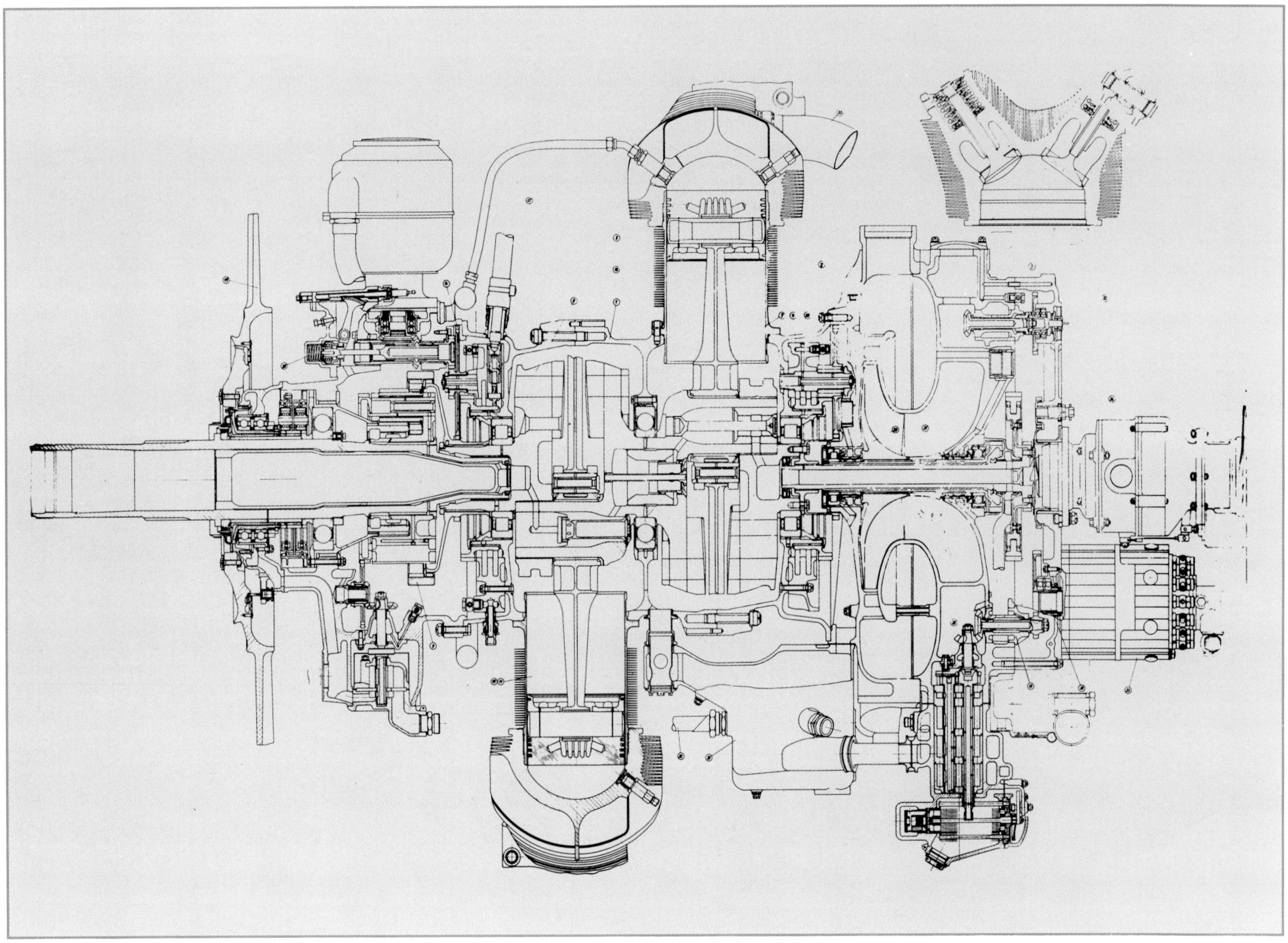

RLM nun die Lieferung von kompletten Motoranlagen bzw. Triebwerken forderte. Der nackte Motor mit allen Anbaugeräten sowie der Druckbelüftung mit Lüfter, Leitblechen und Abdichtungsringen mußte zur Motoranlage ergänzt werden, die eine aerodynamische Verkleidung mit allem Zubehör bis zur Anschlußebene des Motors am Einbaugerüst einschloß. Beim Triebwerk kamen dann noch Einbaugerüst und Abgasanlage hinzu, jedoch nicht die Verstelluftschraube. Die kompletten Motoranlagen der Baureihen 1 und 2 hatten die Bezeichnung BMW 801 MA 1 bzw. BMW 801 MA 2. Wegen Zulieferverzögerungen wurden die ersten vollständigen Motoranlagen erst am 12. Mai 1942 fertiggestellt.

Die auffallendste Neuerung für den luftgekühlten Doppelsternmotor war das vor dem Motor laufende Lüfterrad, mit dem der gesamte Kühlluftbedarf des Motors gedeckt und die Kühlung der in der zweiten Reihe stehenden Zylinder, insbesondere im Steigflug, sichergestellt wurde.

Der erfolgreichste BMW-Motor: 801 A

Das Kommandogerät

Eine nach außen nicht so auffallende technische Neuerung wie das Lüfterrad des BMW 801 war das von BMW für diesen Motor entwickelte Steuer- und Regelgerät, das sogenannte Kommandogerät. Dieses Gerät hatte die Aufgabe, die Betriebssicherheit des Motors zu erhöhen, die wirtschaftliche Nutzung der Optimalleistungen mit automatischer Regelung sicherzustellen und den Piloten von den Bedienungsaufgaben des Motors zu befreien. Um dies zu erreichen, waren darin u. a. folgende, zum Teil gekoppelte Regelvorgänge vereinigt: Ladedruckregelung mit Drehzahlzuordnung, Gemischregelung nach Ladeluftdichte und Flughöhe, Zündzeitpunkteinstellung, Schaltung des Schaltladers, Sturzflugauslösung, Brennstoff-Arm/Reichschaltung (Startleistung), Anlaßhilfe, Regelung der Luftschraubenverstellung.

Alle Regel- und Steuerfunktionen wurden selbsttätig mit einem einzigen Wählhebel vom Piloten ausgelöst, der nur die gewünschte Leistung einstellte, die bis zur Vollleistungshöhe des Motors aufrechterhalten wurde.

Ein erstes Funktionsschema dieses kompakten Regelgerätes wurde 1938 erstellt. Mit diesem Konzept hielt Helmuth Sachse, Entwicklungsdirektor bei BMW, im Jahre 1939 im UFA-Palast in Berlin vor Vertretern des RLM und der Flugzeugindustrie einen vielbeachteten Vortrag. Das Kommandogerät wurde von BMW in München und Kempten in Serie hergestellt. Es bewährte sich ausgezeichnet in der fliegerischen Praxis.

Regelschema des Kommandogerätes für den BMW 801

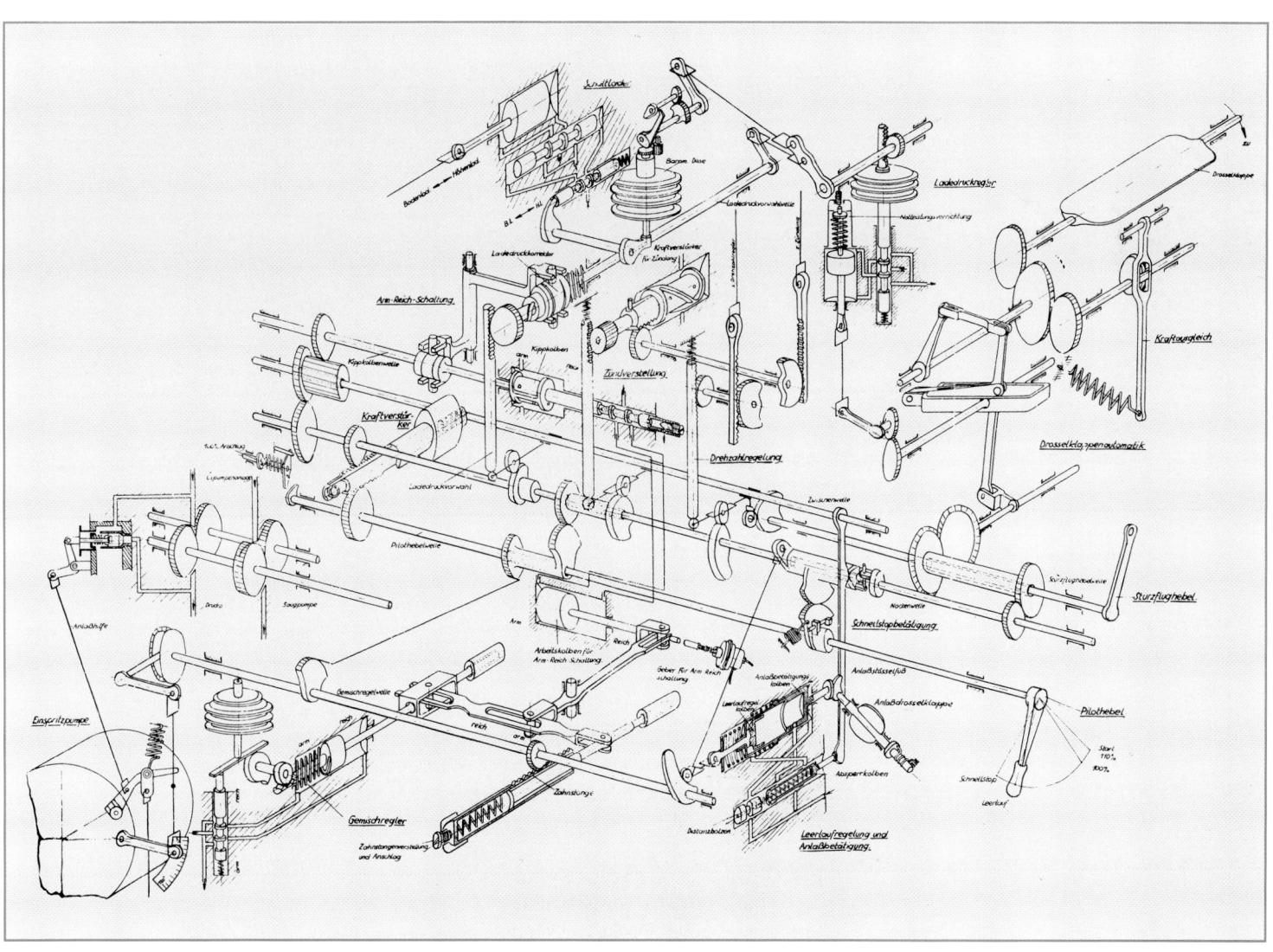

Großserienfertigung des BMW 801 im Werk Allach

Die Triebwerkfamilie BMW 801

Die Unterbezeichnungen der verschiedenen BMW 801-Baumuster mit Buchstaben benötigten fast das ganze Alphabet. Von 22 bekannten Baumustern wurden elf mit unterschiedlicher Dauer serienmäßig bis Ende des Zweiten Weltkrieges hergestellt, vier Versionen als Versuchsmotoren gebaut. Sieben Versionen kamen über das Projektstadium nicht hinaus. Bis zum Schluß der Serienfertigung bei Kriegsende im April 1945 entstanden rund 21 000 Motoren dieser Triebwerkfamilie.

Der BMW 801 wurde in viele Flugzeugmuster eingebaut, hier eine Dornier Do 217 E-0 mit BMW 801 ML, die für die Flugerprobung eingesetzt war

Der Preis einer vollständigen BMW 801-Motoranlage wurde im Laufe der Serie immer mehr gesenkt. Im Jahre 1940 kostete ein BMW 801 A noch 80 700 RM und 1942 nur noch 45 000 RM, wobei 35 600 RM auf den Motor, 3000 RM auf das Kommandogerät und 6400 RM auf die mitgelieferte Triebwerkverkleidung entfielen. Die gesamte Fertigungsstundenzahl betrug Ende 1942 rund 16 000 Stunden pro Motor.

Eingebaut und geflogen wurde der BMW 801 in seinen verschiedenen Versionen in den Flugzeugen Arado Ar 232 A, und Ar 240 A, Blohm & Voss BV 144, Dornier Do 217, Focke-Wulf Fw 190, Junkers Ju 188, Ju 388, Ju 488 sowie Junkers Ju 290 und Ju 390. Seine Hauptanwendung fand er in der Focke-Wulf Fw 190.

Der erste mit allen neuen Systemen, wie Lader und Kommandogerät, ausgerüstete Motor war der BMW 801 A mit 41,8 l Hubraum. Er leistete 1176 kW bei einer Verdichtung von 6,5 und Verwendung von Flugbenzin mit 87 Oktan.

Vom Fernbomber Junkers Ju 390, Abfluggewicht 75 500 kg, ausgerüstet mit sechs Motoren vom Typ BMW 801 E, wurden nur zwei Muster gebaut, das Versuchsmuster V2 soll 1944 einen Aufklärungsflug bis vor die Küste von Nordamerika durchgeführt haben.

Hauptanwendung fand der BMW 801 in der Focke-Wulf Fw 190

Bei zweimotorigen Kampfflugzeugen hatte man damals die Vorstellung, daß es für eine bessere Flugzeugstabilität wünschenswert wäre, die eine Luftschraube rechts, die andere links herum laufen zu lassen. Aus diesem Grunde wurde eine Baureihe mit linkslaufendem Untersetzungsgetriebe herausgebracht. Die Flugerprobung ergab, daß die Forderung nach Luftschrauben verschiedener Drehrichtung zugunsten eines einzigen Motormusters aufgegeben werden konnte. Der erste Jägermotor – der BMW 801 C – war bereits mit einer hydraulischen Luftschraubenregelung ausgerüstet, außerdem mit Sturzflughebel für Sturzflugbremsung und von Hand zu betätigender elektrischer Verstellung für Segelstellung. Für die spezielle Verwendung in Jagdflugzeugen erhielt er angepaßte Kopfleitbleche und Druckbelüftung für fest eingebaute Waffen. Er kam in der Focke-Wulf Fw 190 A zum Einbau.

Noch während der Entwicklung der Grundbaureihen BMW 801 A und BMW 801 C wurde um 1940/41 erkannt, daß diese im Hinblick auf Höhenleistung und Geräusch-

verminderung weiterentwickelt werden mußten. Gesteigerte Höhenleistungen benötigen größere Luftdurchsätze bzw. Ladedrücke in der Höhe. Deshalb wurden Baureihen mit Einstufen-Dreigang-Ladern in Angriff genommen. Der Endtermin dieser Entwicklung sollte zunächst der 31. Juli 1942 sein. Doch schon 1941 wurde klar, daß man diese Entwicklungen mit Einstufen-Dreigang-Ladern wegen dringender anderer Entwicklungsaufgaben wieder einstellen müßte.

Die Weiterentwicklung der BMW 801-Serienmotoren begann im Juni 1942. Sie diente der Erhöhung der Betriebssicherheit, der Verminderung des Fertigungsaufwandes, der Änderung von Fertigungsverfahren, der Vermeidung von Engpässen, der Werkstoffumstellung von Aluminium auf Stahl, der Umstellung des Motors für volle Arktis- und Tropentauglichkeit und der Erleichterung der Wartung.

Ab 1944 wurde der Motor BMW 801 L zur Triebwerkanlage BMW 801 TL, d. h. mit Anbaugerüst und Abgasanlage ergänzt. Die Abgasanlage war mit neuartigen Flammenvernichtern, besser als Flammendämpfer bezeichnet, ausgerüstet. Dies sind am Ende der Abgasrohre aufgesetzte sternförmige Trichter, die die Abgasflamme aufspalten und sie bis zum Kern mit Kaltluft vermischen. Sie haben den Zweck, die Abgase für Infrarotbeobachtung schwer sichtbar werden zu lassen.

Vollständige, einbaubereite Triebwerkanlage BMW 801 TL mit Anbaugerüst und Abgasanlage

Die Bezeichnung BMW 801 H wurde für einen Motor übernommen, der basierend auf dem Motor BMW 801 L mit einem linkslaufenden Luftschraubenuntersetzungsgetriebe ausgerüstet war. Dieser Motor war zunächst für die Motoranlage BMW 801 MH geplant, kam aber erst mit der Triebwerkanlage BMW 801 TH 1944 zum Einsatz. Für eine kurzzeitige Leistungssteigerung war eine Sondertreibstoffeinspritzung (Wasser-Methanol) vorgesehen, deren Steuerung ebenfalls über das Kommandogerät erfolgte. Die Triebwerkanlage BMW 801 TH war bis zur Serienreife entwickelt, der Serienanlauf wurde vorbereitet, zur Serienfertigung kam es aber nicht mehr. Die Triebwerkanlage war für das Jagdflugzeug Focke-Wulf Fw 190 vorgesehen gewesen.

BMW 801 Höhenmotor-Versionen

Erste Überlegungen für die Entwicklung von Höhenmotoren bei BMW gehen auf das Jahr 1937 zurück. Man erkannte, daß für Flughöhen bis 12 000 m Zusatzlader notwendig sein würden. So entstand 1939/40 in München ein erster Turbolader. Mit diesem Turbolader ausgerüstet entstand aus dem Grundmotor BMW 801 D die Triebwerkanlage BMW 801 TJ.

Abgasturbolader für den Höhenmotor BMW 801 J

Im Jahre 1943 war der Motor soweit entwickelt und in Prüfstandsläufen und Versuchsläufen mit der Junkers Ju 88 D geprüft worden, daß er hätte in Serie gefertigt werden können, war jedoch zunächst nur als Versuchsträgergerät für Höhenmotoren vorgesehen gewesen und wurde in dieser Form nicht weiter verfolgt.

Zu dieser Zeit war man im RLM auch noch der Meinung, daß Luftkämpfe nur in Höhen bis rund 6000 m stattfinden würden. Hiervon bestärkt glaubte man, ausreichend Zeit für die Entwicklung von Höhenflugmotoren zu haben. Kurzfristig wurde jedoch Ende 1944 ein Höhenflugmotor gebraucht. Anfang 1945 war man daher gezwungen, auf das frühere Studienobjekt BMW 801 J zurückzugreifen. Der Motor wurde noch in einer Nullserie in wenigen Exemplaren als Triebwerkanlage BMW 801 TJ-O, jedoch mit Handregelung des Turboladers, gebaut und sollte dann, mit automatischer Turboladerregelung über das Kommandogerät, als BMW 801 TJ-1, in die Serienproduktion übernommen werden. Zu einer Serienfertigung kam es jedoch nicht mehr.

Triebwerkanlage BMW 801 TJ-0

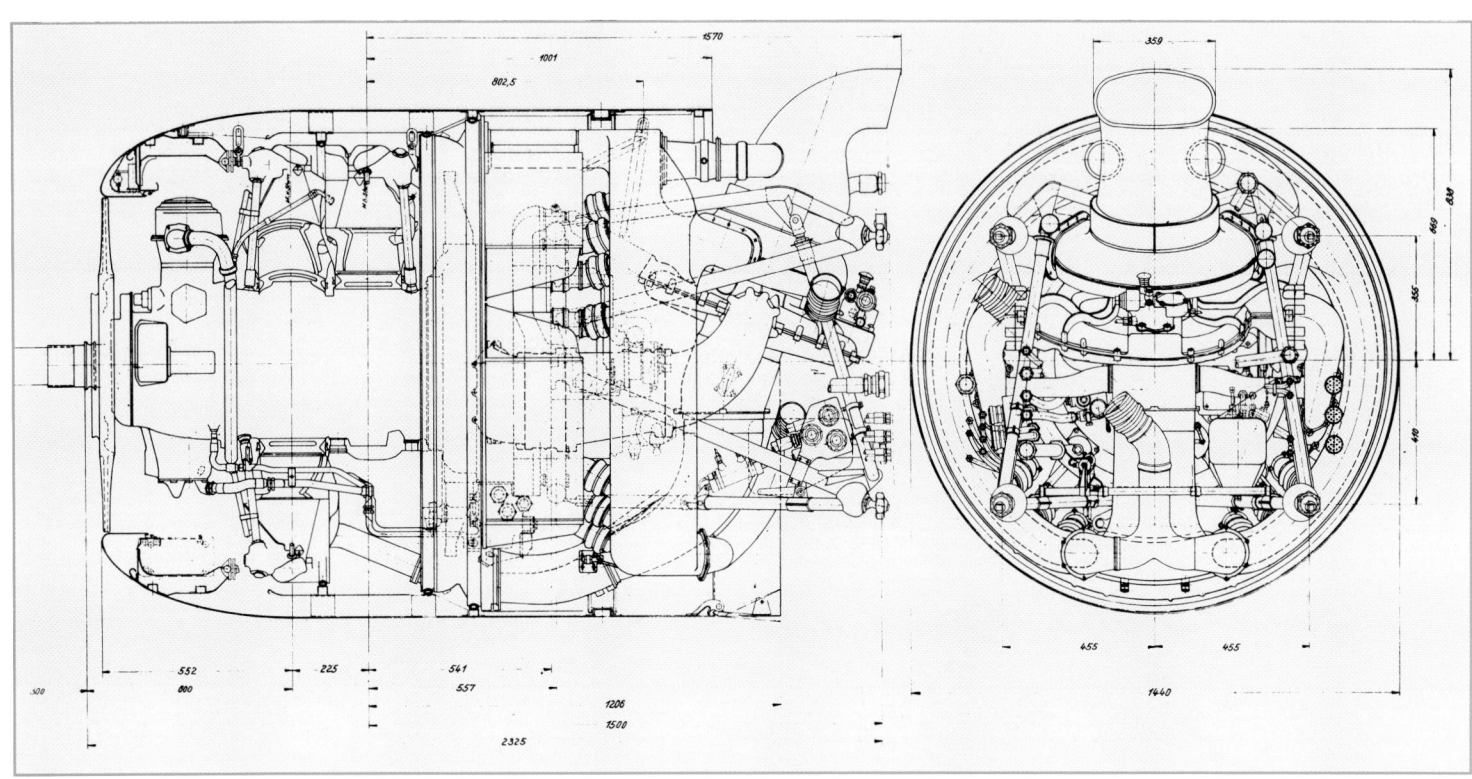

Vom BMW 802 bis zum BMW 805

Vom BMW 801 ausgehend wurden bis April 1945 auch Entwicklungsarbeiten für ganz neue und wesentlich leistungsstärkere Flugmotoren durchgeführt.

Schon 1939 projektierte man den luftgekühlten 18-Zylinder-Doppelsternmotor BMW 802 mit rund 1850 kW Leistung. Bis er Mitte 1942 aus dem Entwicklungsprogramm gestrichen wurde, entstanden nur einige Versuchsmotoren. Mit Einstufen-Dreigang-Lader und einer Verdichtung von 6,5 erreichten die Motoren Leistungen von 1803 kW bei einer Drehzahl von 2600/min. Bei einer Dauerleistung von 1156 kW und Drehzahl von 2250/min ergab sich ein Brennstoffverbrauch von 326 g/kWh. Die Leistung konnte bis in 5450 m Höhe gehalten werden.

Luftgekühlter 18-Zylinder-Motor BMW 802, von dem nur Versuchsmotoren gebaut wurden

Der größte von BMW entwickelte wassergekühlte Flugmotor, der BMW 803 A, ein 28-Zylinder-Sternmotor, bestehend aus zwei Teilmotoren, die abschaltbar waren

Um zu gegebener Zeit einen Motor der Leistungsklasse von 2900 bis 3700 kW bereitstellen zu können, wurden bereits 1939 Projektstudien durchgeführt, die im Sommer desselben Jahres zu ersten Entwicklungsarbeiten führten. Bei diesem Motor BMW 803 A, ausgelegt als Doppelmotor, bestehend aus zwei 14-Zylinder-Sternmotoren, ging man wegen der vier hintereinander liegenden Zylindersterne wieder auf Flüssigkeitskühlung über. Die Ladeluft wurde zuerst von einem Zweistufen-Viergang-Lader, später von einem Einstufen-Dreigang-Lader den Zylindern zugeführt. Die beiden Teilmotoren waren wahlweise abschaltbar. Die Leistung wurde auf zwei gegenläufige Dreiblattluftschrauben übertragen. Bei der Drehzahl von 2800/min leistete der Motor 2940 kW, bei 2950/min 3015 kW und bei 3000/min mit Wasser-Methanol-Zusatzeinspritzung 3310 kW. Wegen wichtiger Aufgaben wurde die Entwicklung des BMW 803 A mit niedriger Priorität weiterbetrieben. Trotzdem hatte er Mitte 1944 einen Entwicklungsstand erreicht, daß eine Nullserie in Auftrag gegeben wurde. Die Serienfertigung sollte ab Mai 1945 beginnen.

Im September 1941 wurde der Flugmotor BMW 804 als 14-Zylinder-Doppelsternmotor projektiert. Bohrung und Hub betrugen 160 mm, was einem Hubraum von rund 45,5 l entspricht. Im ersten Entwicklungsstadium sollte eine Leistung von 1470 kW erreicht werden. Mit einem Einstufen-Dreigang-Lader wurde eine Volldruckhöhe von 7000 bis 8000 m und mit einem Zweistufen-Viergang-Lader eine solche von 12 000 m erwartet. Bei der übrigen Ausführung des Motors bzw. der Triebwerkanlage sollten alle Konstruktionsmerkmale des Motors BMW 802 übernommen werden. Auch dieses Projekt mußte 1942 gestrichen werden.

Die Motoren BMW 801 D und S hatten über 8000 m Höhe eine zu geringe Leistung. Deshalb erfolgte eine neue Auslegung dieses Höhenmotors für 1765 kW bei einer Volldruckhöhe von 12 000 m. Dieser Motor hieß BMW 805. Er war konstruktiv wie der BMW 801 aufgebaut.

Mit dem Kriegsende 1945 endete bei BMW die Entwicklung und der Bau großer Kolbenflugmotoren. Das Werk Allach wurde am 29. April 1945 von der amerikanischen Armee besetzt.

BMW 803 A mit Doppelpropeller auf dem Prüfstand im Werk Spandau

BMW arbeitete 1945 an einer Reihe von Großmotorenprojekten; eines war das Projekt BMW P8003, ein 14-Zylinder-Sternmotor mit Umlaufhaube und Lufteintrittsregelpilz auf Basis des BMW 801 A

Von Daimler und Benz zu Daimler-Benz

Erste Flugmotoren von Gottlieb Daimler und Carl Benz

Aus einer Illustrierten erfuhr Gottlieb Daimler im Oktober 1887, daß ein Leipziger Buchhändler namens Dr. Hermann Wölfert mit einem von ihm konstruierten lenkbaren Luftschiff erste Probefahrten mit Muskelkraftantrieb unternahm. Daimler lud den Erfinder zu sich nach Cannstatt ein und überzeugte ihn von den Vorteilen seiner Motoren. Das Wölfert'sche Luftschiff wurde dann im Spätsommer 1888 mit einem Einzylinder-Daimlermotor, der 1,5 kW leistete, ausgerüstet und schwebte trotz Überlast und geringem Steigvermögen vier Kilometer weit. In den folgenden Jahren machte Wölfert weitere Versuche, bis er am 12. Juli 1897 bei der Vorführung eines mit 6 kW-Daimlermotor ausgerüsteten Luftschiffs in Berlin-Tempelhof ums Leben kam.

Im Jahre 1898 wurde die Idee des Ferdinand Graf von Zeppelin für ein lenkbares Starrluftschiff patentiert. Für Versuchszwecke lieferte Daimler 1899 einen Vierzylinder-Motor mit einer Leistung von 9 kW. Im Jahre 1900 waren 12 kW-Motoren für den Grafen Zeppelin fertiggestellt. Er startete mit ihnen am 2. Juli 1900 vom Bodensee aus zur Jungfernfahrt mit dem LZ 1.

Daimler-Chefkonstrukteur Wilhelm Maybach gelang die entscheidende Konstruktion kurz nach der Jahrhundertwende mit seinem 26 kW-Daimler-Motor, mit dem er sowohl im Auto als auch im Luftschiff große Erfolge erzielte. Die Daimler-Motoren-Gesellschaft entwickelte 1905/06 die 66 kW-Motoren 4F4L und 4M4L für die zweimotorigen Zeppelin-Luftschiffe LZ 2 und 3 sowie 1910 den 100 kW-Typ 4J4L mit

Das erste lenkbare Luftschiff, das mit Daimler-Motoren ausgerüstet wurde, war das Luftschiff von Dr. Wölfert mit einem 1,5 kW-Motor

Daimler-Motor NL 1 mit 12 kW für das Zeppelin-Luftschiff LZ 1

obengesteuerten Ventilen und Bosch-Hochspannungszündung für die zwei- bzw. dreimotorigen Passagierluftschiffe LZ 6 und LZ 7. Mit der Leistungssteigerung dieser Motoren sind die Fortschritte des deutschen Luftschiffbaues von Parseval, Schütte-Lanz und Zeppelin in jener Zeit zu erklären.

Wilhelm Maybach schied im Herbst 1906 aus der Daimler-Motoren-Gesellschaft aus. Er gab nach dem Unglück mit dem Luftschiff LZ 4 im Sommer 1908 mit einem Brief an den Grafen Zeppelin den Anstoß für die Gründung der Luftfahrzeug-Motorenbau GmbH in Bissingen an der Enz, der ältesten Vorläufergesellschaft der heutigen MTU Friedrichshafen.*

Bei der Daimler-Motoren-Gesellschaft setzte Gottlieb Daimlers ältester Sohn Paul die Konstruktion von Flugmotoren fort. Der stärkste Luftschiffmotor von Daimler wurde für das Luftschiff Schütte-Lanz SL 1 entwickelt. Es war ein Achtzylinder-Reihenmotor mit einer Leistung von 175 kW.

Im Jahre 1908 wurden auch von den Benz-Werken in Mannheim Entwicklungsarbeiten für Flugmotoren aufgenommen. Schon im Frühjahr 1909 liefen die ersten dieser Motoren auf dem Prüfstand. Als Ende 1912 in Deutschland erstmals der »Wettbewerb um den Kaiserpreis für den besten deutschen Flugzeugmotor« ausgeschrieben wurde, entstand als Ergebnis sorgfältiger Konstruktion des Benz-Konstrukteurs Arthur Berger der FX, ein wassergekühlter Vierzylinder-Reihenmotor, der bei einer Drehzahl von 1300/min 77 kW leistete, mit dem der Kaiserpreis gewonnen wurde. Bei einem Trockengewicht von 150 Kilogramm ergab sich für diesen Motor ein für jene Frühzeit des

---

* Die Geschichte der MTU Motoren- und Turbinen-Union Friedrichshafen GmbH, kurz MTU Friedrichshafen, ist in einem separaten Band dargestellt worden, der in gleicher Ausstattung zu deren 75jährigem Bestehen 1984 erschienen ist.

Flugmotorenbaues außerordentlich gutes Leistungsgewicht von 1,95 kg/kW. Auch der spezifische Brennstoffverbrauch war mit 285 g/kWh für die damalige Zeit sehr günstig. Sein konstruktiver Aufbau wurde kennzeichnend für die folgenden Benz-Sechszylinder-Flugmotoren des Ersten Weltkrieges, vor allem den Bz III.

Im Ersten Weltkrieg entwickelten und bauten Daimler in Stuttgart und Sindelfingen sowie Benz in Mannheim, in rascher Folge neue Flugzeugmotoren, wobei bereits damals obenliegende Nockenwellen, Stahlzylinder, hängende Zylinder, Aufladeeinrichtungen (Wittig- und Roots-Gebläse) erprobt und angewandt wurden. Allein in den Jahren 1914 bis 1918 wurden von Daimler und Benz zusammen etwa 36 000 Flugmotoren hergestellt.

1912 wurde der erste Wettbewerb um den Kaiserpreis für den besten deutschen Flugmotor ausgeschrieben, der von Benz gewonnen wurde

Am 25. Juli 1914 landete der Flugpionier Hellmut Hirth mit einem Albatros Nr. 4 DD mit Benz-Motor FX vor den Toren der Benz-Motoren-Werke in Mannheim

Der erste deutsche 12-Zylinder-Flugmotor war der Benz Bz DV mit 180 kW Leistung

Eine Sonderbauart des Daimler D IIIa war dieser überverdichtete Höhenmotor mit Roots-Gebläse zur Höhenaufladung

Serienfertigung in der Wasen-Halle im Daimler-Werk Untertürkheim in den Jahren 1915/16

Flugmotorenentwicklungen ab 1925

Nach Ende des Ersten Weltkrieges konnte bei Daimler und bei Benz nicht an der Entwicklung von Flugmotoren gearbeitet werden. Erst 1925 wurde von Daimler ein kleiner luftgekühlter Zweizylinder-Boxermotor vom Typ F 7502 gebaut, der bei 3000 ^{1}/min 15 kW leistete und daher nur für Kleinflugzeuge wie der Klemm L 20 verwendet werden konnte. Dieser Motor war der einzige luftgekühlte Kleinflugmotor, den das Unternehmen gebaut hat. Nach Fortfall der einschränkenden Bestimmungen und der Fusion von Daimler und Benz zur Daimler-Benz AG, wurde ab 1926 ein großer 12-Zylinder-V-Motor mit der Bezeichnung F 2 entwickelt, der 1928 auf der Internationalen Luftfahrtausstellung in Berlin gezeigt wurde. Es entstand auch ein luftgekühlter Reihenmotor mit Zwangskühlung über zwei Gebläse – mit der Bezeichnung F 3 – der parallel hierzu entwickelt wurde. Am Anfang einer neuen Motorenbaureihe mit hängenden Zylindern in V-Form stand 1931 der 30-l-Motor F 4. Unter Zugrundelegung dieser Bauart wurde 1935 der DB 600 entwickelt, der die bestimmende Grundform der weiteren Mercedes-Benz-Flugmotoren bildete. Er hatte 12 in V-Form angeordnete, wassergekühlte, hängende Zylinder; die Leistung betrug 775 kW bei einer Drehzahl von 2400 ^{1}/min.

Der Flugmotor Daimler-Benz F 4 gilt als Prototyp des DB 600

Daimler-Flugmotor F 7502 von 1925, ein 15 kW-Boxermotor, wurde in Kleinflugzeuge wie die Daimler L 20 eingebaut

Der Daimler-Benz F 2 war ein wassergekühlter 12-Zylinder-Flugmotor in 60°-V-Form, mit einzeln stehenden Zylindern und gemeinsamen Leichtmetall-Zylinderköpfen mit obenliegender Nockenwelle

Wasserflugzeug Daimler L 20 A1 mit Daimler-Motor F 7502

Flugmotorenfertigung der DB 600-Reihe im Daimler-Benz-Werk Sindelfingen

Der Einspritzmotor DB 601

Eine Weiterentwicklung des DB 600 war der berühmte DB 601, der sich von seinem Vorgänger im wesentlichen dadurch unterschied, daß er mit direkter Benzineinspritzung ausgerüstet war. Erste Versuche mit einem Einzylinder-Vollmotor, unter der internen Bezeichnung F4E, liefen im Mai 1935, allerdings noch ohne Lader. Die großen Erfahrungen, die dabei gewonnen wurden, konnten in den dreißiger Jahren auch für den späteren Renn- und Sportwagenbau bei Daimler-Benz genutzt werden. Von allen Baureihen und Ausführungen des DB 601 sind von 1937 bis 1943 über 19000 Stück ausgeliefert worden. Diese Motoren zählten zu den zuverlässigsten und robustesten deutschen Flugmotoren und kamen im Zweiten Weltkrieg an allen Fronten zum Einsatz.

In überraschend kurzer Zeit wurde die Benzineinspritzung für den DB 601 in enger Zusammenarbeit mit Bosch betriebsreif entwickelt. Versuche an einem Einzylinder-Motor liefen ab März 1934. Der erste Vollmotor, noch ohne Lader, lief im Mai 1935. Mit Lader wurden im September 1935 bereits 820 kW erreicht. Ein offizieller Abnahmelauf konnte am 9. November 1935 beendet werden. Das RLM erteilte einen Auftrag für 150 Motoren im Februar 1936, noch vor Beginn der Flugerprobung, die ab Juni 1936 in einer als Flugerprobungsträger umgebauten Junkers Ju 52 anlief. Der erste DB 601-Motor aus der Serienfabrikation wurde in Genshagen im November 1937 von der Bauaufsicht des RLM abgenommen. Es folgte ein sehr schneller Hochlauf der Serienfertigung. Bereits 1938 lieferten die Werke Berlin-Marienfelde und Genshagen zusammen 1700 Motoren aus. Ab 1939 kamen zwei Lizenzwerke, das Niedersächsische Motorenwerk Braunschweig und die Henschel-Flugmotoren GmbH, Kassel-Altenbauna, hinzu. In den Jahren 1940 und 1941 wurden von diesen vier Werken zusammen in Großserie über 6000 Motoren jährlich gefertigt. Der Stückpreis des Motors wird für 1941 mit 28 000 RM angegeben.

Mercedes-Benz-Flugmotor DB 601, ein 12-Zylinder-Motor mit 960 kW

Weltrekordflugzeug Messerschmitt Me 209 VI (D-INJR), Tarnbezeichnung Me/Bf 109R, mit Daimler-Benz-Sondermotor DB 601 Re V

Rekorde mit Daimler-Benz-Motoren

In den dreißiger Jahren wurden von Flugzeugen mit Daimler-Benz-Flugmotoren eine ganze Reihe von Rekorden aufgestellt. Beim IV. Internationalen Flugmeeting in Zürich-Dübendorf, im Sommer 1937, waren drei Messerschmitt-Jäger Bf 109 sowie die einzige teilnehmende Dornier Do 17 mit Daimler-Benz-Motoren DB 601 aus der Vorserie ausgerüstet, die jedoch damals noch als DB 600 deklariert wurden.

Am 11. November 1937 stellte Hermann Wurster einen Geschwindigkeitsweltrekord mit einer Messerschmitt Bf 109 E auf. Mit dem DB 601-Einspritzmotor erreichte er eine Geschwindigkeit von 611 km/h.

Am 5. Juni 1938 erhöhte Ernst Udet den Geschwindigkeitsweltrekord für Landflugzeuge über 100 km mit einer Henkel He 100 A mit dem DB 601 auf 634,73 km/h. Drei Tage später, am 8. Juni 1938, wurde der Höhenweltrekord mit 10000 kg Nutzlast von einer Junkers Ju 90 mit vier Motoren DB 601 geholt. Pilot war Karl-Heinz Kindermann. Das Flugzeug erreichte eine Höhe von 7242 m. Anschließend wurde diese Ju 90, bekannt als »Der große Dessauer«, von der Deutschen Lufthansa in Dienst gestellt.

Daimler-Benz-Dieselmotoren

Auf den Erfahrungen des Flugmotorenbaus fußend, wurde ab 1928 bei Daimler-Benz auch ein Rohölmotor entwickelt, der später vorwiegend als Luftschiff- und Bootsmotor Verwendung fand und je nach Verwendungszweck die Baumusterbezeichnung LOF6, später DB 602 oder MB 502 führte. Dieser Motor gab als unaufgeladener 16-Zylinder-Motor mit 88 Liter Hubraum eine Höchstleistung von 882 kW bei einer Drehzahl von 1600 ^{1}/min ab. Sein spezifisches Leistungsgewicht, bezogen auf die Höchstleistung, betrug 2,3 kg/kW. Der Motor bewährte sich nicht nur im Dauerbetrieb – so bei den rund 60 Nord- und Südamerika-Fahrten des Luftschiffes LZ 129 »Hindenburg«, das mit diesen Dieselmotoren vom März 1963 bis zu seiner Zerstörung am 6. Mai 1937 rund 308000 km in 2800 Flugstunden zurücklegte – sondern auch als MB 502 beim Einsatz in den Schnellbooten der deutschen Marine.

Luftschiff LZ 129 »Hindenburg« mit vier Motoren vom Typ DB 602/LOF6

Der Motor MB 502 hatte als Nachfolger den 20-Zylinder-Motor MB 501, der unaufgeladen 1470 kW leistete und mit mechanisch angetriebenem Lader als MB 511 und später als MB 518 auf 1840 kW bei derselben Drehzahl gesteigert werden konnte. Dieser Motor wurde in den siebziger Jahren noch von MTU-Friedrichshafen unter der Bezeichnung 20V672 ausgeliefert.

Die Phase der großen Luftschiffmotoren endete mit Beginn des Zweiten Weltkriegs. Sie war bestimmt von den bemerkenswerten Motorenentwicklungen bei Daimler, Daimler-Benz und Maybach. Diese Entwicklungen fanden ihre Fortsetzung in den 12- und 16-Zylinder-Dieselmotoren, die vor allem für Schiff- und Eisenbahnantriebe entwickelt wurden.

Leistungsdaten für Luftschiffmotoren von 1900 bis 1938

Baujahr	Motor-Typ	Leistung kW	Drehzahl l/min	Masse kg	spez. Masse kg/kW	Zylinder	spez. Brennstoffverbrauch g/kWh	Luftschiff
1900	Daimler NL1	12	700	385	32,0	4	544	LZ1
1905	Daimler 4F4L	63	1050	360	5,7	4	360–462	LZ2
1907	Daimler 4M4L	76	1100	400	5,3	4	360–462	LZ4, LZ5
1910	Daimler 4J4L	102	1200	470	4,6	4	306	LZ6–8
1910	Maybach AZ	132	1200	425	3,2	6	326	LZ6, LZ10–16
1914	Maybach CX	155	1300	410	2,6	6	306	LZ23–49
1915	Maybach HSLu	177	1400	365	2,1	6	272	
1916	Maybach Mb IVa	192	1400	400	2,1	6	272	LZ105–109
1924	Maybach VL1	301	1400	950	3,2	12	258	LZ126
1928	Maybach VL2	404	1600	1140	2,8	12	245	LZ127
1936	Daimler-Benz DB 602/LOF6, Dieselmotor	882	1600	2000	2,3	16	228	LZ129, LZ130

DB 603 – der große Daimler-Benz-Flugmotor

Bereits 1936 bot Daimler-Benz dem RLM einen vergrößerten DB 601 unter der Bezeichnung DB 603 an. Es folgte aber zunächst kein Auftrag, so daß die Arbeiten an diesem Motor bis 1940 eingestellt wurden. Erst nach der Auftragsbestätigung für die ersten Motoren im Februar 1940 wurden die Arbeiten mit großer Dringlichkeit wieder aufgenommen. Die Serienfertigung begann 1942, also nach dem Serienbeginn des DB 605. Von keinem Daimler-Benz-Motor wurden so viele Versionen geplant und gebaut wie von diesem. Insgesamt weist die Motorenliste dieses Typs 60 verschiedene Ausführungen auf. Bis Kriegsende wurden 8758 Motoren gebaut.

Der Aufbau des Motors DB 603 basierte grundsätzlich auf der bewährten Bauart DB 601/605. Alle Erfahrungen, die bei dieser Baureihe gesammelt wurden, gingen in die Konstruktion des DB 603 ein. Hier ist insbesondere das austauschbare Gebläse und das austauschbare Gesamtgeräteteil zu nennen. Ohne große Einstellmaßnahmen konnten diese Teile ausgewechselt werden. Das Zylindervolumen wurde auf 44,5 l angehoben. In der ersten Serienstufe betrug die Volldruckhöhe 5700 m. Das Gebläse war einstufig und über eine hydraulische Kupplung stufenlos regelbar.

Aus Sicherheitsgründen wurde die maximale Leistung des Motors zuerst vom RLM noch mit 1285 kW angesetzt, es zeigte sich aber schon bald, daß der Motor weit höhere Leistungen ohne Sicherheitseinbußen abgeben konnte. Der DB 603 wurde bis auf 2020 kW weiterentwickelt.

Auch von diesem Motor wurde ein Doppelmotor gebaut, der die Bezeichnung DB 613 erhielt und eine Leistung von 2570 kW aufwies.

Aus dem Grundmuster DB 603 entstanden weitere Baumuster. Dazu gehörten der DB 614 mit einer Volldruckhöhe von 9000 m, der DB 623, der einen Abgasturbolader hatte, und der DB 624, der als Höhenmotor mit einem dreistufigen Gebläse in Verbindung mit einer Abgasturbine ausgerüstet war, wobei man überlegte, die verschiedenen Stufen des Laders sowohl mechanisch und über die Abgasturbine oder nur von der Abgasturbine anzutreiben.

Der DB 603 und auch seine Dieselvariante der DB 607 waren als Flugmotoren entwickelt worden, in Varianten wurden sie jedoch auch als Boots- und Panzermotoren verwendet

Abgasturboladerentwicklung bei Daimler-Benz

Die Entwicklung von Höhenmotoren mit Abgasturbinen begann bei der Daimler-Benz AG Mitte des Jahres 1939. Der Zielsetzung des RLM entsprechend, wurden die Turbolader unmittelbar an den Motor angebaut. Hiermit erzielte man weitere Vorteile: Geringe Temperatur- und Druckverluste des Gases zwischen Motor und Turbine, geringe Druckverluste der Luft zwischen Turbolader und Motor sowie kurze, einfache und insbesondere leichte Leitungen für das heiße Gas und die Ladeluft. Dafür entstanden gewisse einengende Bedingungen für den Motoreinbau, da für die Turbolader am Motor Platz vorgesehen werden mußte. Die Turbinen waren in der normalen Ausführung zur Kühlung zu etwa 33 Prozent ihres Umfanges mit Außenluft, die dem Fahrtwind entnommen wurde, beaufschlagt.

Unter Verwertung der Erfahrungen von Karl Leist bei der DVL konnte an den dort bereits erreichten Entwicklungsstand der Turboladerentwicklung angeknüpft werden, so daß die Schaufelkühlungsfrage keiner weiteren Entwicklung mehr bedurfte. Als Erprobungsmotor diente der vom Grundmotor DB 603 abgeleitete DB 623. Die Flugerprobung erfolgte in einer Junkers Ju 52. In einer Volldruckhöhe von 9000 Metern ergab sich eine 1,3fache Aufladung.

Jede der beiden Abgasturbinen war mit dem Motor über zwei Gasleitungen verbunden, deren jede das Gas von drei Zylindern den Düsen zuführte. Das aus dem Turbinenrad abströmende Gas wurde durch eine Rückstoßdüse nach hinten gelenkt, so daß die Austrittsenergie noch zur Vortriebserzeugung benutzt werden konnte.

Auch ein Motor DB 625 wurde mit zwei Abgasturboladern DBT 106 ausgerüstet und erprobt. Die erreichte Volldruckhöhe betrug 9500 Meter. Von diesem Motor wurde eine kleine Versuchsserie ab 1942 gefertigt und zur Erprobung auch in eine Junkers Ju 52 als Mittelmotor eingebaut. Außerdem wurde der Motor in einer Messerschmitt Me 109 als Versuchsträger für das Höhenjagdflugzeug Me 109 H und die Blohm & Voss BV 155 geflogen.

Ende 1943 wurde die Abgasturbolader-Entwicklung bei Daimler-Benz abgebrochen.

Schnitt durch den Abgasturbolader DBT 306 für den Flugmotor DB 623

Abgasturbolader Daimler-Benz DBT 306

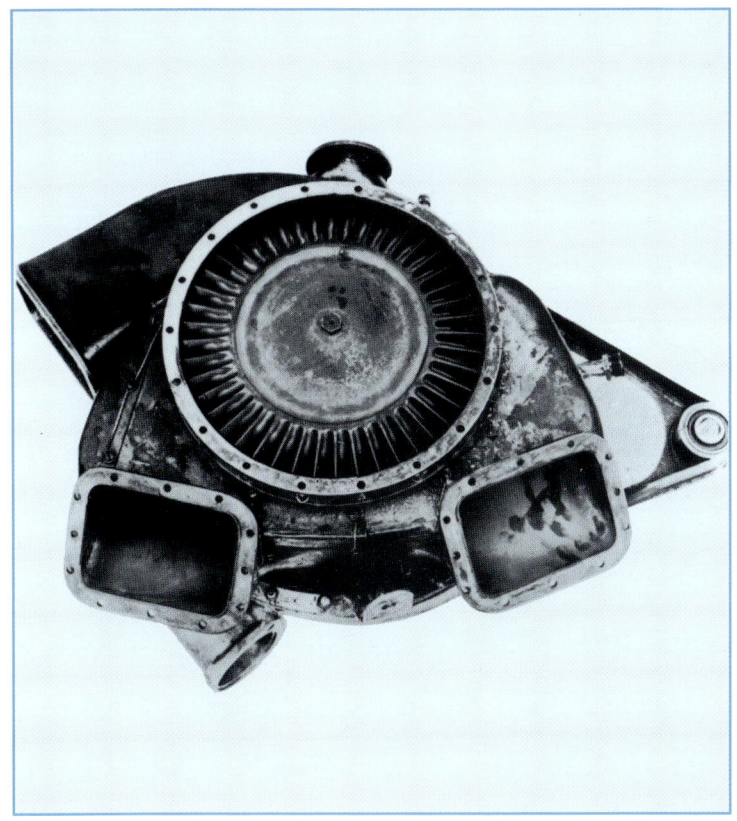
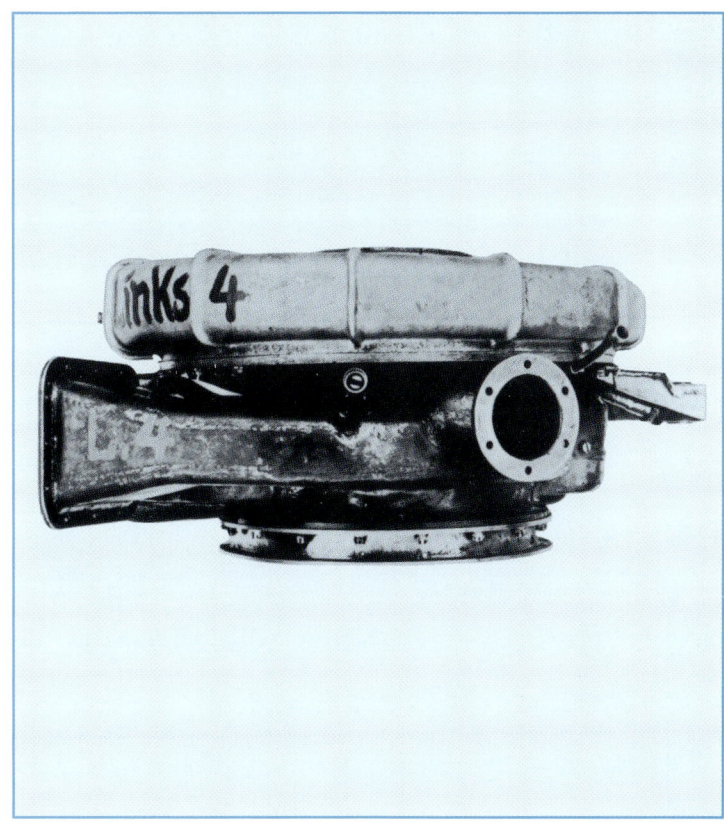

DB 605 – der kleine Daimler-Benz-Flugmotor

Im Jahre 1941 entstand eine Weiterentwicklung des DB 601, die zum meistgebauten Flugmotor des Zweiten Weltkrieges werden sollte, der DB 605. Er hatte einen geringfügig erhöhten Gesamthubraum von 35,7 l (statt 33,9 l im DB 601 E) und statt der vorher verwendeten Rollenlager nun Gleitlager für die Pleuel. Außerdem bewirkte eine neuartige Lage der zwei Zündkerzen je Zylinder einen verbesserten Kraftstoffverbrauch. Alle Abmessungen des Motors entsprachen fast genau denen des DB 601, so daß der Motor ohne Probleme auch für die Messerschmitt Me 109 und die Me 110 verwendet werden konnte.

Der Flugmotor DB 605 wurde bis Ende des Krieges in einer ganzen Anzahl von Varianten produziert. Mit dem DB 605 L, der letzten noch kurz vor Kriegsende gefertigten Baureihe mit 1250 kW Startleistung mit Wasser-Methanol-Einspritzung, wurden im April 1945 noch zwei Messerschmitt Me 109 K 14 ausgerüstet.

Von den 23 Versionen, die insgesamt gebaut oder projektiert wurden, ist besonders der DB 605 T zu erwähnen, der speziell für eine sogenannte »Höhenladerzentrale« gebaut wurde. Die Idee hierbei war, die Leistung für die Aufladung der Flugmotoren DB 603 nicht dem Flugmotor selbst zu entnehmen, sondern die Lader mit einem im Rumpf eingebauten dritten Motor anzutreiben, eben dem DB 605 T. Die von einem großen zweistufigen Lader erzeugte Ladeluft wurde dann über Ladeluftkühler an die zwei Flugmotoren geliefert. Die Anlage war für die Flugzeuge Henschel Hs 130 E und Dornier Do 217 P bestimmt. Bei der Flugerprobung im Mai 1942 wurden Geschwindigkeiten von 610 km/h und Flughöhen von 13 800 m erreicht.

Wie von vielen Daimler-Benz-Motoren dieser Zeit wurden auch von dem DB 605 ein Doppelmotor gebaut, der die Bezeichnung DB 610 trug. Eingebaut wurde dieser Motor in den Bomber Heinkel He 177.

Bis zum Ende des Krieges wurden von dem DB 605 rund 42 400 Motoren gebaut. Eine solch große Stückzahl erreichte ein in Deutschland gebauter Flugmotor nie wieder. Neben anderen deutschen Unternehmen, die diesen Motor in Lizenz bauten, erwarben auch italienische und schwedische Werke Lizenzen. In Italien bauten Fiat und Alfa Romeo den DB 605 A für Flugzeuge von Fiat, Macchi und Reddaine, in Schweden wurden die Flugzeuge Saab B 18 und J 21 noch bis 1949 mit dem Motor ausgerüstet. Da in Schweden Materialschwierigkeiten während des Krieges nicht bestanden, erreichten die dort gebauten Motoren wesentlich höhere Betriebsstunden, ein Zeichen für die hohe konstruktive Qualität des DB 605.

Einbau des erfolgreichsten Flugmotors des Zweiten Weltkrieges, Daimler-Benz DB 605 D, von dem zwischen 1941 und 1945 42 400 Motoren gebaut wurden, in eine Messerschmitt Me 109 K-4

Höhenkampfflugzeug Henschel Hs 130 E mit Daimler-Benz-Höhenladerzentrale DB 605 T-0

Daimler-Benz war in den vierziger Jahren der größte deutsche Flugmotorenhersteller. In den Stammwerken, Stuttgart-Untertürkheim, Sindelfingen und Berlin sowie an vielen anderen Orten wurden die Motoren der DB 600-Familie gebaut. Nachbaurechte wurden an Lizenznehmer in Europa und Asien vergeben.

Hersteller- und Lizenzwerke von Daimler-Benz-Flugmotoren in den vierziger Jahren

Hersteller und Lizenznehmer	Ort	Motortyp
Daimler-Benz AG	Stuttgart-Untertürkheim	Konstruktion und Entwicklung sämtlicher Baumuster
Daimler-Benz AG	Berlin-Marienfelde	F 7502, DB 600, DB 601, DB 603, DB 605, DB 606
Daimler-Benz GmbH	Genshagen Kreis Teltow	DB 600, DB 601, DB 605, DB 606, DB 610
Henschel-Flugmotoren GmbH	Kassel-Altenbauna	DB 601, DB 605
Niedersächsische Motorenwerke (Nimo), später Büssing NAG	Braunschweig-Querum	DB 601, DB 605, DB 606
Pommersche Motorenwerke (Pomo)	Stettin-Altdamm	DB 603
Steyr-Daimler-Puch AG	Steyr	DB 603, DB 605
Flugmotorenwerk Ostmark	Wien-Neudorf	DB 603
Fiat	Turin	DB 605
Alfa-Romeo	Mailand, Pomigliano und Neapel	DB 601, DB 605
Manfred Weiß	Budapest	DB 605
Aichi Tokei Denki K.K.	Nagoya	DB 600, DB 601
Kawasaki Aircraft Industries	Kobe und Akashi	DB 601
Svenska Flygmotor A.B.	Trollhättan	DB 605
Bolinder-Mucktell	Eskilstuna	DB 605
Avia	Prag-Letnany	DB 603
Industria Aeronautica	Kronstadt	DB 605

Wie bei BMW endete auch bei Daimler-Benz mit der Besetzung der verschiedenen Produktionsstätten im April und Mai 1945 die Entwicklung und Fertigung von Flugmotoren. Eine erfolgreiche Zeit im Bau von Flugantrieben, die mit den bescheidenen Flugversuchen von Hermann Wölfert 1888 begonnen hatte, endete damit.

Flugmotorenentwicklungen bei der MAN

Mana III und Mana IV

Die Erfolge der Flugmotorenentwicklung von BMW, Daimler-Benz, Maybach oder Siemens sind bekannt. Weniger bekannt ist, daß sich auch die Maschinenfabrik Augsburg-Nürnberg AG (MAN), in den Werken in Augsburg und Nürnberg seit dem Ersten Weltkrieg mit der Entwicklung und dem Bau von Flugmotoren beschäftigt hat.

Im Laufe des Ersten Weltkrieges begann eine ganze Reihe von Unternehmen, die bis dahin keine Verbindung mit der Luftfahrt hatten, sich für diese neue, zukunftsweisende Technik zu interessieren. So auch die MAN. Während im Werk Nürnberg 1916 der Lizenzbau von Argus- und Maybach-Flugmotoren aufgenommen wurde, beschäftigte man sich in Augsburg mit eigenen Entwicklungen. Es entstand ein Sechszylinder-Motor Mana III mit einer Höchstleistung von 140 kW, der im Juni 1917 ohne besondere Beanstandungen die Baumusterprüfung bestand. Die Betriebseigenschaften des Motors Mana III wurden als gut, der Brennstoffverbrauch als günstig beurteilt. Als einziger Flugmotorenhersteller hatte MAN während des Krieges damit einen Motor auf Anhieb störungsfrei durch die Musterprüfung gebracht und erhielt von der Inspektion der Fliegertruppen bald einen ersten Auftrag über 250 Motoren.

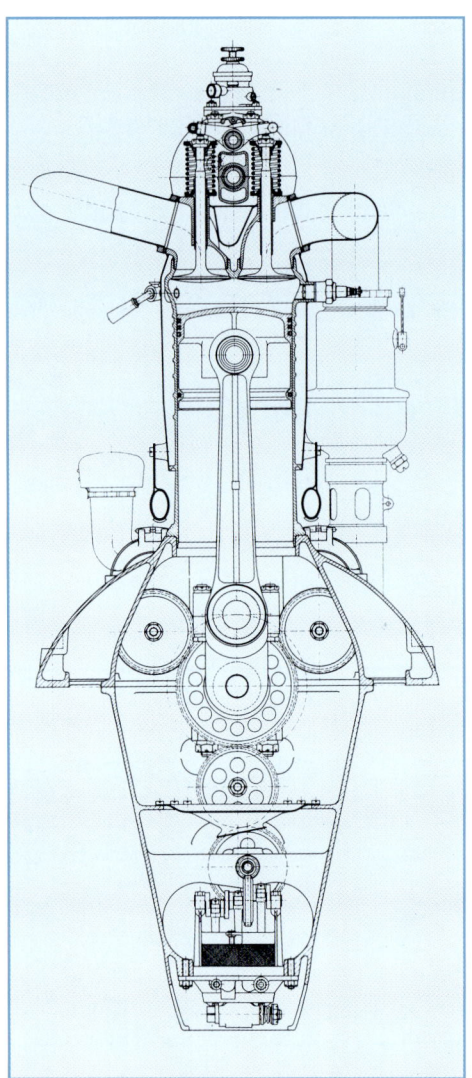

MAN-Sechszylinder-Flugmotor Mana III (F 1417) mit 140 kW Leistung

MAN-Höhenflugmotor Mana IIIv mit Überverdichtung und Überbemessung, die Bodenleistung betrug 206 kW

Auch bei MAN führte man die Entwicklung in Richtung besserer Höhenleistungen weiter und baute eine überbemessene und überverdichtete Version, den Mana IIIv. Der nachgesetzte Buchstabe v bedeutet »vergrößert«. Der Motor war nicht nur überverdichtet, sondern auch überbemessen, also ein Höhenflugmotor. Seine Nennleistung war auf 136 kW festgelegt worden. Die Bodenleistung betrug 206 kW. Der Motor wurde 1918 in einem Jagdflugzeug »Pfalz« D XII erprobt, wobei er sich bis in

Jagdeinsitzer Pfalz D XII mit MAN Mana IIIv-Motor von 1918

7 km Höhe dem BMW IIIa als durchaus gleichwertig erwies. Allerdings gelang es MAN nicht, die für die Serie vorgesehene Ausführung Mana IIIav noch vor Kriegsende über die 60stündigen Belastungen der Typprüfung zu bringen, da die verwendeten Aluminium-Kolben noch zu wenig betriebssicher waren.

Noch im Januar 1918 hatte MAN mit der Entwicklung eines neuen Motortyps begonnen, des Zehnzylinder-Motors Mana V, der bis in 4 km Höhe eine gleichbleibende

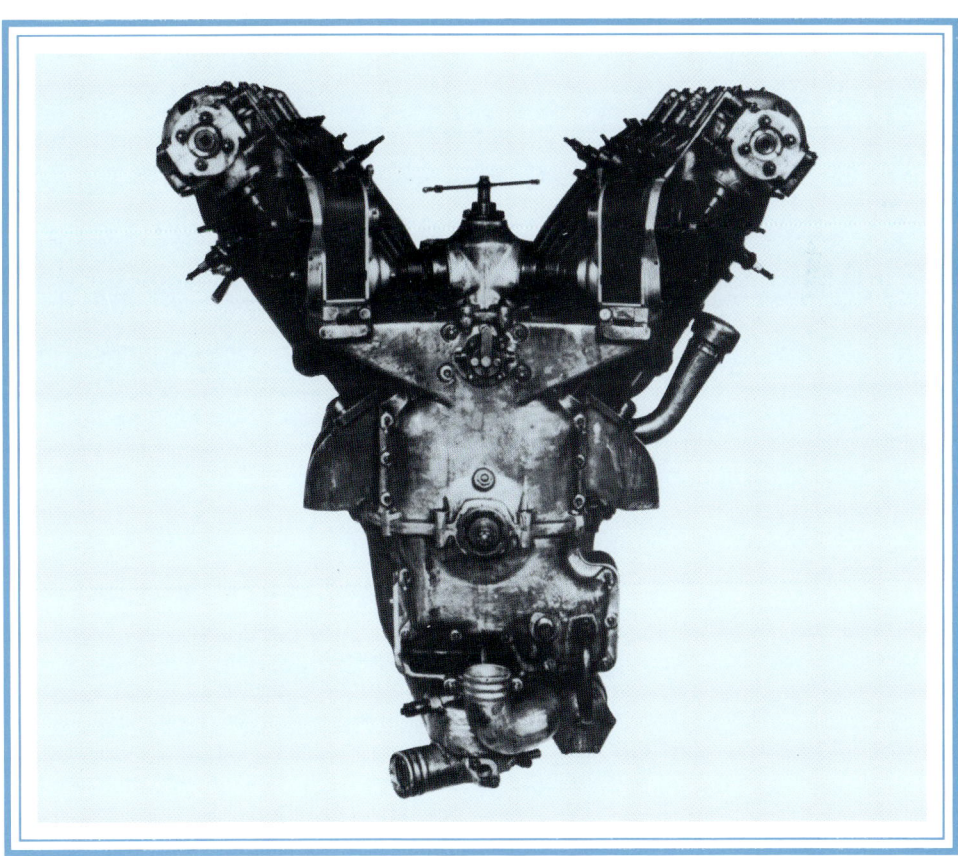

Ende des Ersten Weltkrieges befaßten sich viele Motorenhersteller mit der Entwicklung von »Groß«-Motoren, MAN bringt den Zehnzylinder-Höhenmotor Mana V mit 270 kW Leistung heraus

Leistung von 272 kW abgeben sollte. Er kam aber bis Kriegsende über das Versuchsstadium nicht mehr hinaus. Die MAN hatte sich in erstaunlich kurzer Zeit mit guten Entwicklungsleistungen in die Reihe der renommierten deutschen Flugmotorenhersteller vorarbeiten können. Mit dem Kriegsende 1918 endeten die Aktivitäten der MAN auf dem Flugmotorengebiet zunächst und wurden erst viele Jahre später wieder aufgenommen.

MAN-Versuchsdieselmotor F 1Z 12, 5/16 auf dem Prüfstand in Augsburg

Ein zweiter Anlauf bei MAN

Einen zweiten Anlauf zur Flugmotorenentwicklung unternahm die MAN in Augsburg 1927. Unter Leitung von Gustav Pielstick wurde die Konstruktion eines doppeltwirkenden Zweitakt-Flugdieselmotors in Angriff genommen. Der Motor sollte bei einer Drehzahl von 1000/min 370 kW leisten. Die Versuche mit diesem Motor wurden jedoch 1934, obwohl man bereits ein Leistungsgewicht von 2,08 kg/kW und einen Brennstoffverbrauch von 272 g/kWh erreicht hatte, aufgrund der Erfolge der Junkers-Flugdieselmotoren aufgegeben.

Im Jahre 1932 interessierte sich der Luftschiffbau Zeppelin für die von MAN entwickelten doppeltwirkenden Zweitakt-Dieselmotoren für das Luftschiff LZ 129. Es sollten vier 750 bis 900 kW-Motoren mit Drehzahlen von 1000/min eingebaut werden. Der MAN-Motor L7Z 19/30 erwies sich jedoch zunächst als nicht ausreichend betriebssicher. Das Luftschiff wurde dann mit Daimler-Benz-Dieselmotoren vom Typ DB 602/LOF6 ausgerüstet.

1937 engagierte die MAN den damaligen Leiter der Abteilung Triebwerk der DVL, Oskar Kurtz, und betraute ihn mit der Leitung einer eigenen Flugmotoren-Abteilung. Mit ihm kamen weitere DVL-Fachleute aus den Gebieten Strömungsmaschinen, Motorenerprobung, motorische Arbeitsverfahren und Thermodynamik nach Augsburg. Nunmehr wurde ein neues Entwicklungskonzept für Flugmotoren entworfen und mit dem RLM abgestimmt. Nach ersten prinzipiellen Versuchen mit Einzylinder-Motoren beschloß man, einen gleichstromgespülten Zweitaktmotor mit Einlaßschlitzen und Auslaßventilen zu bauen. Konzipiert wurde ein Motor in W-Form mit 18 Zylindern, der maximal 1470 kW leisten sollte, und ein Doppel-V-Motor mit 24 Zylindern und einer Leistung von 1840 kW. Für letzteren war vor allem der Gesichtspunkt maßgebend, daß die Unterteilung dieses Triebwerks in zwei Einzeltriebwerke, jedes für sich betriebsfähig, größere Betriebssicherheit versprach.

Der Fortschritt der Entwicklung wurde aufgrund der Ereignisse des Zweiten Weltkrieges wesentlich gehemmt und später unmöglich gemacht. Materialknappheit und mangelnde Arbeitskapazität verzögerten und erschwerten die Arbeiten in der Konstruktion und auf dem Prüfstand so sehr, daß sie 1942 auf Wunsch des RLM eingestellt werden mußten.

1940 beschäftigt sich die MAN in Augsburg mit dem Projekt eines 12-Zylinder-Zweitaktdieselmotors mit Gleichstromspülung, der eine Leistung von 1100 kW haben sollte

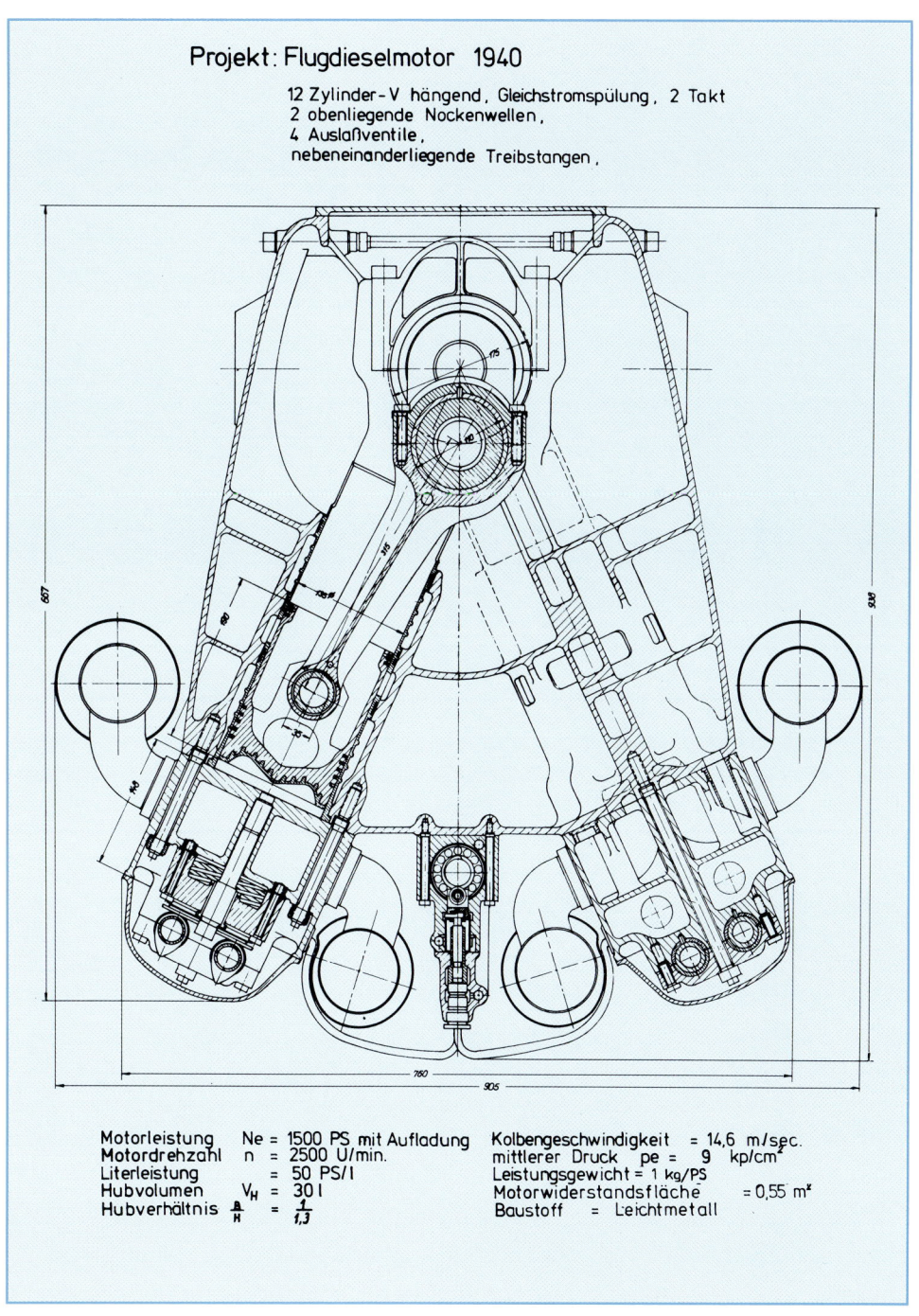

Die Anfänge der Strahltriebwerkentwicklung

Strahltriebwerke von Bramo und BMW

Erste Projektarbeiten bei den Brandenburgischen Motorenwerken

Im Jahre 1938 wurden bei Bramo erste Untersuchungen zur Steigerung der maximalen Fluggeschwindigkeit von Flugzeugen über die vom Propeller vorgegebenen Grenzen hinaus begonnen. Diese Studien ergaben sehr bald mehrere Möglichkeiten, um die Fluggeschwindigkeit zu steigern. Für eine weitere Verfolgung geeignet erschienen das sogenannte ML-Verfahren (Motor-Luftstrahl-Verfahren) und das TL-Verfahren (Turbinen-Luftstrahl-Verfahren). Beim ML-Verfahren treibt ein Motor – z. B. ein Sternmotor – eine axiale Verdichterstufe, die, ähnlich wie beim Zweistromtriebwerk mit Haupt- und Nebenstrom, gemeinsam mit den Motorabgasen Vortrieb liefert. Beim TL-Verfahren wird über einen thermodynamischen Arbeitsprozeß mit Verdichtung und Expansion eines Luft/Gasstromes ein energiereicher Abgasstrom erzeugt, der den Vortrieb liefert.

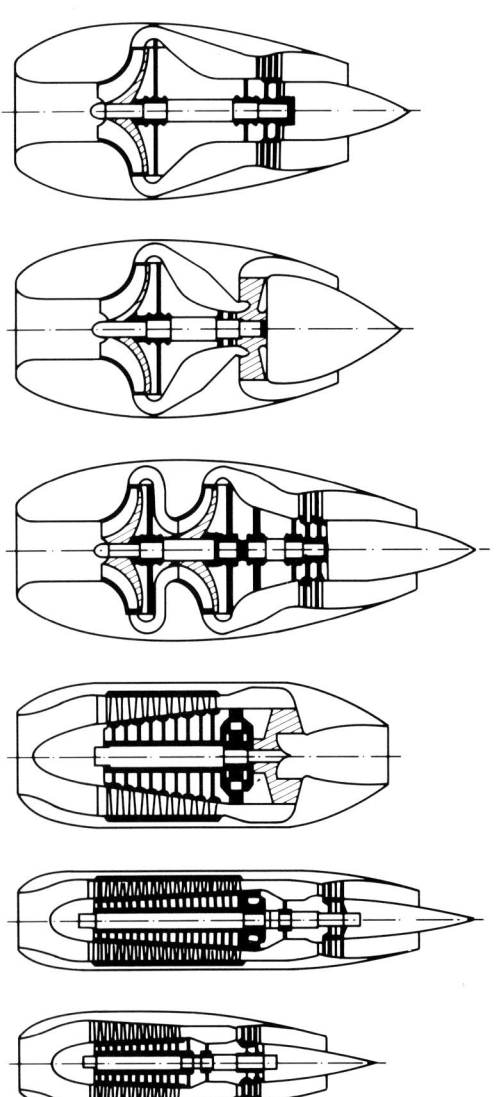

Entwürfe für TL-Antriebe von BMW-Spandau

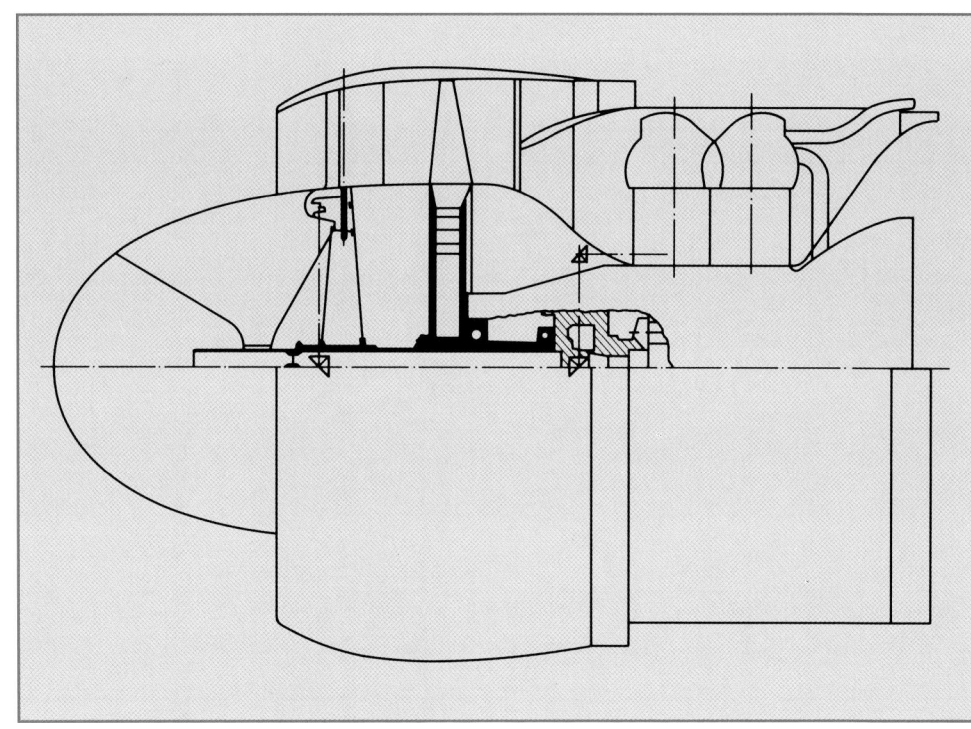

ML-Antrieb mit Axialgebläserad und Neunzylinder-Sternmotor Bramo 325 für die Focke-Wulf Fw 44 J

Bramo verfolgte zunächst beide Antriebsmöglichkeiten. Zur Demonstration wurde 1938 ein ML-Triebwerk gebaut. Die Antriebsanlage bestand aus einem Neunzylinder-Sternmotor Bramo 323 mit einem von diesem angetriebenen, ummantelten Gebläserad. Diese Antriebsanlage wurde in eine Focke-Wulf Fw 44 J »Stieglitz« eingebaut. Die Flugversuche in Berlin verliefen erfolgversprechend und ohne Störungen.

Als sehr wichtiges Nebenprodukt gewann Bramo dabei erste Erfahrungen über die Auslegung und das Betriebsverhalten von Axialverdichtern.

Parallel zu den Arbeiten am ML-Verfahren liefen Projektuntersuchungen über Turbostrahltriebwerke. Verhältnismäßig einfach war es, Entwürfe für ein Radialverdichtertriebwerk zu erstellen. Auf frühere Erfahrungen im Bau von Flugmotorenladern und Abgasturbinen in Radialbauart konnte zurückgegriffen werden. Modellradialräder mit Druckverhältnissen von 2,5 bis 3,0 lagen vor, die Wirkungsgrade bis zu 81 % aufwiesen. Unbefriedigend blieb jedoch die große Triebwerkmasse, die mit dieser Bauart verbunden war. Unklarheit bestand lange Zeit auch über die Gestaltung der Turbinen.

Als im Laufe des Jahres 1938 neuere Forschungsarbeiten der Aerodynamischen Versuchsanstalt Göttingen (AVA) über hochbelastete Axialverdichter bekannt wurden, nahm Bramo die Verbindung mit diesem Institut auf. Unter Verwendung der dort gefundenen Erkenntnisse wurden mehrere Axialverdichter-Triebwerkprojekte untersucht. Gegenüberstellungen mit der Radialverdichterbauart zeigten im Durchmesser und bei der Triebwerkmasse eindeutige Vorteile. Nach der Weitergabe dieser Vorarbeiten an das RLM wurden von dort für ein geplantes militärisches Hochgeschwindigkeitsflugzeug Leistungsdaten festgelegt. Gefordert wurde zuerst ein Startschub von 6 kN, ein Triebwerkdurchmesser von maximal 600 mm und eine Triebwerkmasse von 600 kg.

TL-Projektarbeiten bei BMW in München

Nach der bereits beschriebenen Zusammenlegung von Bramo mit BMW 1939 wurden sämtliche in Berlin-Spandau laufenden Flugmotorenentwicklungen mit der BMW-Entwicklungsleitung in München abgestimmt und mit den in München laufenden Projektarbeiten verglichen.

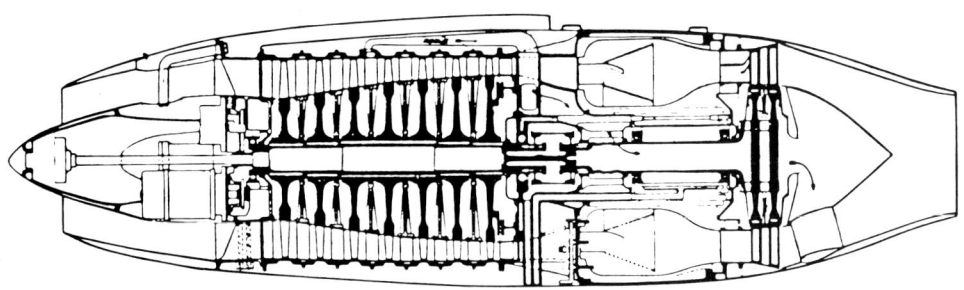

Bei BMW in München wurde neben vielen anderen Projekten 1939 auch das Projekt eines TL-Triebwerks F 9225 mit siebenstufigem Axialverdichter und zweistufiger Axialturbine bearbeitet

Nach der Zusammenlegung wurde das ursprüngliche Bramo-Triebwerkprojekt, nun mit der Bezeichnung BMW P 3302, dem damals in München entworfenen Triebwerkprojekt mit einem Radialverdichter gegenübergestellt. Nachdem für den Axialverdichter die ersten einigermaßen brauchbaren Versuchsergebnisse vorlagen, konnte sich Hermann Oestrich, Leiter der TL-Entwicklung, mit dem Axialverdichtertriebwerkprojekt durchsetzen. Im September 1939 wurde die Entwicklung der TL-Triebwerke im Werk Spandau unter Oestrich zusammengelegt. Hilfestellung wurde in der Folge vom Entwicklungsbereich München bei der Ausführung der Turbinen gegeben. Dort standen zahlreiche Versuchsergebnisse von Abgasturbinen zur Verfügung. BMW in München verfügte vor allem über Fertigungserfahrungen mit geschweißten Turbinenhohlschaufeln aus hochwarmfestem Blech und mit ihrer Befestigung am Rotor. Auch lagen erste Meßergebnisse mit gekühlten Turbinenschaufeln vor.

Prinzip- und Komponentenversuche

Bei jeder der einzelnen Triebwerkbaugruppen wie Verdichter, Brennkammer, Turbine, Schubdüse, Regler, Anlasser usw. bestand zunächst völlige Unkenntnis, wie sie konstruktiv ausgeführt werden sollten. Einigermaßen klar bestimmt war nur die Lage des Verdichterauslegungspunktes. Ausgehend vom Projektentwurf wurde von der Konstruktionsabteilung ein vollständiger Entwurf ausgearbeitet. Der Bau von zehn Versuchstriebwerken (Bezeichnung P 3302 V 1 bis V 10) wurde vorbereitet. Bei einer

Einfache Versuchsgeräte wurden für die ersten Komponentenversuche an TL-Geräten bei BMW in Spandau verwendet

Reihe von Komponenten waren nachträgliche Änderungsmöglichkeiten bereits eingeplant. Zur selben Zeit begannen Komponenteneinzelversuche. Insbesondere hinsichtlich der Gestaltung der Brennkammer bestand wenig Klarheit. So schnell wie möglich wurde in Spandau ein Radialverdichterprüfstand als Luftlieferer für zwei Einzelbrennkammer-Versuchsprüfstände eingerichtet.

Erwartungsgemäß bereitete die Brennkammer mit Prallplatten und einer darauf spritzenden Düse erhebliche Schwierigkeiten. Die Druckverluste in der Brennkammer und in den Gaskanälen waren erheblich größer als angenommen. Die Demonstration des Gasturbinenprinzips war jedoch gelungen.

Das Weinrich-Triebwerkprojekt

Etwa gegen Ende 1939 stellte das RLM die Verbindung zwischen BMW und Hellmut Weinrich her, einem Erfinder und Unternehmer aus Chemnitz, der im Auftrag der obersten Marineleitung eine Gasturbine mit gegenläufiger Verdichterbeschaufelung entwickelte. Seine Untersuchungen liefen schon längere Zeit. Er hatte bereits eine Reihe von Versuchsergebnissen vorliegen. Sowohl in Chemnitz als auch in Kiel standen Prüfstände zur Erprobung eines kleinen Versuchstriebwerks zur Verfügung. Auf der Basis desselben Auslegungsschubes wie für das BMW P 3302, nämlich 6 kN, wurde in Zusammenarbeit mit BMW das Triebwerk P 3304, das später die Bezeichnung BMW 109-002 erhielt, ausgelegt. Die nicht unbeträchtliche Inanspruchnahme der gesamten BMW-Entwicklungsabteilung von dieser parallel zur eigenen Triebwerkentwicklung durchzuführenden Arbeit führte zu Kapazitätsproblemen beim BMW-Projekt P 3302. Andererseits waren die Ideen und die Erfahrungen Hellmut Weinrichs auch für die Arbeiten an diesem Projekt von Bedeutung.

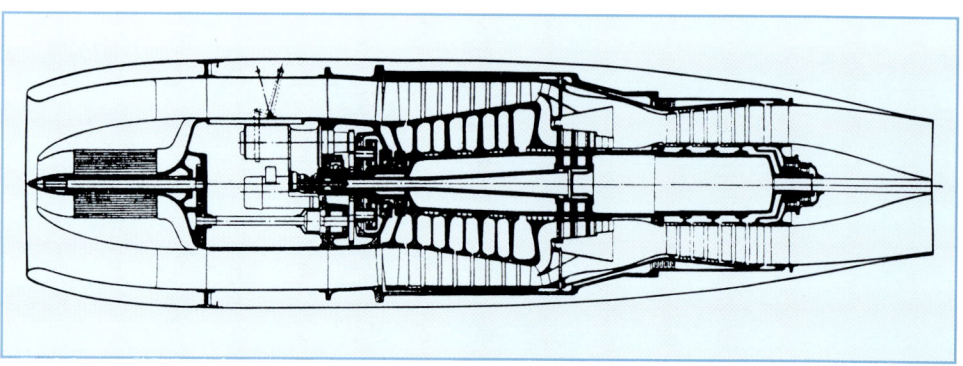

TL-Triebwerk mit gegenläufiger Verdichterbeschaufelung nach einem Vorschlag von Hellmut Weinrich, das später die Bezeichnung BMW 109-002 erhielt

Schon bei der Brennkammererprobung zeigten sich die besonderen Schwachstellen der gegenläufigen Verdichterbauart. Unvermeidbare Gehäuseverformungen aufgrund örtlicher Überhitzungen führten zu Unwuchten und damit zu einem unruhigen Lauf. Besonders schwierig war es, Verzug der Außentrommel, in der die gegenläufige Beschaufelung eingesetzt war, zu vermeiden. Schrumpfverbindungen, die zur Befestigung von Beschaufelungen in Außenringen angewendet wurden, lockerten sich beim Triebwerklauf. Nach einigen größeren Schäden bei Versuchsläufen und nachdem sich unüberwindbare Schwierigkeiten herausgestellt hatten, stellte man die Arbeiten am Projekt Weinrich-Triebwerk 1942 ein. Alles wurde auf das TL-Projekt der BMW konzentriert.

Erstlauf des Triebwerks BMW P 3302 im Jahre 1941

Die Konstruktion der Versuchstriebwerke BMW P 3302 V1 bis V10 erfolgte im Jahre 1940, auch die Teilefertigung wurde 1940 abgeschlossen. Erste Versuchsläufe begannen am 20. Februar 1941 in Berlin-Spandau.

BMW-TL-Versuchsgerät P 3302 von 1941 mit Gondelverkleidung und verschiebbarer Ringdüse

Nachdem sich dabei herausgestellt hatte, daß die Brennkammerdruckverluste wesentlich höher waren, als bei der Auslegungsrechnung angenommen und der Durchsatz für den verlangten Schub nicht ausreichte, wurde mit einer zusätzlichen Verdichtervorstufe der Durchsatz angehoben. Damit verbunden erhöhte sich auch das Druckverhältnis mit nunmehr sieben Verdichterstufen von 2,8 auf 3,16.

Prüfstands- und Flugerprobung BMW P 3302 V1 bis V10

Im Laufe des Jahres 1941 gelang es, mit dem Versuchstriebwerk einen Standschub von 4,5 kN zu erreichen. Bereits im selben Jahr wurde ein Triebwerk BMW P 3302 unter dem Rumpf einer Messerschmitt Bf 110, zusätzlich zu den beiden Daimler-Benz-Triebwerken DB 605B, eingebaut und in Berlin-Schönefeld erprobt. Ebenfalls 1941 wurden zwei dieser Triebwerke zusätzlich zum Flugmotor Jumo 210 in einen Erprobungsträger Messerschmitt Me 262 V1 eingebaut und am 25. März 1942 von Testpilot Fritz Wendel zum ersten Mal geflogen.

Im Jahre 1942 wurde die Prüfstandserprobung mit modifizierten Triebwerken fortgesetzt, nachdem verschiedene Änderungen, vor allem an der Brennkammer, durchgeführt worden waren. Bei den weiteren Prüfstandsversuchen der ersten Triebwerksserie wurde im Sommer 1942 dann ein Schub von 5,5 kN erreicht.

Das Projekt BMW P 3302 V11 bis V14

Da zu erkennen war, daß der Auslegungsschub von 6 kN nur sehr schwer zu erreichen war, und da sich mittlerweile die Schubforderungen der Zellenbauer auf 8 kN erhöht hatten, wurde eine Neuauslegung und Neukonstruktion mit der Bezeichnung BMW P 3302 V11 bis V14 begonnen, das Grundkonzept jedoch beibehalten. Vorgesehen waren nur vier Versuchstriebwerke V11 bis V14.

Die Versuchsläufe begannen Ende 1942. Der siebenstufige Verdichter dieser Ausführung hatte einen um 30 % vergrößerten Durchsatz gegenüber den Versuchstriebwerken V1 bis V10. Sein Wirkungsgrad entsprach etwa dem der sogenannten »Göttinger«-Axialverdichter. Sehr ungünstig war allerdings das Anlaßverhalten. Es zwang zur endgültigen Einführung der Verstellschubdüse, »Pilzdüse« genannt, die bei voller Öffnung das Anlassen des Triebwerks wesentlich erleichterte.

Das BMW 109-003 A-0 geht in Serie

Aufgrund der guten Versuchsergebnisse mit den Versuchstriebwerken V11 bis V14 Anfang 1943, die schon bald die verlangten Leistungen brachten und auch im spezifischen Brennstoffverbrauch den Auslegungswerten nahekamen, wurde mit der Herstellung einer Nullserie begonnen. Diese ersten Serientriebwerke erhielten jetzt die RLM-Bezeichnung, unter der sie später bekannt wurden: BMW 109-003 A-0. Der erste Flug eines Nullserientriebwerks erfolgte im Oktober 1943 in Berlin in einer Junkers Ju 88 als Erprobungsträger. Sie war ein fliegender Prüfstand, bei dem das Strahltriebwerk unter dem Rumpf angehängt war.

Die größten Schwierigkeiten bereitete Anfang 1944 die Standfestigkeit der gekühlten Turbinenschaufeln. Die Knappheit an Legierungswerkstoffen zwang zur Einführung von hohlen Blechturbinenschaufeln. Aber auch andere Verbesserungen, wie die Einführung eines Axialwälzlagers anstelle eines Gleitdrucklagers und Brennkammeränderungen waren erforderlich, um Dauerläufe von zuerst 20 und später 50 Stunden durchzustehen. Im August des Jahres 1944 wurde das 100ste Nullserientriebwerk ausgeliefert.

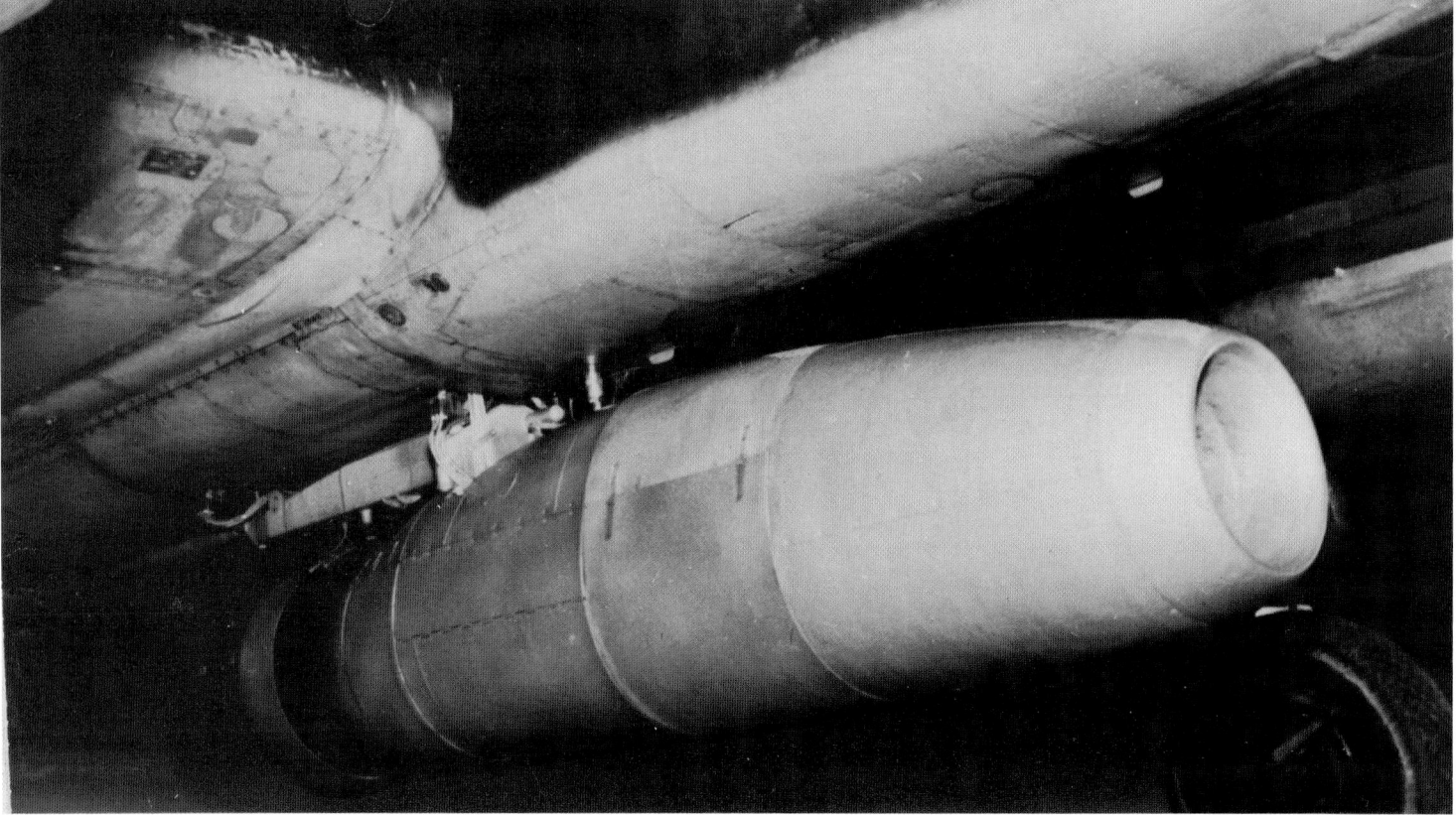

Erprobung des BMW 109-003 A-0 V29 in einer Junkers Ju 88 im Mai 1944 in Rechlin

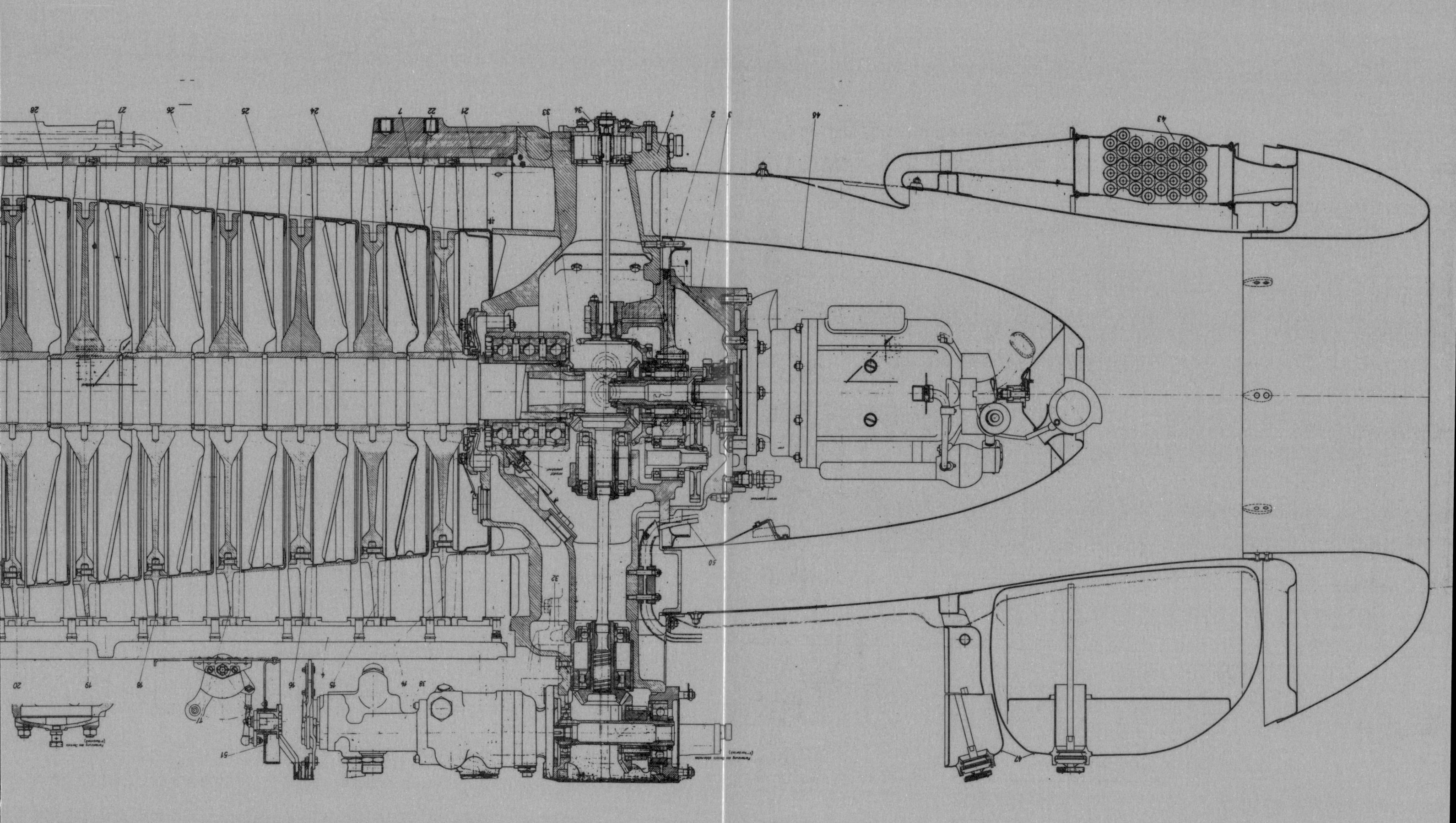

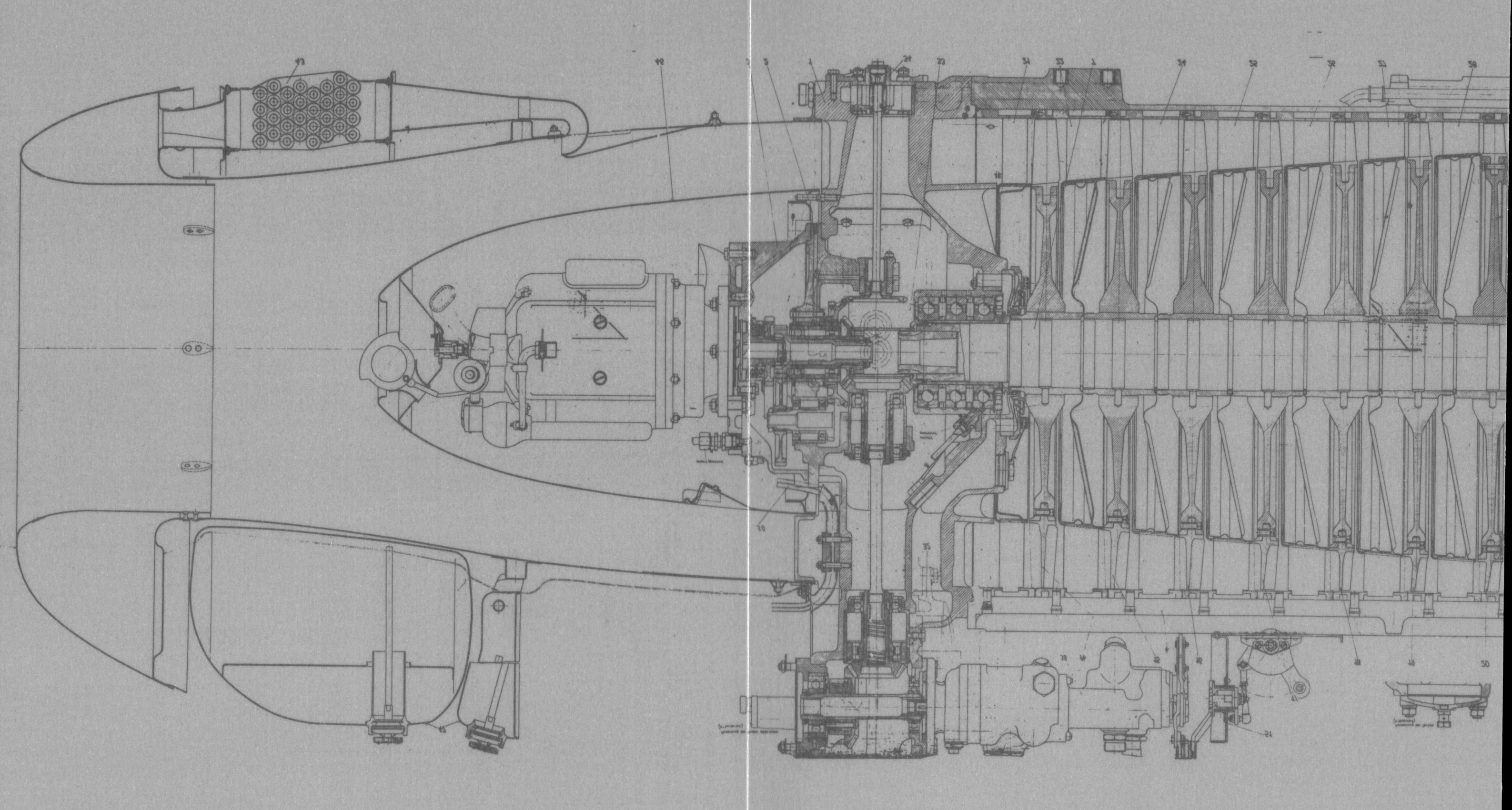

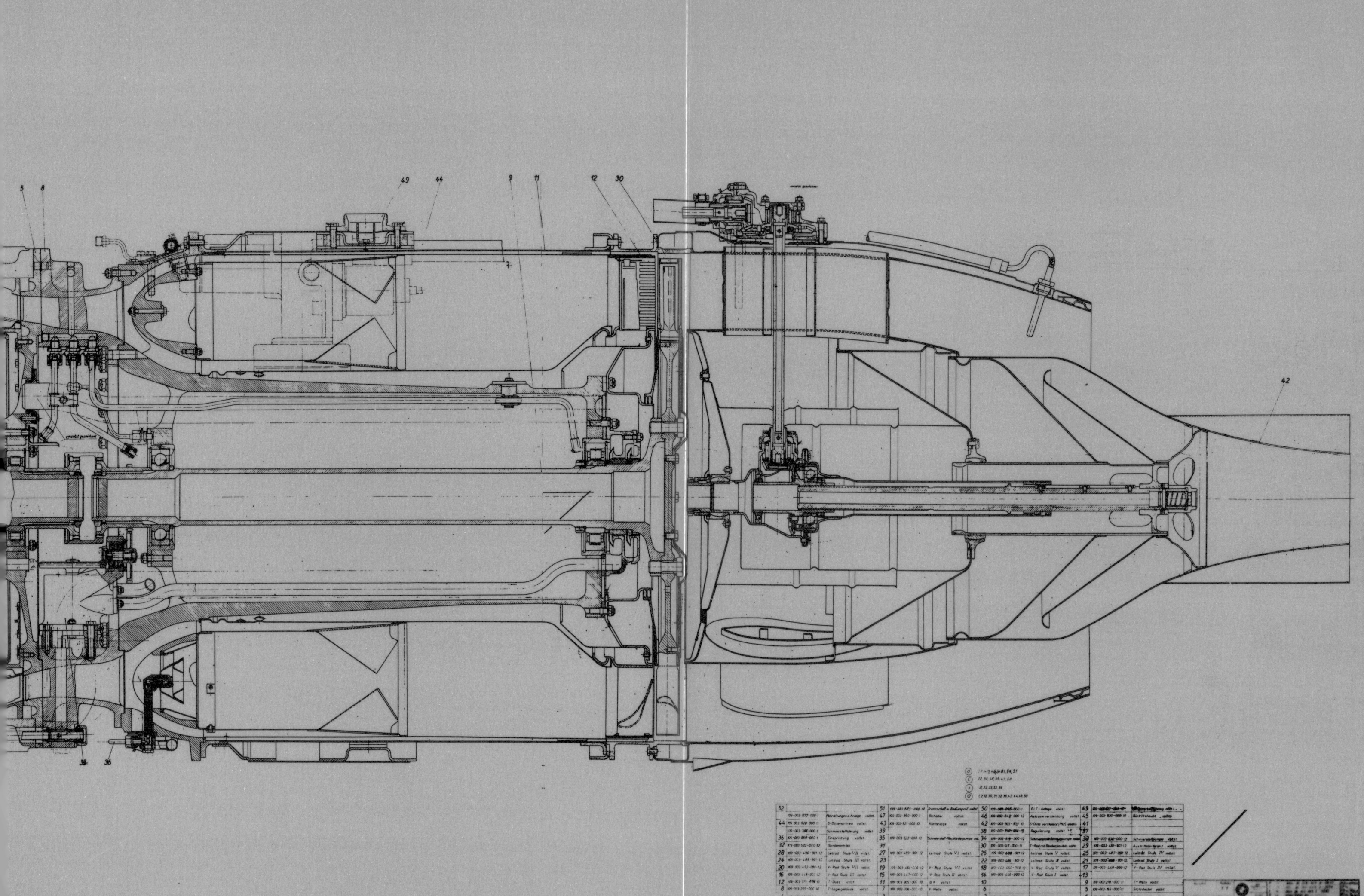

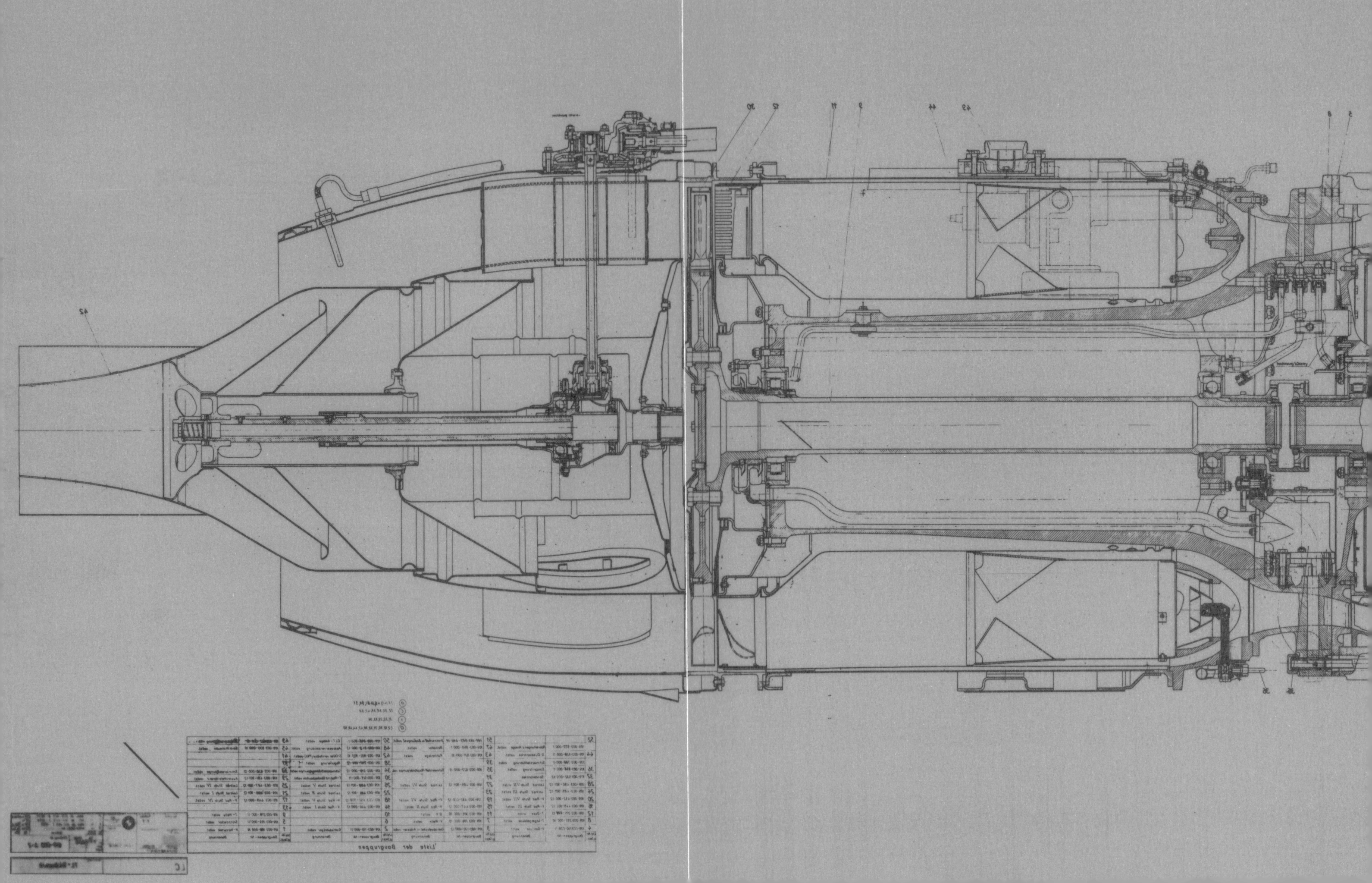

Flugerprobung der Arado Ar 234 V6 mit vier separaten BMW 109-003 A-1-Triebwerken

Flugerprobung der Arado Ar 234 V8 mit vier BMW 109-003 A-1 in Doppelgondeln, mit der am 4. Februar 1944 der erste mit vier TL-Triebwerken durchgeführte Flugzeugstart der Welt erfolgte

Einsatz der BMW-Triebwerke in der Arado Ar 234 und der Heinkel He 162

Eingebaut wurden die Triebwerke BMW 109-003 A-0 in die Arado Ar 234, die zuerst als Aufklärer an der Westfront und später als Bomber und Nachtjäger eingesetzt waren. Im September 1944 wurde mit einer Arado Ar 234 V8 mit paarweisem Einbau der BMW-Triebwerke eine Gipfelhöhe von 13 000 m (inoffizieller Weltrekord) erreicht. Der Pilot war Josef Bispink. Für Triebwerkuntersuchungen standen BMW zwei Flugzeuge Arado Ar 234 zur Verfügung, die auf dem Flugplatz Oranienburg im Norden von Berlin bereitstanden. Der erste Flug einer BMW 109-003 A in einer Heinkel He 162 A-2 »Volksjäger« fand am 6. Dezember 1944 statt.

Heinkel He 162 A am Flugplatz München-Riem 1945, angetrieben von einem BMW 109-003 E-1

Insgesamt sind bis April 1945 rund 750 BMW 109-003 Strahltriebwerke in Berlin-Spandau, Basdorf-Zühlsdorf und in den Mittelwerken bei Nordhausen im Harz gebaut worden. Der Dezember 1944 war der beste Fertigungsmonat mit 100 produzierten Triebwerken. Als Fertigungsstundenzahl pro Triebwerk wurden für die Serie, ohne die zugelieferten Geräte, 500 Stunden angegeben. Die Entwicklungstriebwerke hatten einen Fertigungsaufwand von 6000 Stunden pro Triebwerk.

Weitere BMW-TL-Projekte

Bei Kriegsende 1945 befanden sich noch zwei weitere Varianten des BMW 109-003 in der Entwicklung. Zunächst das Triebwerk BMW 109-003 C mit einem von BBC in Mannheim entworfenen neuen siebenstufigen Verdichter mit einem Druckverhältnis von 3,4 und einem längsgeteilten Verdichterstator. Es sollte einen Schub von 8,82 kN liefern, sämtliche Zeichnungen waren fertiggestellt. Ein Prototyp war in der Fertigung. Die zweite geplante Variante hatte die Bezeichnung BMW 109-003 D. Sie sollte die RLM-Forderung eines erhöhten Schubes von 10,8 bis 11,3 kN erfüllen. Es war eine vollkommen neue Auslegung geplant mit einem von Brückner-Kanis konzipierten achtstufigen Verdichter mit profilierten Leitschaufeln und einer zweistufigen Turbine. Trotzdem hatte das Triebwerk die Hauptabmessungen und Massen des BMW 109-003 A. Der Luftdurchsatz sollte dabei nochmals um rund 30 % erhöht werden. Bei Kriegsende waren die Berechnungs- und Konstruktionsarbeiten noch nicht abgeschlossen.

Weitere Triebwerkentwicklungen auf der Basis des BMW 109-003 waren projektiert. Zunächst zeigten Versuche bei BMW mit Wassereinspritzung Schuberhöhungsmöglichkeiten bis zu 20 %. Versuche mit Nachverbrennung bei Verstellung der vorhandenen Schubdüse mußten sehr bald abgebrochen werden, da sich die relativ kurze Düse als nicht geeignet erwies.

Eine interessante Antriebskombination bot das Triebwerk BMW 109-003 R. Bei ihm war auf ein normales Triebwerk BMW 109-003 A ein Flüssigkeitsraketentriebwerk BMW P-3395 (RLM-Bezeichnung 109-718) in Art eines Rüstsatzes aufgesetzt worden. Damit sollte die Steiggeschwindigkeit der Abwehrjäger erhöht werden. Die Pumpen für die Raketentreibstoffe, Salpetersäure und Tonka 250, eine Mischung von Rohxylidin und Triathylamin, wurden vom Turbotriebwerk angetrieben. Alle Serientriebwerke

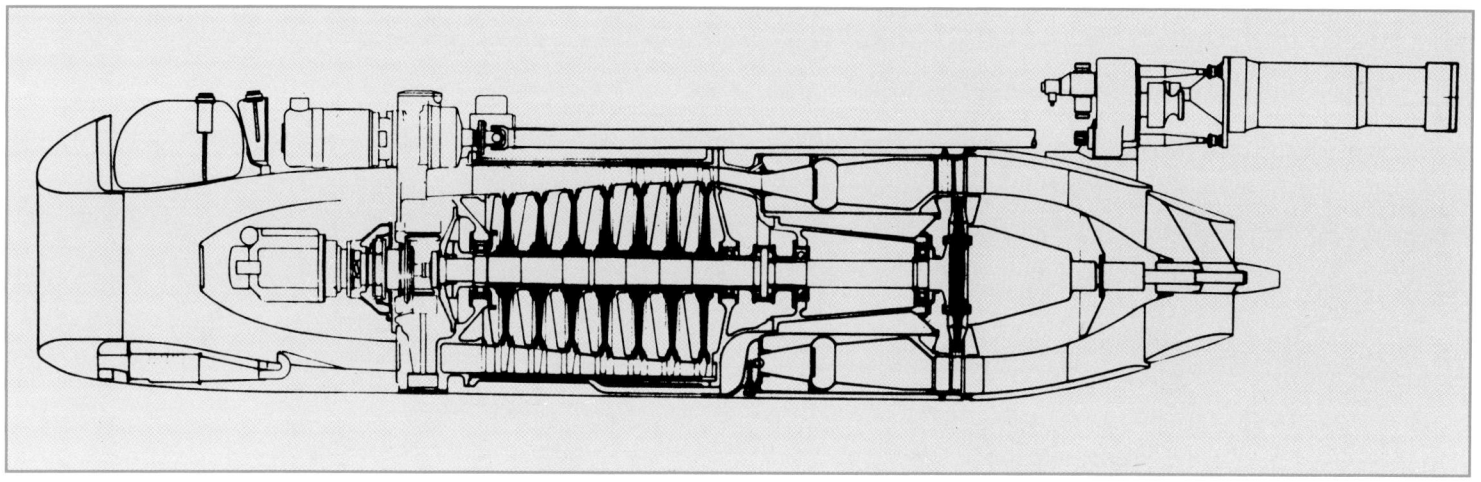

Schnitt durch ein Kombinationstriebwerk BMW 109-003 R

BMW 109-003 A wurden bald so montiert, daß jederzeit ohne größere Änderungen ein normales Luftstrahltriebwerk in ein BMW 109-003 R umgerüstet werden konnte.

Mehrere Triebwerke des BMW 109-003 R wurden gebaut und am Boden erprobt. Eine Flugerprobung erfolgte mit einer Messerschmitt Me 262C-2b am 28. März 1945 in Lechfeld.

Die Anlage des Kombinationstriebwerks BMW 109-003 R bestand aus einem TL-Triebwerk BMW 109-003 A-2 mit aufgesetztem Zusatzraketentriebwerk BMW 109-718

Abfangjäger Messerschmitt Me 262 C-2b mit BMW 109-003 R Kombinationstriebwerk – nur ein Flugzeug wurde 1945 damit ausgerüstet, der einzige erfolgreiche Start fand am 28. März 1945 in Lechfeld statt

Bei Kriegsende 1945 war das BMW 109-018 das interessanteste TL-Projekt und stand kurz vor seiner Fertigstellung

BMW 109-018 und BMW 109-028

Projekt eines Wellentriebwerks mit Propeller BMW 109-028 in erster Version

Projekt eines Wellentriebwerks BMW 109-028 mit Doppelpropeller

Schon im Jahre 1941 war BMW vom RLM die Aufgabe gestellt worden, möglichst wirtschaftliche Triebwerke höchster Leistung für schnelle Langstreckenflugzeuge, also große Reichweiten, zu entwickeln. Aus der Überlegung heraus, daß mit einem sogenannten Propeller-Turbinen-Luftstrahltriebwerk (PTL) höhere Leistungen und größere Wirtschaftlichkeit bei Teillast erzielt werden könnte und daß auch beim Schnellflug mit einer Brennstoffersparnis von 10 bis 20 % zu rechnen ist, wurde bei BMW das Triebwerk BMW 109-028 für eine Wellenleistung von 3456 kW und mit dem Restschub für eine Wellenvergleichsleistung von rund 4830 kW projektiert. Bei einer Geschwindigkeit von 640 km/h sollte es in 6100 m Höhe eine Wellenvergleichsleistung

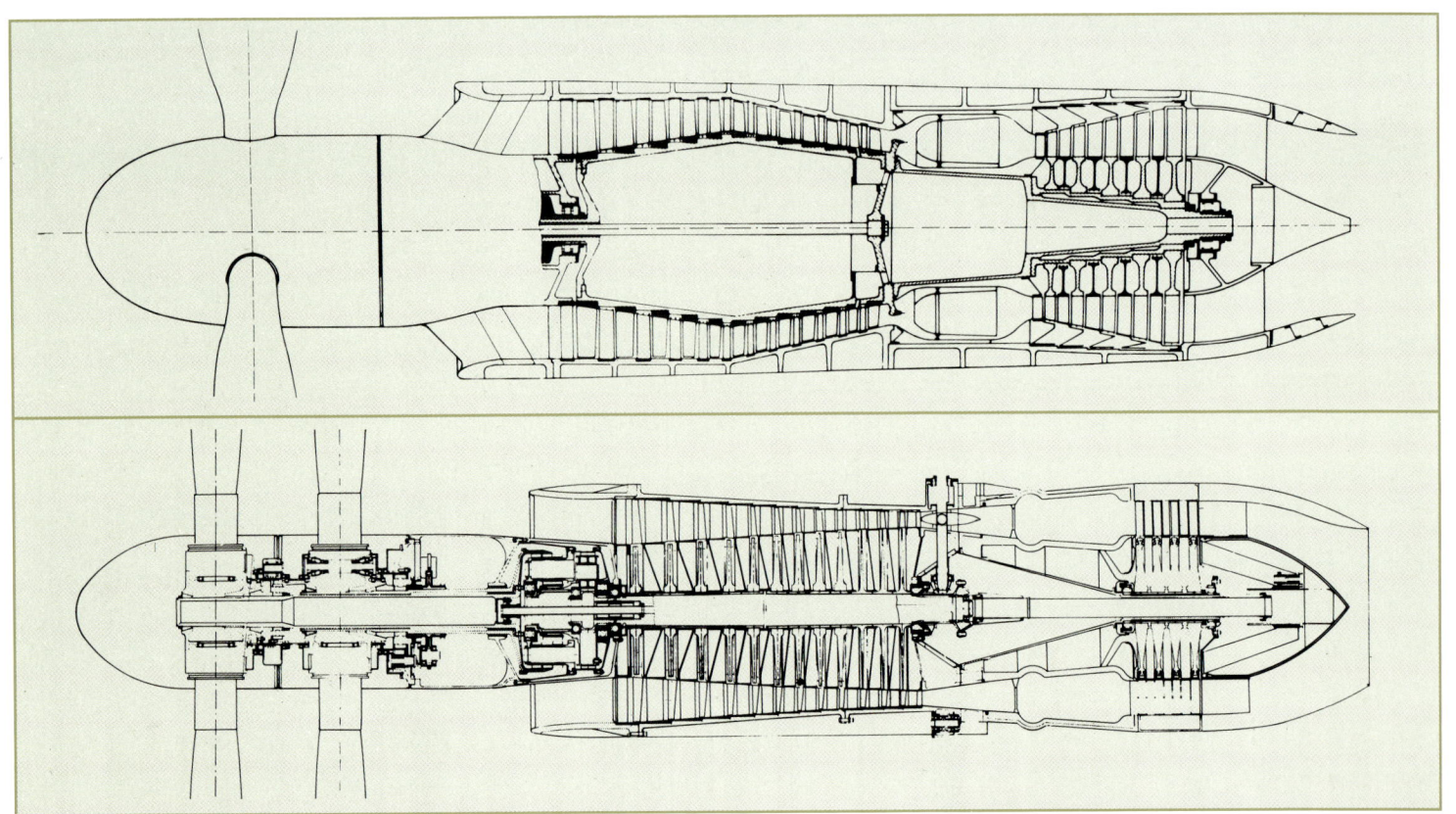

von 5840 kW erzielen. Die Flugerprobung sollte in einer Heinkel He 177 erfolgen. Als mögliche Anwendung war das Langstreckenflugzeug Messerschmitt Me 264 vorgesehen.

Bereits 1942 hatten sich im RLM die Vorstellungen über die Ausrüstung zukünftiger militärischer Flugzeuge geändert. Für Flugzeuge mittlerer Reichweite schienen damals die Masse und die Fertigung des Getriebes für gegenläufige Luftschrauben ein zu großer Aufwand. Man kam wieder auf einfache Turbotriebwerke zurück. Damit ergab sich das Triebwerkprojekt BMW 109-018 aus dem BMW 109-028 unter Weglassung des Luftschraubenantriebs und einer Turbinenstufe. Die Turbine des BMW 109-018 hatte drei Stufen. Mit einem Druckverhältnis von 7 und einem Luftdurchsatz von 44 kg/s sollte es einen Standschub von 33,3 bis 34,3 kN erreichen. Rechnerisch sollte der Brennstoffverbrauch 25 % niedriger sein als beim BMW 109-003. Dieses Triebwerk wurde mit größter Dringlichkeit bearbeitet. Bei Kriegsende war es vollständig konstruiert und ein Prototyp nahezu fertig. Die Serienausführung des Schnellbombers Henschel Hs P-122 sollte mit zwei Strahltriebwerken BMW 109-018 ausgerüstet werden.

Gegen Ende des Zweiten Weltkrieges bestand beim RLM wieder Interesse an kleineren Triebwerkeinheiten. Unter der Projektnummer BMW P-3306 sollte nach den Erfahrungen mit den BMW 109-003 ein Triebwerk mit einem Durchmesser von 850 mm geschaffen werden, das einen Schub von 16,6 bis 17,7 kN erbringen und austauschbar mit dem Heinkel-Hirth Triebwerk He S 011 sein sollte. Es blieb auf dem Reißbrett.

Ein weiteres Vorhaben, dem das gleiche Schicksal beschieden war, betraf das Projekt P-3307, das auch auf dem BMW 109-003 basierte. Es war gedacht als ein sehr einfaches »Verlusttriebwerk« für Flugkörper, d. h. fliegende Bomben, mit einem Schub von 4,9 kN. Der Fertigungsaufwand je Gerät sollte nur 100 Stunden bei einer monatlichen Stückzahl von 5000 Geräten betragen.

Die erste Höhenprüfstandsanlage der Welt: Herbitus

Die Flugerprobung von TL-Triebwerken in fliegenden Prüfständen, wie sie bei BMW mit der Junkers Ju 88 durchgeführt wurde, lieferten nicht alle Erkenntnisse, die man für eine gezielte Weiterentwicklung benötigte. Deshalb wurde im BMW-Werk München eine große Höhenversuchsanlage für Flugantriebe aufgebaut, die für alle deutschen Hersteller von Triebwerken zur Verfügung stehen sollte. Sie hatte die Bezeichnung »Herbitus-Anlage« und stand unter der Leitung von C. K. Soestmeyer. Unter Bodenbedingungen hatte sie einen Luftdurchsatz von 20 kg/s, was für die Triebwerke BMW

BMW-Höhenprüfstandsanlage Herbitus in München-Milbertshofen: Motorwechsel, hier eines BMW 801-Flugmotors, in der Höhenkammer

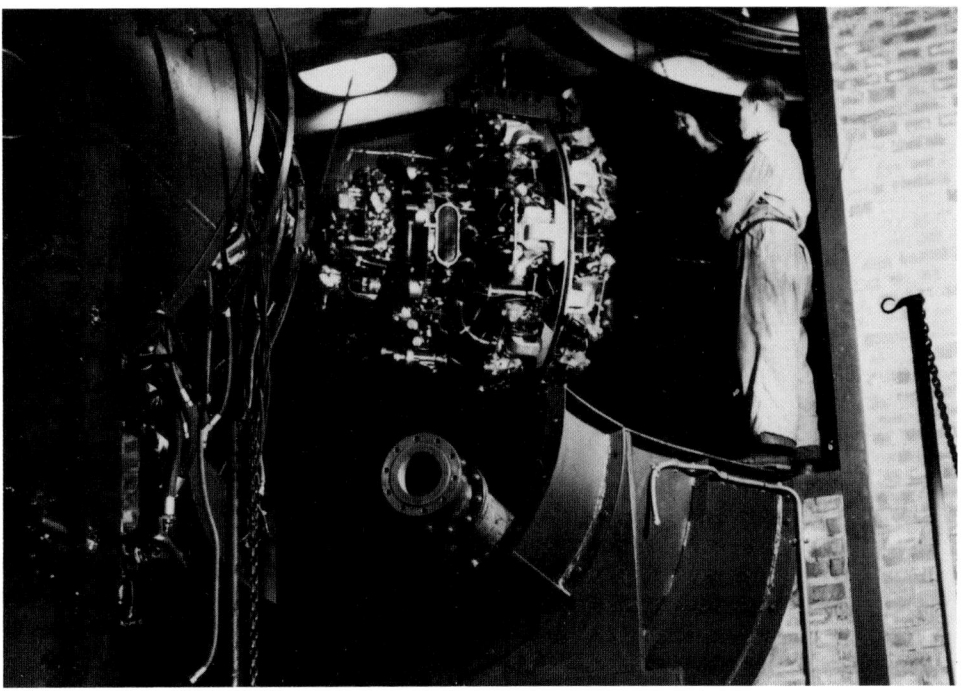

Die Herbitusanlage wurde 1945/46 in die USA gebracht und ist heute noch auf dem Air Force Arnold Engineering Development Center in Tullahoma, Tennessee für die Erprobung amerikanischer, militärischer Großtriebwerke im Einsatz

109-003 und Jumo 109-004 ausreichte. Anfang 1945, also kurz vor Kriegsende, wurde das Triebwerk BMW 109-003 A-1 in simulierten Flughöhen von 2000 bis 13 000 m, bei den Fluggeschwindigkeiten von 600, 750 und 900 km/h vollkommen vermessen und wichtige Erkenntnisse über das Leistungs- und Betriebsverhalten von TL-Triebwerken in großen Höhen gewonnen.

Diese Höhenprüfstandsanlage, die im Jahre 1944 errichtet wurde, war die erste ihrer Art in der Welt. Sie hat sich hervorragend bewährt. Nach Besetzung des Werkes wurde sie von den Amerikanern 1946 demontiert und in die USA gebracht und auf dem Forschungsgelände der US-Air Force in Tullahoma/Tennessee wieder aufgebaut. Sie ist dort nach Umbauten und Erweiterungen heute noch in Betrieb.

Technologischer Stand des BMW 109-003 am Ende des Krieges

Mit einem Serientriebwerk BMW 109-003 A-2 wurde im März 1945 ein 150-Stunden-Musterprüflauf begonnen, jedoch nicht mehr zu Ende geführt. Auf dem BMW-Höhenprüfstand in München ermittelte man noch die Mehrzahl der Programmpunkte der Musterprüfungen.

Das Triebwerk hatte noch keine sehr hohe Betriebssicherheit. Viel Entwicklungsarbeit wäre notwendig gewesen, um auf eine befriedigende Zuverlässigkeit und auf ausreichende Laufzeiten zu kommen. Das Triebwerk ist kriegsbedingt zu früh für eine Serienfertigung freigegeben worden.

Vom Entwicklungsbeginn bis zum ersten voll durchgestandenen 30-Stunden-Lauf vergingen rund fünf Jahre. In dieser Zeit wurde eine vollkommen neue Triebwerkbauart konzipiert, konstruiert, gefertigt, erprobt und bedingt einsatzreif gemacht. Alliierte Kommissionen und ausländische Fachleute bestätigten nach dem Kriege, daß das Strahltriebwerk BMW 109-003 in seinen spezifischen Werten und konstruktiven Einzelheiten das interessanteste der deutschen Turboluftstrahltriebwerke war. Das Konkurrenztriebwerk von Junkers Jumo 109-004 hatte dagegen bereits eine größere Serienreife erreicht und wurde bis Kriegsende in größerer Stückzahl gebaut.

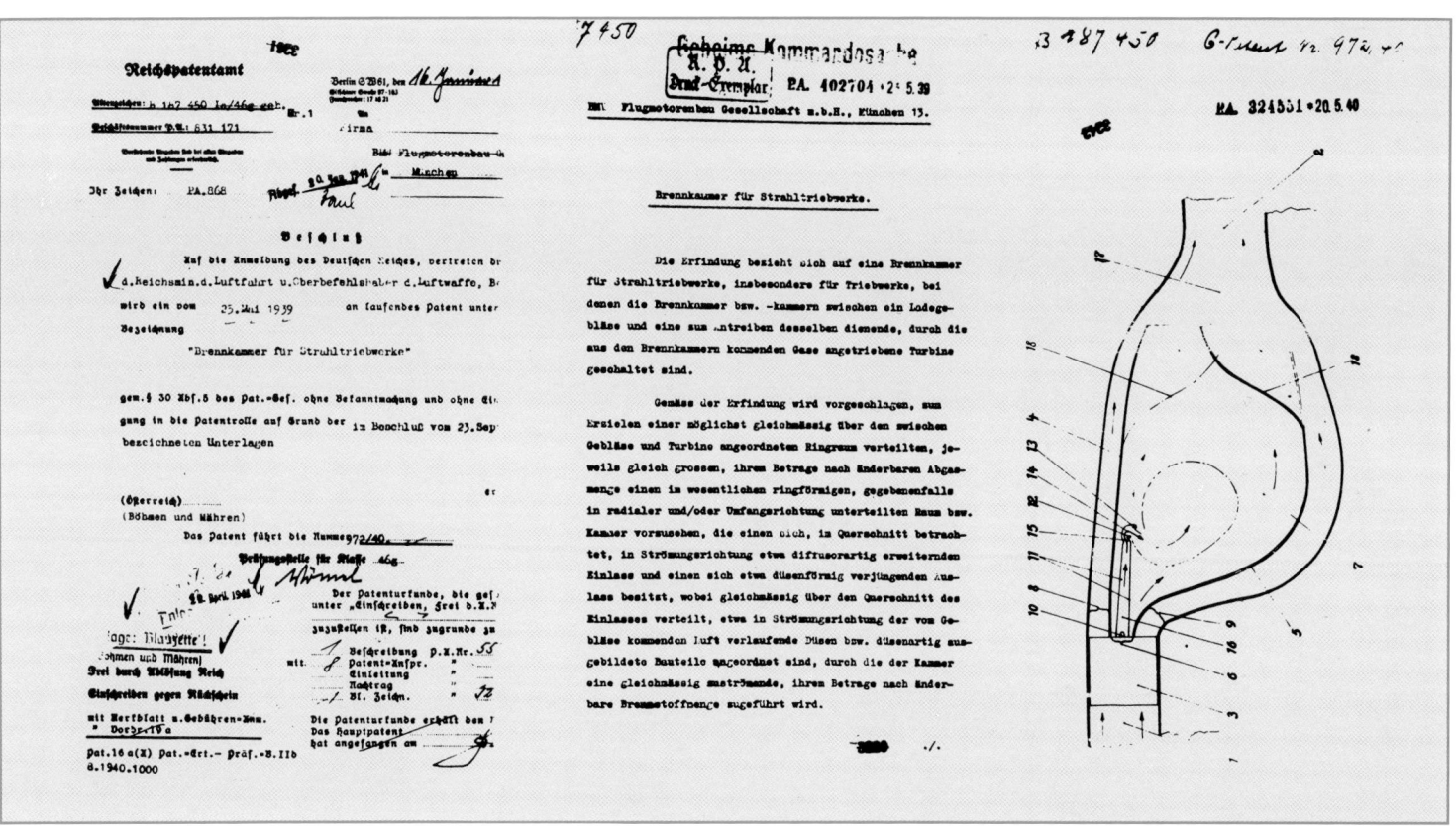

*Bei der Entwicklung der TL-Triebwerke sind bei BMW viele Patente angefallen, die aus Geheimhaltungsgründen nicht normal angemeldet werden durften
Geheimpatentschrift von Hermann Hagen über eine Ringbrennkammer*

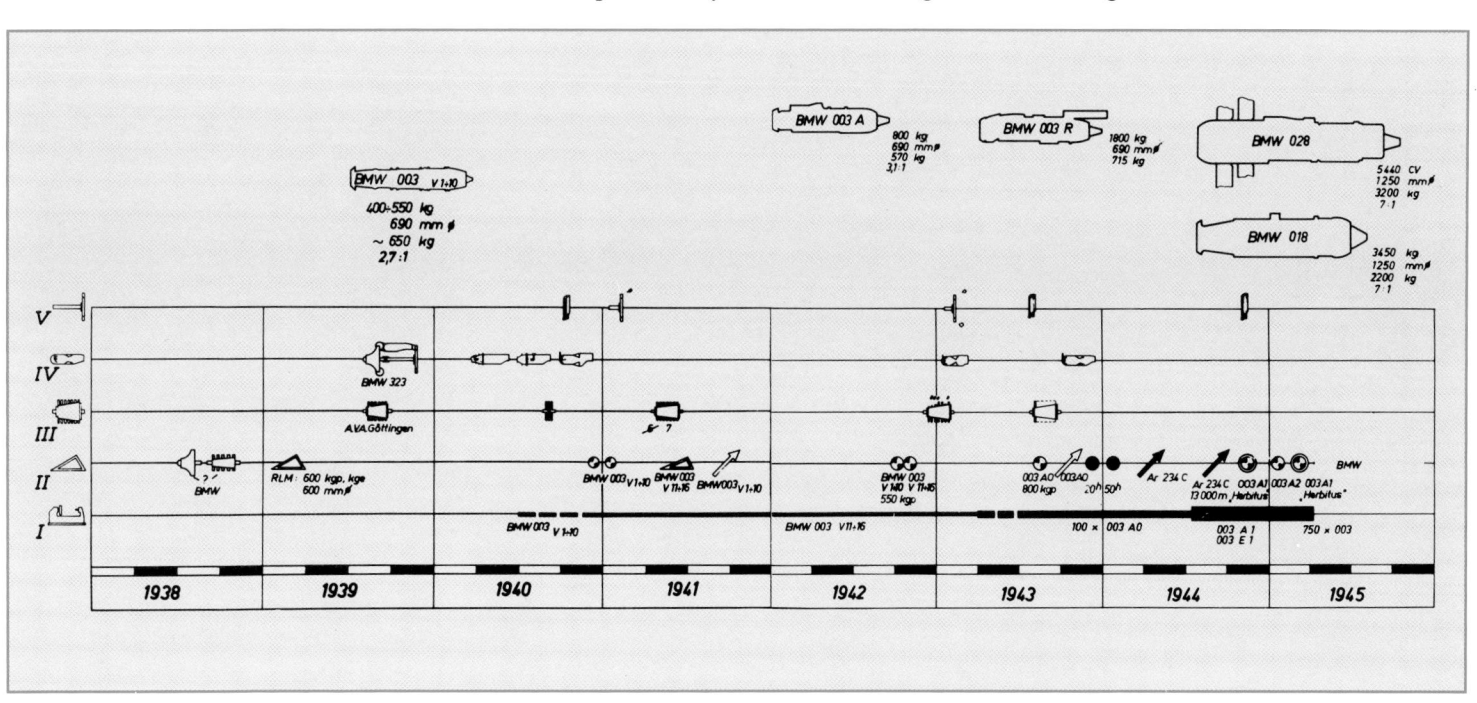

Die TL-Entwicklung bei BMW von 1938 bis 1945

Zur Beurteilung des Standes der Technik muß aber anerkannt werden, daß viele heute im Triebwerkbau allgemein und zum Teil erst wieder bei modernsten Triebwerken vorkommenden Konstruktionsprinzipien beim BMW 109-003 – und beim konkurrierenden Jumo 109-004 – erstmals verwendet wurden, so Axialverdichter, Ringbrennkammer mit Sekundärluftzumischung, gesonderter Zündbrenner mit Zündbrennstoff, Axialdrucklager, Axialausgleich, luftgekühlte hohle Turbinenlauf- und Leitschaufeln aus Blech mit Kühleinsätzen, regelbare Schubdüse, autarker Anlaßmotor und noch viele andere bei modernen Turbotriebwerken verwendeten technischen Lösungen.

Strahltriebwerke von Daimler-Benz

DB 109-007 – das erste Zweistromtriebwerk der Welt

Die Entwicklung von Turbostrahltriebwerken begann bei Daimler-Benz relativ spät. Karl Leist, der 1939 von der DVL zu Daimler-Benz kam, hatte zunächst als Hauptaufgabe die Entwicklung der Abgasturbolader für die Höhenmotoren. Das Flugmotorenentwicklungswerk in Stuttgart-Untertürkheim war aufgrund der zahlreichen Varianten und Sonderausführungen der Flugmotoren DB 601, 603 und 605 zu dieser Zeit voll ausgelastet, es blieb für die Strahltriebwerkentwicklung nur geringe Kapazität.

Da das RLM bereits bei BMW und Junkers erfolgversprechende Entwicklungsprojekte von einfachen Einstromstrahltriebwerken der 7,8 bis 8,8 kN-Klasse laufen hatte, erhielt Daimler-Benz eine schwierige Aufgabe, die Entwicklung eines Triebwerks mit größerem Schub und wesentlich geringerem Brennstoffverbrauch. Das von Karl Leist vorgeschlagene Zweistromtriebwerk, das später die RLM-Bezeichnung DB 109-007 erhielt, war für einen Schub von 6,0 kN bei 900 km/h in 6000 m Höhe

Daimler-Benz entwickelte das erste Zweistromtriebwerk der Welt, ein Einwellentriebwerk mit der Bezeichnung DB 109-007

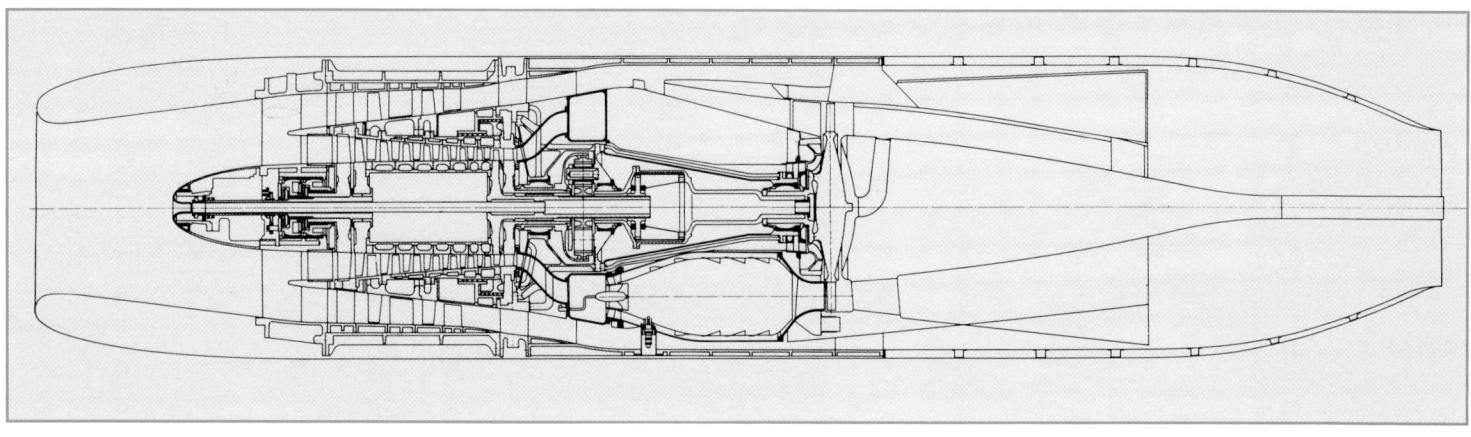

Am 1. April 1943 kam das erste Versuchstriebwerk DB 109-007, interne Bezeichnung DB 670, auf den Prüfstand in Untertürkheim

ausgelegt und sollte dabei einen spezifischen Brennstoffverbrauch von 36,8 g/kNs haben. Umgerechnet ergibt sich daraus ein maximaler Standschub von 13,7 kN und ein spezifischer Verbrauch von 22,9 g/kNs. Die eigentlichen Entwicklungsarbeiten begannen 1941, das erste von drei gebauten Versuchsgeräten kam am 1. April 1943 auf den Prüfstand in Untertürkheim und erreichte im Herbst desselben Jahres seine volle Betriebsdrehzahl von 12 600/min.

Entsprechend dem geforderten, für die damalige Zeit außerordentlich niedrigen Verbrauch mußte ein hohes Verdichterdruckverhältnis und eine hohe Gastemperatur gewählt werden. Auch sollten der Durchmesser gemäß Vorgabe 900 mm und die Länge 5 m nicht überschreiten.

Für das erforderliche Druckverhältnis von 8 wurde daher wie bei BMW ein Verdichter nach Vorschlägen von Walter Enke von der AVA-Göttingen konstruiert, der aus zwei gegenläufigen Trommeln bestand. Die innere Trommel hatte neun Schaufelreihen, die äußere Trommel innen acht Reihen und auf der Außenseite im Außenstromkanal nochmals drei Verdichterstufen. Die beiden Trommeln waren über ein Planetengetriebe verbunden und hatten eine Höchstdrehzahl von 12 600/min bzw. 6200/min. Der Verdichter war einschließlich der gegenläufigen Leitschaufelkränze und trotz des hohen Druckverhältnisses recht kurz. In Bodennähe betrug der Luftdurchsatz des Innenstromes 14,8 kg/s, der des Außenstromes 35,8 kg/s, so daß sich ein Nebenstromverhältnis von 2,42 ergab. Eine Parallelausführung des Verdichters wurde von Voith in Heidenheim konstruiert.

Die Schaufelringe waren im vorderen Teil aus warmfestem Leichtmetall und bei den letzten Stufen aus Stahl. Die Brennkammer bestand anfangs aus vier Einzelrohrbrennkammern, später wurde eine fünfte hinzugefügt. Die Turbineneintrittstemperatur betrug 1373 K. Die Turbinenschaufeln waren gekühlt. Man wählte eine Kühlluftteilbeaufschlagung mit Luft aus dem Außenstrom, die der Turbine durch entsprechende Schlitze aus dem Sekundärluftringkanal zugeführt wurde. Vorversuche dieses Verfahrens an Daimler-Benz-Abgasturbinenrädern hatten auch bei hohen Gastemperaturen gute Ergebnisse gezeigt.

Die Entwicklung dieses recht komplizierten und völlig neuartigen Triebwerks machte viele Versuche mit Einzelelementen und Bauteilen erforderlich, zu denen meist erst die entsprechenden Versuchsanlagen, wie ein Turbinenschleuderstand und ein Prüfstand für das mit 2950 kW belastete Gegenlaufgetriebe bei Daimler-Benz gebaut werden mußten. Die Entwicklung zog sich in die Länge und wurde Ende 1943 auf Anordnung des RLM abgebrochen.

Die Laufzeit des ersten Versuchstriebwerks DB 109-007 V1 betrug bei Abbruch der Entwicklungsarbeiten 1943 insgesamt 152 Stunden. Die von Daimler-Benz bei der Auslegung des Triebwerks gewählten konstruktiven Merkmale wie Unterteilung in drei, je zweifach gelagerte Läufer mit dazwischen angeordneten elastischen Elementen, mit der fliegenden Lagerung des Triebwerks, der Trennung der tragenden Gehäuseteile von den thermisch hochbeanspruchten Teilen, haben sich in der kurzen Erprobungszeit bewährt und wichtige Erkenntnisse für die weitere Triebwerkentwicklung ergeben.

Daimler-Benz beschäftigte sich in dieser Zeit auch mit anderen Bauformen von Zweistromtriebwerken. Bekannt wurde das Projekt DB 109-016 mit Verdichtern ohne Gegenläufigkeit und mit zwei einstufigen Turbinen. Auch ein Triebwerk mit trommelförmigem Verdichter und Turbinenläufer und gekühlten Turbinenschaufeln ist bekannt geworden.

Die BMW-Raketenentwicklungen

Starthilfen standen am Anfang

Bereits um die Jahreswende 1938/39 bekam BMW den Auftrag, sich mit der Entwicklung von Raketenantrieben für militärische Anwendungen zu beschäftigen. Zunächst wurde in Berlin-Spandau im Rahmen einer Vorentwicklung eine Raketenbrennkammer entwickelt, die mit flüssigem Sauerstoff arbeiten sollte. Außerdem wurden theoretische Untersuchungen angestellt, um allgemeine Unterlagen zu gewinnen und ein intermittierend arbeitendes Raketentriebwerk projektiert.

Den ersten Auftrag für ein Triebwerk erhielt das Unternehmen Ende 1939, eine Starthilfsrakete sollte entwickelt werden. Solche Startraketen sollten Zusatzschub für den Überlaststart von Transport- oder Bomberflugzeugen liefern oder zum Wiederstart von abgesetzten Lastenseglern dienen. Die Konstruktion der Starthilfe war Anfang 1940 beendet. Die Fertigung der Versuchsgeräte dauerte aber fast ein Jahr, da nicht genügend Werkstattkapazität vorhanden war.

Auf Drängen des RLM wurden die Prüfstände für die Raketenentwicklung beschleunigt fertiggestellt. Da im Werk Berlin-Spandau kein geeigneter Platz vorhanden war, wurden sie im Werk Berlin-Zühlsdorf aufgestellt. Im Herbst 1940 konnten hier die ersten Brennkammerversuche mit dem Brennstoff Methanol-Hydrazinhydrat und dem Sauerstoffträger Wasserstoffperoxid mit gutem Ergebnis durchgeführt werden.

Salpetersäure als Sauerstoffträger

Da die Beschaffung der Treibstoffe auf Schwierigkeiten stieß und die Herstellungskosten sehr hoch waren, wurden theoretische Untersuchungen und Laboratoriumsversuche angestellt über die Verwendung von hochkonzentrierter Salpetersäure als Sauerstoffträger in Raketentriebwerken. Das RLM erteilte einen Auftrag hierzu. Die ersten Versuche mit einer Modellbrennkammer wurden bereits Ende 1940 durchgeführt, Brennstoff war Methanol. Methanol und Salpetersäure reagieren jedoch nicht von selbst und ihre Zündung machte zunächst große Schwierigkeiten. Die elektrischen Zündversuche führten nicht zum Erfolg. Erst die Verwendung pyrotechnischer Zündmittel brachte eine einwandfreie Zündung.

Nachdem auch eine Reihe leicht beschaffbarer Stoffe gefunden war, die sich mit Salpetersäure von selbst entzünden, standen der Entwicklung von Raketentriebwerken mit Salpetersäure als Sauerstoffträger keine grundsätzlichen Schwierigkeiten mehr im Weg. Als Weiterentwicklung der Starthilfe BMW P-3370 wurde der Typ P-3372 mit selbstreagierenden Raketenbrennstoffen in Angriff genommen.

Im Jahre 1940 war bei BMW ein neues Förderprinzip für Raketentreibstoffe, das sogenannte Differenzkolbenförderverfahren, erfunden worden. Das RLM erteilte

Differenzkolbentriebwerk BMW P-3374 zum Antrieb einer Gleitbombe Henschel Hs 298

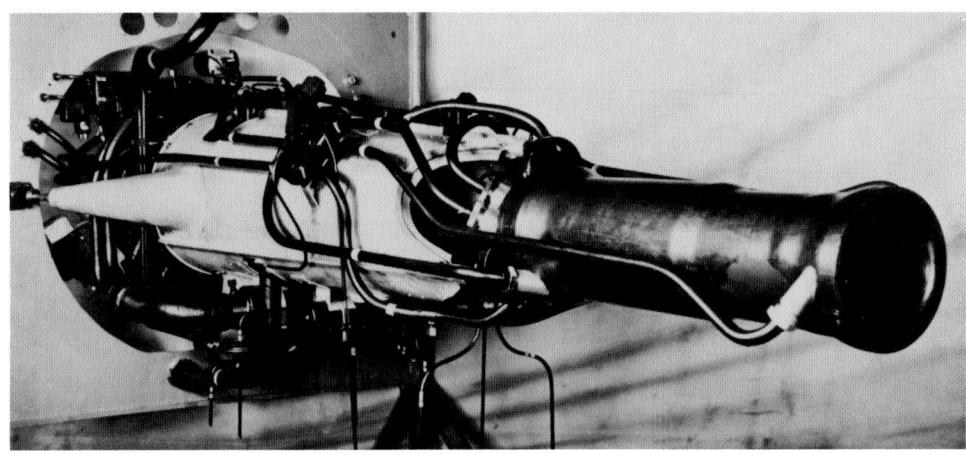

BMW-Triebwerk P-3390 A für den Raketenjäger Messerschmitt Me 163 B

daraufhin den Auftrag, derartige Fördergeräte für Salpetersäure als Sauerstoffträger zu entwickeln. Sie waren vorgesehen als Starthilfe, als Antrieb für Gleitbomben und als Antrieb für Gleittorpedos. Die Konstruktionen wurden im Jahre 1941 ausgeführt und Versuchsgeräte gefertigt.

Im Oktober 1942 bekam BMW den Auftrag, ein Raketentriebwerk für die Messerschmitt Me 163 B, einen reinen Raketenjäger, zu bauen. Als Treibstoff waren Methanol und Salpetersäure vorgesehen, die von Pumpen gefördert werden sollten. Der Antrieb der Pumpen erfolgte von einer Turbine. Außerdem war zu untersuchen, ob sich ein mit den BMW-Raketentreibstoffen erzeugtes Gas-Dampf-Gemisch zum Antrieb eines Torpedos eignet. Es folgten Anfragen über den Antrieb für die Gleitbombe Blohm & Voss BV 143, über ein Triebwerk zum Antrieb eines Startwagens, über eine Starthilfe, einen Antrieb für einen Lufttorpedo und einen Katapultantrieb. Bei BMW entstand auch das Projekt, eine Luftschraube dadurch anzutreiben, daß an den Blattspitzen Raketenbrennkammern befestigt werden, die ein entsprechendes Drehmoment erzeugen (Blattspitzenantrieb). Eine solche »Rückdruckschraube« sollte insbesondere bei kleinen Fluggeschwindigkeiten eine starke Verbrauchssenkung gegenüber dem reinen Raketentriebwerk ermöglichen.

Der Umfang der Arbeiten stand in keinem Verhältnis mehr zur verfügbaren Kapazität. Daher wurden im Laufe des Jahres 1942 die Arbeiten an einigen Projekten eingestellt.

Als Folge der Zusammenlegung der Entwicklungswerke München und Berlin im Jahre 1942 war eine Konzentration der gesamten Entwicklung in München geplant. Im Werk München-Allach wurden für die Raketenentwicklung im Südteil des Werkes Räume zur Verfügung gestellt und Raketenprüfstände gebaut. Außerdem wurde in Allach eine weitere Fertigungs- und eine Versuchswerkstatt eingerichtet. Damit erledigten sich dann auch die Pläne in der Nähe von Graz ein besonderes Raketenwerk zu bauen. Im Herbst erfolgte die Übersiedlung des größten Teiles der Raketenabteilung von Spandau nach Allach.

Im Laufe des Jahres 1944 wurde die Fertigungswerkstatt für Raketentriebwerke aus Gründen des Luftschutzes nach Bruckmühl in Oberbayern verlagert. Im April 1945, bei Besetzung des Allacher Werkes, wurde noch an vier Raketenprojekten gearbeitet.

Drahtgesteuerter Rheinstahl/Kramer Flugkörper X-4, angetrieben von einem BMW-Raketentriebwerk P-3373

Entwicklungsstand der Raketenantriebe 1945

Für die Gestaltung der BMW-Flüssigkeitsraketen gab es keine Vorbilder. Die Raketenentwicklung hat in den vier Jahren ihres Bestehens eine Reihe bemerkenswerter technischer Impulse auf dem Gebiet der Raketenantriebe ergeben. Allein die Fortschritte in der Salpetersäure-Technik und die vielen Anstöße für neue technische Lösungen, z. B. für die Treibstoff-Förderung, sind bemerkenswert. Daß nur wenige der vielen in Angriff genommenen Projekte bis zu einer Serienreife bzw. Serienfertigung gekommen sind, ist in erster Linie wohl eine Folge der Politik des Auftraggebers, sprich des RLM, gewesen. Insgesamt sind zwischen 1940 und 1945 rund 1700 Versuchsgeräte und Seriengeräte gebaut worden. Zum Einsatz ist, im Gegensatz zu den Walter-Entwicklungen, keines dieser Geräte gekommen. Die Gründe dafür sind vielschichtig und kaum mehr zu rekonstruieren. Der Hauptgrund dürfte gewesen sein, daß die Zeit nicht ausreichte, alle Mängel dieser neuartigen Geräte zu beseitigen. Außerdem hatte BMW bei begrenzter Kapazität an Personal und technischen Einrichtungen und unter den schwierigen Kriegsbedingungen zu viele Projekte nebeneinander in der Entwicklung. Daß die beschrittenen Wege richtig waren, hat die Nachkriegsentwicklung der Rakete gezeigt, in dem weltweit eine Vielzahl von Lösungen der BMW-Raketenentwicklung übernommen wurden.

Schnitt durch das Zusatzraketentriebwerk BMW P-3395

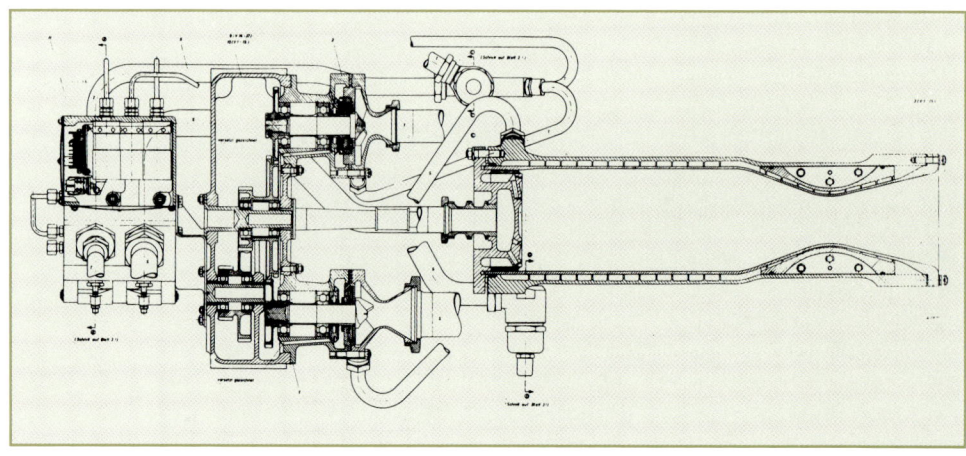

Schon kurz nach Kriegsende begannen 1945 die Ausbesserungsarbeiten an zerstörten Gebäuden im Werk Allach

Der Wiederbeginn bei BMW

Das Werk 2 in Allach von 1945 bis 1955

Das BMW-Hauptwerk in München-Milbertshofen war stark beschädigt

Die Prüfstandsanlagen in den ausgebrannten Entwicklungsgebäuden im BMW-Werk Berlin-Spandau wurden soweit sie nicht bereits zerstört waren gesprengt

Mit dem Kriegsende 1945 und den Beschlüssen des Alliierten Kontrollrats endeten bei BMW alle Aktivitäten auf dem Gebiet des Flugmotoren-, des Turbostrahltriebwerk- und des Raketenbaus.

Die Werksanlagen in München, Werk 1 Milbertshofen und Werk 2 Allach, waren bei Bombenangriffen zum großen Teil schwer beschädigt oder zerstört worden. Das Stammwerk in Milbertshofen wurde auf Anordnung der Alliierten demontiert und die noch vorhandenen unbeschädigten 4600 Maschinen an neunzehn Nationen als Kriegsbeute verteilt. Zerstört bzw. beschädigt waren auch die Werke in Berlin-Spandau, Eisenach und Dürrerhof.

Eingangsbereich des Allacher Werkes an der Dachauer Straße mit Hinweis auf das Karlsfeld Ordnance Center der amerikanischen Armee

Das beschlagnahmte Werk Allach, überfüllt mit reparaturbedürftigem Heeresgerät der amerikanischen Armee

Das Serienwerk der BMW Flugmotorenbau GmbH in Allach, in dem zuletzt rund 18 000 Mitarbeiter beschäftigt waren, war ebenfalls beschädigt, wenn auch nicht so stark wie die anderen BMW-Werke.

Die betriebliche Infrastruktur konnte leicht wieder in Betrieb genommen werden, so ergab sich der Glücksfall, daß dieses Werk mit Wirkung vom 26. Juni 1945 beschlagnahmt wurde und relativ schnell eine anspruchsvolle technische Aufgabe als europäisches Großreparaturwerk für Fahrzeuge und Geräte der amerikanischen Armee erhielt. Bevor aber neue Arbeiten beginnen konnten, wurden die Hallen von den Amerikanern ausgeräumt und die Werkzeugmaschinen, soweit sie für die Fabrikation von Flugmotoren brauchbar waren, abgefahren. Um ausreichend Lagerplatz zu bekommen, wurde auch der dichte Baumbestand, der aus Tarnungsgründen um die Werkshallen während des Krieges erhalten blieb, größtenteils beseitigt. Bald darauf rollte das reparaturbedürftige amerikanische Heeresgerät heran. Ab September 1945 wurde das Werk zum »Karlsfeld Ordnance Depot« (KOD) der US-Armee. Zum 5. Oktober 1945 erhielt die BMW-Werksleitung die Anweisung, für die US-Armee sämtliche Werkseinrichtungen, Materialien und Arbeitskräfte zu stellen und das BMW-Werk Allach als Unternehmen der US-Armee zu führen. Die Werksleitung nahm diese Aufgabe an, reparierte, fertigte und betreute bis zur Rückgabe des Werkes an BMW am 18. Mai 1955 für die amerikanische Armee. Die Belegschaft veränderte sich von 725 Mitarbeitern im Juli 1945, über eine größte Belegschaft im Oktober 1949 mit 7200 Mitarbeitern, bei einer fast konstanten Abnahme ab Mitte 1952, auf 484 Mitarbeiter Mitte 1955 nachdem die US-Armee das Werk freigegeben hatte.

Im Oktober 1953 wurde aus dem ursprünglichen KOD das Karlsfeld Ordnance and Maintenance Depot (KOMD). Aus einem ursprünglich mehr logistischen Nachschubbetrieb wurde im Laufe der Jahre immer mehr ein anerkannter Reparatur- und Wartungsbetrieb.

Die Arbeiten für die US-Armee bestanden in der Instandsetzung von Motoren, Getrieben, Achsen und Geräten für Fahrzeuge und Heeresgerät jeder Art. Dabei wurden z. B. alle damals benutzten Motoren, vom einfachen Hilfsmotor bis zum schwersten Panzermotor, so überholt, daß sie neuen Aggregaten entsprachen. Als sich 1948 der

Nachschub verschiedener Ersatzteile aus den USA zu verknappen begann, wurde auch mit einer Teilefertigung begonnen.

Die Aufträge wurden von einem mit den strengen Forderungen des Flugmotorenbaus vertrauten Mitarbeiterstamm nach US-Vorschriften und US-Armee-Handbüchern durchgeführt. Die erreichten Stückzahlen waren imposant. Ausgeliefert wurden bis 1955 über eine Million Geräte und dazu noch mehr als 3000 überholte Lastwagen.

In Allach von 1946 bis 1955 für die US-Armee überholte Geräte und Fahrzeuge

Komponenten	1946	1947	1948	1949	1950	1951	1952	1953	1954	1955	Gesamt
Motoren	14184	25172	26696	27836	24356	26152	18082	13307	23603	764	200152
Getriebe	10547	23815	35056	54159	35894	37069	27003	21747	11368	–	256658
Achsen	7828	22665	26732	43971	25700	25014	30944	23664	10613	–	217131
Kardanwellen	–	7593	17497	46569	38826	38071	29653	12430	4226	–	194865
Verschiedenes	–	1017	7706	30806	26833	26478	22390	9390	5336	–	129956
LKW	–	–	621	2386	–	–	–	–	–	–	3007
Gesamt	32559	80262	114308	205727	151609	152784	128472	80538	53346	764	1001769

Im Juni 1951 wurde in Allach von den deutschen Mitarbeitern des Werkes die Auslieferung des 40000. überholten Jeep-Motors gefeiert

Der süd-östliche Teil des Werksgeländes in Allach mit dem U-Gebäude, nachdem die Amerikaner 1955 das Werk wieder freigegeben hatten, der alte Waldbestand ist verschwunden, nur noch große leere Lagerflächen sind geblieben

Teilverkauf des Allacher Werkes an MAN

Am 28. April 1955 verkaufte BMW etwa die Hälfte des Werksgeländes von Allach, genau 561000 qm, an die MAN. Es war dies vor allem der Geländeteil, auf dem der BMW 801 bis 1945 in Serie gebaut wurde. MAN übernahm einen Teil der BMW-Mitarbeiter, aber nur 160 Mitarbeiter konnten von BMW in den restlichen BMW-Werksanlagen weiter beschäftigt werden. Als erste neue Beschäftigungsmöglichkeit wurde für diese Mitarbeiter ein Vorrichtungs- und Werkzeugbau eingerichtet. Diese erfahrene Belegschaft, die zum großen Teil Erfahrungen aus der BMW-Flugmotorenfertigung mitbrachte, waren das wichtigste Potential für die Zukunft. Dieser Mitarbeiterstamm hatte aber auch inzwischen Erfahrungen mit amerikanischer Fertigungsphilosophie und deren Details wie Zeichnungen, Abnahmevorschriften sowie Qualitätsforderungen und verfügte über englische Sprachkenntnisse. Dazu kamen als weiteres Potential die auf dem restlichen BMW-Gelände vorhandenen Gebäude, funktionierende Infrastrukturen und Spezialfertigungsverfahren. Dies alles ergab die besten Voraussetzungen, sich wieder mit Luftfahrtantrieben zu beschäftigen.

Erste BMW-Kleintriebwerkprojekte

Kleingasturbine BMW 6002

Nachdem die Unternehmensleitung beschlossen hatte, wieder auf dem Gebiet der Flugantriebe tätig zu werden, wurde bereits am 22. Januar 1954 eine Tochtergesellschaft gegründet, die BMW Studiengesellschaft für Triebwerkbau GmbH. Sie war eine Tochtergesellschaft der BMW Verwaltungsgesellschaft mbH und der BMW Maschinenfabrik Spandau GmbH. Das neue Unternehmen nahm aber erst am 1. Dezember 1954 seine Arbeit auf. Die BMW Verwaltungsgesellschaft mbH war am 30. Oktober 1947 aus der BMW Flugmotorenbau GmbH hervorgegangen. Aus ihr entstand am 8. März 1957 mit einer Umbenennung die BMW Triebwerkbau GmbH.

Zunächst wurden Marktuntersuchungen durchgeführt, Projektstudien erstellt und mit ausländischen Triebwerkherstellern, z. B. mit Rolls-Royce, Kontakte wegen einer gemeinsamen Entwicklung oder einer Lizenzkooperation aufgenommen. Als Ausgangspunkt für eine eigene Triebwerkentwicklung wurde eine Kleingasturbine gewählt, da sie von BMW aus eigenen Mitteln finanziert werden konnte. Im März 1956 begannen die Projekt- und Auslegungsarbeiten an dieser Kleingasturbine mit der Bezeichnung BMW 6002.

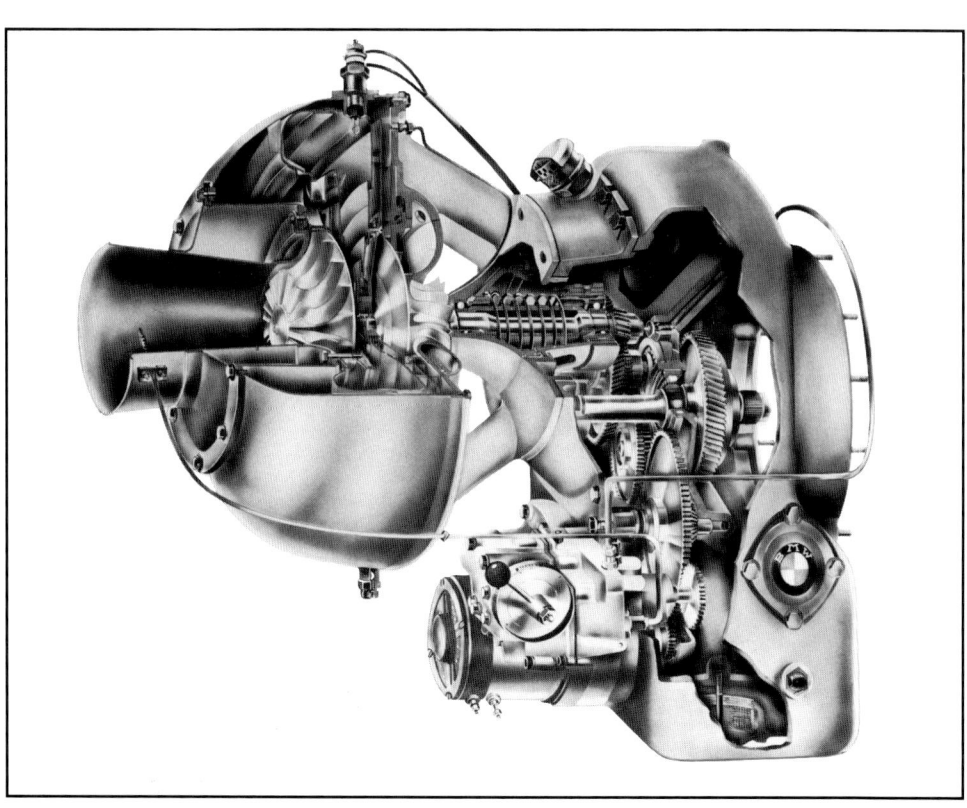

Gasturbine BMW 6002, die erste Neuentwicklung nach dem Kriege

Das erste Luftfahrtgerät, eine BMW 8025 auf Basis der BMW 6002 mit 300 N Schub für den Motorsegler Hütter-Allgaier H-30TS

Motorsegler Hütter-Allgaier H-30TS mit einem Triebwerk BMW 8025

Das Einwellentriebwerk hatte einen einfachen konstruktiven Aufbau und sollte in kurzer Entwicklungszeit mit geringem Entwicklungsrisiko serienreif werden. Die Grundkonstruktion bestand aus einem einstufigen Radialverdichter mit dem Druckverhältnis 3, einer einstufigen Radialturbine, die sowohl die für den Verdichter benötigte Antriebsleistung als auch über ein Getriebe die Nutzleistung lieferte und einer raumsparenden flachen Scheibenbrennkammer. Die Brennstoffzuführung erfolgte durch die Hohlwelle des Rotors und die Rotationszerstäubung in der Brennkammer über einen Zentrifugalspritzring. Der Verdichter/Turbinenrotor war fliegend gelagert. Die Leistung betrug zwischen 37 und 55 kW und die Triebwerkmasse 65 kg.

Der Erstlauf eines Volltriebwerks BMW 6002 fand am 3. Januar 1958 statt und ein 50-Stunden-Dauerlauf wurde im April 1959 durchgeführt. Während die ersten Versionen als stationäre Triebwerke (Heizturbine, Stromerzeuger, Feuerlöschpumpe) gebaut wurden, erfolgte mit dem vom Wellentriebwerk abgeleiteten Strahltriebwerk, dem BMW 8025 (ursprüngliche Bezeichnung BMW 8011), am 25. September 1960 auf dem Flugplatz in Göppingen der erste Flug in dem Hütter-Allgaier-Turbinensegler H-30 TS. Dies war das erste Mal nach dem Zweiten Weltkrieg, daß ein in der Bundesrepublik Deutschland entwickeltes Fluggerät, ausgestattet mit einem deutschen Triebwerk, flog.

Siemetzky-Einmannhubschrauber von 1962, angetrieben von einem BMW 6002 mit 48 kW Leistung

Montage einer kleinen Serie von Triebwerken der Baureihe BMW 6002 im Jahre 1961

Die Prüfstandsentwicklung einer leistungserhöhten Wellenversion mit 55 kW begann Anfang 1961, und 1962 fand damit der Erstflug in einem Siemetzky-Hubschrauber statt, dem ersten Hubschrauber, der nach der Zwangspause in Deutschland entwickelt wurde und erfolgreich flog. Von den Versionen BMW 6002 und BMW 8025 wurden bis 1963 insgesamt 41 Entwicklungs- und Prototyptriebwerke gebaut. Die Gesamtlaufzeit aller Triebwerke betrug rund 2500 Stunden.

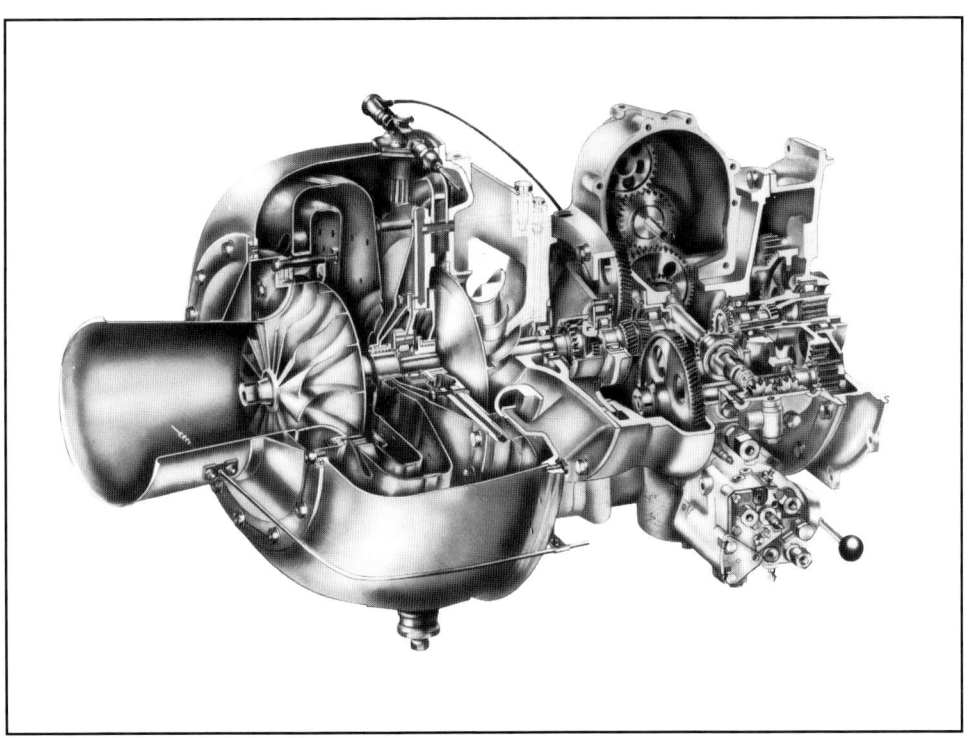

Kleingasturbine BMW 6012 mit Getriebe

Kleingasturbine BMW 6012

Die Erfahrungen mit der Kleingasturbine BMW 6002 veranlaßten die BMW Triebwerkbau GmbH zur Weiterentwicklung dieses Triebwerkkonzepts. Es entstand das Projekt BMW 6012. Die Zielsetzung bei dieser Entwicklung war: Triebwerkmasse und Bauvolumen reduzieren, mechanisches Verhalten verbessern, Leistung auf 75 kW erhöhen und Anwendungsmöglichkeiten durch verschiedenartige Anlaßeinrichtungen erweitern, eine größere Auswahl von Getriebeabstufungen schaffen und den Direktantrieb eines Luftlieferers ermöglichen. Der Leistungsbereich des Triebwerks erstreckte sich von 52 bis 80 kW. Das Verdichtungsverhältnis betrug rund 3 und die Turbineneintrittstemperatur 1040 K. Es wurde in verschiedenen Versionen, z. B. als Wellentriebwerk mit 52 bis 80 kW, als Schubtriebwerk mit 440 N, als Heißgaslieferer und als Luftlieferer mit einem Druck von rund 2,5 bar und 0,5 kg/s Durchsatz gebaut.

Die Strahltriebwerkversion der BMW 6012 war das BMW 8026, spätere Bezeichnung BMW 6012 F-2, die 1962 Anwendung im Heinkel Motorsegler »Greif« 1b fand

Luftlieferer BMW 6012 L

Im März 1962 ging die BMW 6012 L (Luftlieferer) in die Erprobung, und kurz darauf folgten die ersten Flüge mit dem Einmann-Hubschrauber Dornier Do 32 E, der mit einem Blattspitzenantrieb ausgerüstet war.

Eine weitere Verwendung fand das Triebwerk BMW 6012 L im unbemannten Hubschrauber Dornier Do 32 U, der im Juni 1966 flog. Dieser Hubschrauber war eine

Die als Luftlieferer konzipierte Gasturbine BMW 6012

Do 32 ohne Höhenleitwerk. Die damit gemachten Erfahrungen führten zum Dornier Do 32 K »Kiebitz«. Bei ihm blieb lediglich das Rotorsystem des Vorgängermusters erhalten. Dieses umschloß das BMW 6012 L-Triebwerk mit Luftlieferer, Flugregler und 50 kg Nutzlast. Das Gerät, dessen Erprobung im April 1967 begann, wurde auf einem Lkw, der als mobile Bodenstation diente, zusammengeklappt zum Einsatz gebracht und dann an einem Seil bis zu 300 m über dem Boden stationiert. Die Brennstoffversorgung erfolgte vom Boden aus über eine Versorgungs-Nabelschnur.

Flugerprobung des Dornier-Einmannhubschraubers Do 32 E mit BMW 6012 L

Weitere Anwendungen der BMW 6012

Eine erste Lieferung von zwei Triebwerken zur Erprobung als Hilfsgasturbine im Hubschrauber Sikorsky-VFW SF-64 »Skycrane« erfolgte im Juni 1962.

Kranhubschrauber VFW/Sikorsky SF-64 mit BMW 6012 C-1 als Hilfsgasturbine

Serienmontage von BMW 6012-Triebwerken 1964

VFW-Schwebegestell SG 1262 als Erprobungsträger für das Senkrechtstartflugzeug VAK 191 B mit BMW 6012 A als Luftlieferer für die Steuerluft

Eine weitere Luftfahrtanwendung fand die Version BMW 6012 A als Steuerluftlieferer im Schwebegestell SG-1262 der Vereinigten Flugtechnischen Werke GmbH (VFW), Bremen. Das Schwebegestell wurde von VFW im Rahmen der Entwicklung des Senkrechtstartflugzeugs VAK 191 B gebaut.

Die Summe der in der Entwicklung erzielten Laufzeiten aller Triebwerke BMW 6012 betrug rund 12 000 Stunden. Insgesamt wurden 44 Entwicklungs- und 278 Serientriebwerke gebaut, das letzte Serientriebwerk im Januar 1971 ausgeliefert.

Kleingasturbine BMW 6022

Im Jahre 1962 begann die BMW Triebwerkbau GmbH mit der Projektierung eines Einwellentriebwerks für Leistungen über 160 kW als Antrieb für den Hubschrauber Bölkow Bo 105 der damaligen Bölkow Entwicklungen KG.

Neben seiner Verwendung als Hubschrauberantrieb sollte das neue Triebwerk unter der damaligen Bezeichnung BMW 6022 A-0 aufgrund seiner einfachen Konstruktion universell, d. h. auch für stationäre Anwendungen einsetzbar sein. Zur Erhöhung der Flugsicherheit kamen im Hubschrauber Bo 105 erstmals zwei Triebwerke als Doppeltriebwerkanlage zum Einsatz. Im Gegensatz zu den damals üblichen Doppelantrieben mit Freiturbinen wählte man hier Einwellentriebwerke mit Fliehkraftkupplung und Freilauf. Der Entschluß zu einer solchen Lösung wurde aufgrund der Tatsache gefaßt, daß Einwellentriebwerke ein wesentlich besseres Beschleunigungsverhalten als Triebwerke mit separaten Nutzleistungsturbinen aufweisen.

Die Forderungen des Zellenherstellers nach immer höheren Leistungen standen während der gesamten Entwicklungsdauer im Vordergrund. Von anfänglich 162 kW stieg die Leistung über 195 kW auf 276 kW am Ende der Entwicklung bei der Version 6022 A-3.

Ab 1962 wurde an dem Projekt BMW 6022, einer Kleingasturbine für den Bölkow-Hubschrauber Bo 105, gearbeitet

Triebwerke 6022 A-3 von 1968 als Doppeltriebwerke für die Bo 105A auf dem Prüfstand in Allach

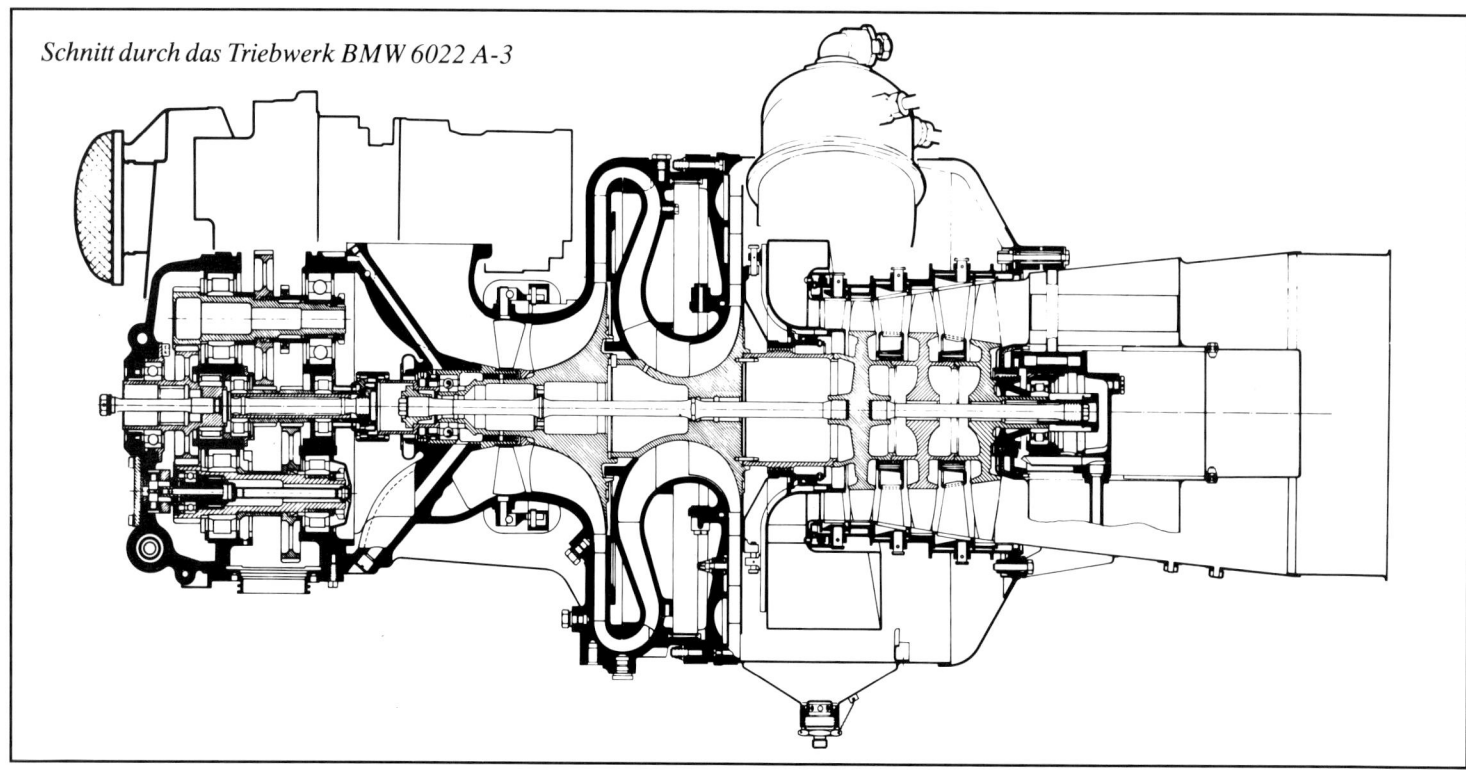

Schnitt durch das Triebwerk BMW 6022 A-3

Flugerprobung im Hubschrauber Bo 105

Im November 1967 erhielt das Triebwerk in der Version 6022 A-2 nach erfolgreich abgeschlossenem 50-Stunden-Lauf mit 195 kW Startleistung die vorläufige Flugzulassung vom Luftfahrtbundesamt (LBA). Nach Abschluß eines 20-Stunden-Laufes als Doppeltriebwerkanlage wurde am 28. November 1967 die Flugfreigabe für den Hubschrauber Bölkow Bo 105 erteilt.

Der Erstflug in der Bölkow Bo 105 V3 fand am 20. Dezember 1967 statt. 1968 absolvierten die leistungsgesteigerten Versionen des Triebwerks mit 206 kW und 250 kW Startleistung je zwei 50-Stunden-Läufe erfolgreich, so daß die zulässige Startleistung auf 206 kW erhöht werden konnte.

In den Jahren 1968 und 1969 erreichten die Triebwerke der Version 6022 A-2 in der Bo 105 V3 rund 250 Stunden Laufzeit. Zu dieser Zeit begann bereits die Entwicklung der nochmals leistungsgesteigerten Version 6022 A-3 mit einer Startleistung von 276 kW. Auch diese Leistung reichte für den Antrieb des Hubschraubers noch nicht aus. Bölkow rüstete deshalb die Serienversionen der Bo 105 mit einem Triebwerk Allison 250 aus.

Hubschrauber Bo 105 V3, mit dem ab 1968 das Triebwerk 6022 A-2 erprobt wurde

Eine weitere Luftfahrtanwendung fand das Triebwerk im Dornier-Flugkörper-Projekt »Aerodyne«, dessen Mantelschraube von einer 6022 A-3 angetrieben wurde. In den folgenden Jahren kam das Triebwerk in verschiedenen stationären Varianten zum Einsatz.

Unbemannter Experimentalflugkörper Dornier Aerodyne E-1, angetrieben von einer 6022 A-3

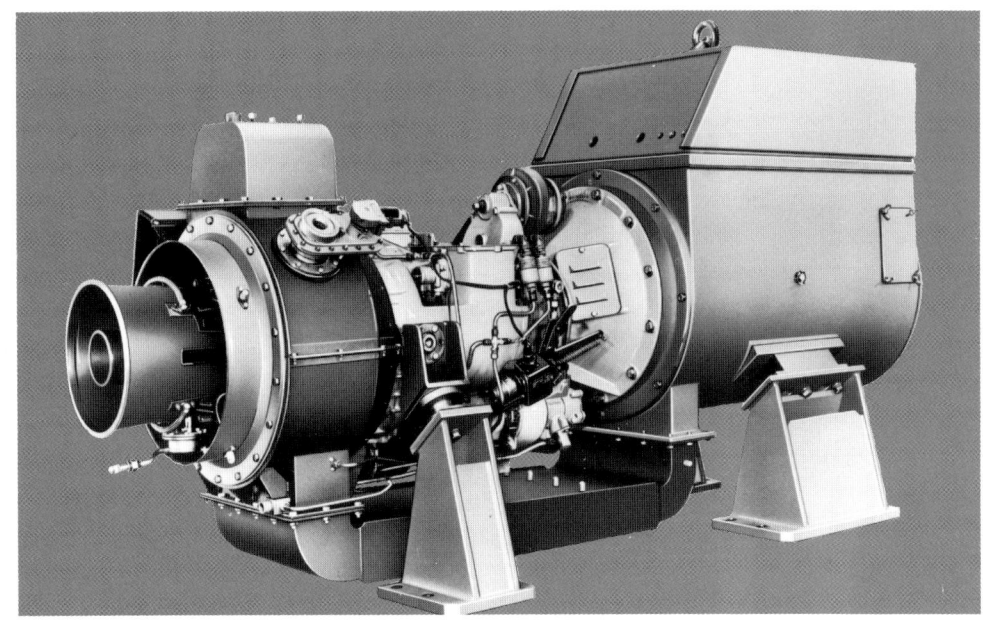

Als Hilfsgasturbine in den SPICA II-Schnellbooten der schwedischen Marine sind seit 1971 die Gasturbinen 6022-715 eingesetzt

Gasturbinen-Generatorantrieb auf Schiffen

Nach Abschluß eines 200- und eines 500-Stunden-Dauerlaufs 1971 erhielt die schwedische Marine 70 Gasturbinen vom Typ 6022-715 zum Einsatz in Spica II-Booten. Sie wurden auf diesen modernen Schnellbooten als Generatorantrieb verwendet. Bei einem Dauerlauf vor der Auslieferung wurden auf dem Prüfstand 500 Stunden gefahren.

Die Triebwerke stehen bei der schwedischen Marine seit 1972 auf 50 Booten im Einsatz. Sie haben bis jetzt eine Laufzeit von insgesamt über 100 000 Laufstunden erreicht. Die maximale Einzellaufzeit beträgt über 5000 Laufstunden.

Einsatz der Version 6022-716

Ihren ersten außergewöhnlichen Einsatz unter erschwerten Bedingungen fand die Version 6022-716 bei der Dammschüttung im niederländischen Deltaprogramm im Mündungsgebiet der Flüsse Rhein, Maas und Schelde.

Die Niederlande begannen 1971, das Rheindelta zur See hin abzudeichen. Diese Deichschüttung besteht im unteren Teil aus vorgefertigten Betonquadern, die mit Hilfe von Selbstfahrgondeln an Tragseilen ins Meer versenkt wurden. Der Antrieb dieser

1969 wurde als Antrieb bei der Dammschüttung in den Niederlanden die 6022-716, eine Version der 6022 A-3, erfolgreich eingesetzt

Gondeln erfolgte zuerst mit Dieselmotoren, die aber infolge ihrer Masse die Nutzlast stark einschränkten. Zum ersten Mal wurde daher für eine solche Transportaufgabe eine Gasturbine als Antrieb verwendet, was nicht nur eine Erhöhung der Nutzlast mit sich brachte, sondern auch in Verbindung mit einer neuen hydraulischen Kraftübertragung Vorteile bot. So konnte bei der Verwendung der Gasturbine die erhebliche Bremsleistung vom Verdichter ohne weiteres aufgenommen werden. Von Mitte März bis Ende Mai 1971 wurde der Deich am Brouwershavensche Gatt mit Hilfe der Gasturbinen geschüttet. Während der Schüttperiode wurden 160 000 Blöcke von je 2,5 Tonnen Masse transportiert und abgeworfen. Insgesamt waren in dieser Zeit 15 Gondeln Tag und Nacht im Einsatz, in denen 18 Gasturbinen zum Einsatz kamen.

Das bedeutet, daß nur drei Triebwerke ausgewechselt werden mußten. Alle 18 Triebwerke zusammen erreichten eine Gesamtbetriebszeit von 11 300 Laufstunden. Einzelne Triebwerke erreichten innerhalb weniger Wochen mehr als 800 Stunden im härtesten Dauereinsatz.

Das Triebwerk 6022-716 wurde in diesem Einsatz mit maximal 184 kW gefahren, dafür wurde es aber infolge des wechselweise ansteigenden und abfallenden Tragseils mit bis zu 66 kW Bremsleistung beansprucht. Hinzu kam der Seewassereinfluß, der an die Beständigkeit der Materialien besondere Ansprüche stellte. Der Einsatz verlief sehr erfolgreich und brachte wertvolle Erkenntnisse über den stationären Einsatz solcher Antriebe unter extremen Bedingungen.

Bis 1975 wurden von der Gasturbine 6022 insgesamt 82 Triebwerke aller Versionen gebaut. Bis dahin waren 6200 Laufstunden von Entwicklungstriebwerken und bis Ende 1983 rund 100 000 Laufstunden von Serientriebwerken erreicht.

Erste Lizenzfertigung und Wartungsarbeiten

Die Jahre 1955 bis 1960 waren für die junge deutsche Triebwerkindustrie gekennzeichnet von hartem Ringen um Nachbau- und Reparaturaufträge für Flugmotoren und Strahltriebwerke, die sich aus der ersten Beschaffungsphase von Luftfahrtgerät für die im Aufbau befindliche Deutsche Luftwaffe ergaben. Es war ein schwieriges Unterfangen aus kleinsten Anfängen heraus.

Lycoming-Lizenzfertigung

Als erster Schritt wurde bei BMW der Lizenzbau eines erprobten Sechszylinder-Flugmotors von AVCO Lycoming gewählt, der in vielen tausend Exemplaren bereits flog und auch in den Verbindungsflugzeugen der Bundeswehr vom Typ Piaggio P 149, bei Focke-Wulf in Bremen in Lizenz gebaut, und in der Dornier Do 27 verwendet wurde. Begonnen wurde mit Motorenreparatur- und Überholungsarbeiten zur Schulung des Personals, dann wurden Motoren aus Teilen amerikanischer Fertigung montiert und im März 1959 der erste, zu 93 % aus deutschen Teilen gebaute Motor auf den Prüfstand genommen.

Neben dem Lizenzbau des Motors, der bald zum selben Preis wie Originalmotoren aus Amerika geliefert werden konnte, war das Werk Allach mit der Reparatur und Grundüberholung aller anderen Lycoming-Kolbenflugmotoren beschäftigt, unter anderem dem des Bell 47 G2-Hubschraubers der Bundeswehr.

Insgesamt wurden 344 Flugmotoren im Rahmen dieses Programms bis 1965 gebaut.

Sechszylinder-Boxermotor BMW GO-480-B1A6 für das Mehrzweckflugzeug Dornier Do 27, der nach einer Lizenz von AVCO Lycoming gefertigt und betreut wurde

Vom Mehrzweckflugzeug Dornier Do 27 wurden zwischen 1955 und 1964 mehr als 600 Flugzeuge, davon 428 für die Bundeswehr, in verschiedenen Ausführungen gebaut

Montage von Flugmotoren BMW GO-480-B1A6

Kolbenmotoren-Betreuung

Die Betreuung von Kolbenflugmotoren für zivile Anwender war nach Auslaufen der Serienfertigung des Lycoming-Flugmotors 1965 bis in die Gegenwart eine wichtige Beschäftigung. So wurde im November 1980 der 1000. überholte zivile Lycoming-Flugmotor für Sport- und Geschäftsflugzeuge ausgeliefert. Das Unternehmen ist heute Generalvertreter für Flugmotoren der AVCO Lycoming für die Bundesrepublik Deutschland. Es unterhält im Rahmen dieser Aktivitäten das größte Ersatzteillager Europas und betreut alle Baumuster des AVCO Lycoming-Flugmotoren-Programms. Insgesamt wurden von 1958 bis Ende 1983 für militärische und zivile Anwender über 4000 Lycoming-Flugmotoren überholt.

Orenda Triebwerkwartung

Ein weiterer wichtiger Schritt war die Aufnahme der Triebwerkbetreuung für die bei der Deutschen Luftwaffe eingesetzten Orenda 10- und Orenda 14-Triebwerke für die 300 Flugzeuge Canadair Sabre V und Sabre VI. Einschließlich der Ersatztriebwerke handelte es sich um 410 Triebwerke. Die Planungsarbeiten über die Einrichtung einer

Die Einstromtriebwerke Orenda 10 bzw. 14 wurden ab 1959 überholt

Kampfflugzeug der deutschen Bundeswehr Canadair CL-13 »Sabre« Mk 6 mit Triebwerk Orenda 14

Montage der Triebwerke Orenda 14 bei der BMW Triebwerkbau 1960

Instandsetzungslinie begannen im März 1959 und die ersten grundüberholten Triebwerke wurden im Herbst ausgeliefert. Der Orenda Betreuungsvertrag bot BMW Triebwerkbau die Möglichkeit, das Personal mit den Anforderungen des modernen Flugtriebwerkbaus vertraut zu machen. Die Instandsetzungs- und Betreuungsarbeiten liefen bis 1969.

Motor- und Getriebeinstandsetzung

Ab September 1958 kam ein weiteres Programm hinzu: Die Instandsetzung und Betreuung von drei Baumustern amerikanischer luftgekühlter Continental-Panzermotoren, Panzergetrieben und Panzer-Endantrieben für Kettenfahrzeuge der Bundeswehr, wobei die Erfahrungen aus der Zeit der Aufträge für die US-Armee nutzbringend angewendet werden konnten. Diese Betreuungsarbeiten liefen bis Ende 1967.

Betreuung und Montage amerikanischer Panzermotoren und Getriebe

Eines der erfolgreichsten Turbostrahltriebwerke, das General Electric J 79-11A

Nachbau des General Electric-Triebwerks J 79-11 A

Vorbereitung zur Serienproduktion

Parallel zu den Bemühungen von BMW mit der Eigenentwicklung von kleinen Strahltriebwerken, versuchte man in Deutschland, wie bereits nach dem Ersten Weltkrieg mit dem BMW-Hornet, über den Lizenzbau Anschluß an den technischen Stand des Auslandes zu finden. Die Auswirkungen, die der Lizenzbau hat, dürfen nicht unterschätzt werden. Die Fertigungstechnik in Deutschland hat von dieser ersten Generation der Lizenzfertigung äußerst wertvolle Impulse erhalten.

Im Oktober 1958, zu Beginn der zweiten Beschaffungsphase der Bundeswehr, als es um die Beschaffung eines Überschallflugzeuges für die Deutsche Luftwaffe ging und die Entscheidung zugunsten der Lockheed F-104G »Starfighter« fiel, entschloß sich das Bundesministerium der Verteidigung (BMVg) auch zum Nachbau der Triebwerke J 79-11A in Deutschland. Im März 1959 wurde der Lizenzvertrag über den Nachbau der Triebwerke zwischen der Bundesrepublik Deutschland und General Electric unterzeichnet.

Die Familie der Strahltriebwerke J79 erwies sich schon damals als der Glücksfall einer gelungenen Triebwerkkonzeption, deren Überschallauslegung derart in die Anforderungen für militärische Flugzeuge paßte, daß nicht weniger als fünf verschiedene Flugzeuge mit diesem Triebwerk ausgerüstet wurden. Dies waren die Lockheed F 104 »Starfighter« und die Grumman F11F-1F »Tiger« mit einem Triebwerk; die North American A3J »Vigilante« und die McDonnell-Douglas F-4 »Phantom« mit zwei Triebwerken sowie die Convair B-58 »Hustler« mit vier Strahltriebwerken. In den sechziger und siebziger Jahren hat sich die Zahl der J79-Anwendungen noch erweitert.

Die BMW Triebwerkbau GmbH wurde Hauptauftragnehmer für den Nachbau des Triebwerks in Deutschland. Sie mußte ihr Stammkapital verdoppeln, um die erheblichen Investitionen in Höhe von rund 40 Millionen DM an Maschinen und Anlagen vornehmen zu können. Da die BMW AG, als damalige alleinige Gesellschafterin der BMW Triebwerkbau GmbH, zu jener Zeit noch mit erheblichen wirtschaftlichen und finanziellen Schwierigkeiten im Automobilbau zu kämpfen hatte, vermochte sie diese Belastung nicht allein zu tragen. Eine Lösung der Finanzprobleme erfolgte stufenweise. Zunächst wurde auf Beschluß der Gesellschafterversammlung der BMW Triebwerkbau GmbH vom 19. Februar 1960 das Kapital um 10 auf 20 Millionen DM erhöht. Die 10 Millionen DM übernahm vorläufig der Freistaat Bayern. In einem nächsten Schritt beteiligte sich die MAN. Mit Vertrag vom 1. Juni 1960 übernahm sie 50 % der Anteile an der BMW Triebwerkbau GmbH vom Freistaat Bayern.

Jagdbomber Lockheed F 104G »Starfighter«, angetrieben von einem General Electric-Triebwerk J 79-11 A

Im September desselben Jahres wurde ein Vorvertrag zwischen dem Bundesamt für Wehrtechnik und Beschaffung (BWB) in Koblenz und BMW Triebwerkbau geschlossen, der dann bis zum 31. März 1962 verlängert wurde. Damit konnte neben dem Nachbau der Triebwerke J79 auch die Betreuung und Grundüberholung übernommen werden.

Wie beim Flugzeug F 104 wurde auch das Triebwerk General Electric J79 in Europa in einer Gemeinschaftsproduktion internationaler Arbeitsteilung gefertigt. Inzwischen hatten sich nämlich noch die Länder Belgien, Niederlande und Italien für den Einsatz des Starfighters in ihren Luftwaffen entschlossen. Beteiligt waren neben BMW Triebwerkbau die »Fabrique Nationale« (FN) in Herstal bei Lüttich und »Fiat Aviazione« zusammen mit »Alfa Romeo« in Italien. Dabei stellte jedes Unternehmen bestimmte Teile des Triebwerkes her, womit auch die anderen Partner beliefert wurden. Endmontage und Abnahmeprüfung erfolgten bei allen. BMW Triebwerkbau fertigte wertmäßig 31,5 % der Teile, FN 48,8 % und Fiat-Alfa Romeo 19,7 %. Hinzu kam die Montage, bei der BMW den größten Anteil hatte.

Lizenzfertigung des J 79-11 A

Die Triebwerkbauteile wurden in drei Baustufen gefertigt. Mit jeder Baustufe erhöhte sich der in Europa geleistete Fertigungsanteil, während der Zulieferungsanteil von General Electric aus den USA abnahm. Entsprechend den Qualitätssicherheitsforderungen wurde in jeder Baustufe ein Baumusterzulassungslauf durchgeführt. Für die erste Baustufe fand er Januar/Februar 1962 bei der BMW Triebwerkbau statt. Für die Baustufen 2 und 3 folgten die Zulassungsläufe Juni/Juli 1962 bei FN in Belgien und Januar/Februar 1963 bei Fiat.

In München wurde das erste Triebwerk am 3. August 1961 zum Einbau in das Flugzeug übergeben. Die einzelnen Bauteile hatte man noch aus den USA bezogen, nur die Montage dieses Triebwerks war bei BMW Triebwerkbau durchgeführt worden. Das erste Serientriebwerk mit Teilen aus der eigenen Fertigung wurde am 30. Januar 1962 ausgeliefert.

Zum ersten Mal hatte eine Triebwerk-Gemeinschaftsproduktion über die nationalen Grenzen hinweg ihre Bewährungsprobe zu bestehen. Teilesätze waren in verschiedenen Ländern mit gleich hoher Genauigkeit zu fertigen, so daß sie zu funktionsfähigen und zuverlässigen Triebwerken zusammengebaut werden konnten.

Von den insgesamt 1228 europäischen Triebwerken kamen bis März 1965 planmäßig 632 Triebwerke in München zur Auslieferung. In dieser Zahl sind sechs General Electric-Eichtriebwerke und 28 Teilesatztriebwerke enthalten. Die restlichen 596 Triebwerke wurden in Belgien und in Italien montiert.

Weiterentwicklung zur J1K-Version

Die in Europa gefertigten J79-Triebwerke bewährten sich im praktischen Einsatz bei der Luftwaffe. Die Überholintervalle jedoch waren noch unbefriedigend. Deshalb wurden in Zusammenarbeit mit dem Lizenzgeber Untersuchungen angestellt, gewisse Schwachstellen und Hauptverschleißteile des Triebwerkes zu verbessern. Diese Weiterentwicklungen führte ab 1968 der deutsche Lizenznehmer für das J79 in Abstimmung mit General Electric durch. Das Ziel der Änderungen war die Anhebung der Zuverlässigkeit und damit der Wirtschaftlichkeit. Es sollte eine Verdoppelung der Zeit zwischen den periodischen Inspektionen und der Grundüberholung erreicht werden.

Gewisse konstruktiv und materialmäßig verbesserte Teile wurden von der Triebwerkversion General Electric J79-17 für das Triebwerk der McDonnell-Douglas RF-4E »Phantom« übernommen.

Konstruktive Änderungen ergaben sich vor allem an der Brennkammer und an der Turbine aufgrund Verbesserung der Kühlluftführung sowie am Nachbrenner und an der Schubdüse.

Der Erstflug eines J79-J1K-Triebwerkes in einer F-104G fand am 31. Oktober 1968 im Rahmen der sogenannten Kategorie I-Flugerprobung bei Messerschmitt-Bölkow-Blohm in Manching statt. Bis Ende 1970 wurden in den Kategorien I und II bei der Erprobungsstelle 61 in Manching insgesamt 226 Flugstunden in rund 200 Flügen durchgeführt.

Ein Vorvertrag über die Fertigung wurde im März 1969 abgeschlossen, der Hauptvertrag im Mai 1970. Im Frühjahr 1969 begannen die Planungsarbeiten, die hochwertigen Materialien und die Teile mit langen Lieferzeiten konnten bestellt werden. Aus dem Ausland lieferten neben den Herstellern von Vormaterialien Alfa Romeo, General Electric und FN einzelne Teile. In München wurden der gesamte Nachbrenner und die Schubdüse sowie Halterungen und Rohrleitungen gefertigt.

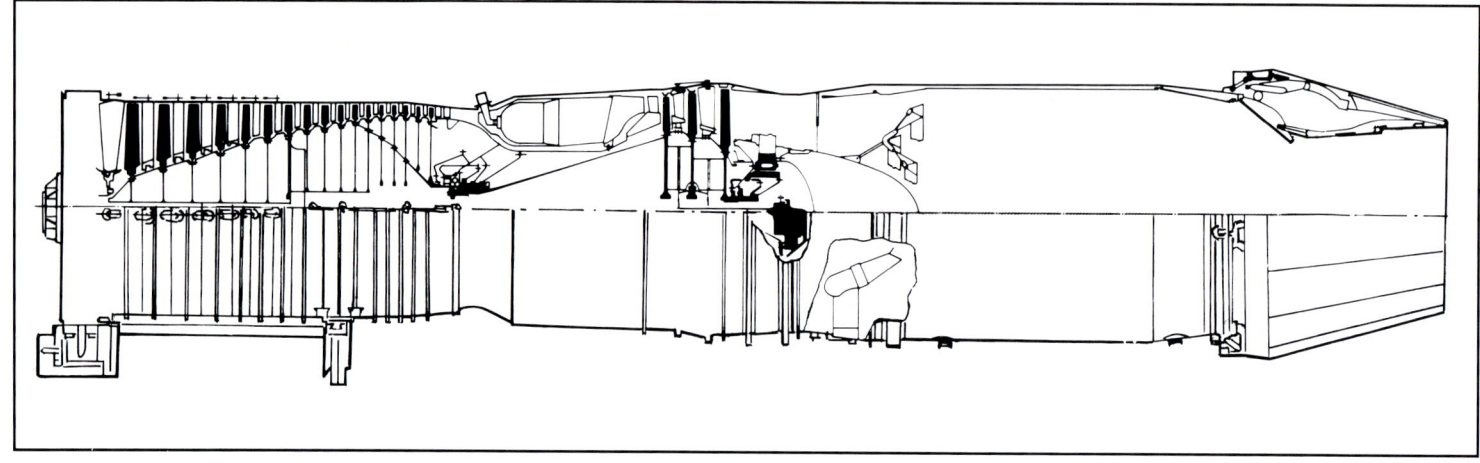

Schnitt durch das Triebwerk J79-J1K

Die damals existierenden deutschen J79-11A-Triebwerke wurden dann von Dezember 1970 bis November 1973 in die Version J1K umgerüstet. Dies geschah im Rahmen der normalen Grundüberholung der Triebwerke, so daß für die Umrüstung keine zusätzlichen Einbaukosten anfielen.

Zu dieser Umrüstung kam 1971/1972 außerdem der Neubau von 50 kompletten J79-J1K-Triebwerken für eine zusätzliche Bestellung des Bundes von 50 Starfightern.

Lizenzbau des Triebwerks J79 für die Phantom II

Mit dem Entschluß des BMVg im Mai 1970, für die Deutsche Luftwaffe 175 Flugzeuge des Typs McDonnell-Douglas F-4F »Phantom II« zu beschaffen, wurden auch J79-Triebwerke benötigt. Das Unternehmen bewarb sich auf die Ausschreibung für dieses Nachbauprogramm und erhielt am 9. September 1971 die Zusage als Hauptauftragnehmer. Der Auftrag umfaßte 448 Triebwerke, 408 Nachbrenner und jeweils 200 Triebwerk- und Nachbrennercontainer.

Im November 1972 absolvierte das erste Triebwerk dieses Typs einen 150-Stunden-Zulassungslauf ohne Beanstandung. Die ersten vier Serientriebwerke wurden im Januar 1973 ausgeliefert. Im selben Monat begann die Überführung der Triebwerke und der Nachbrenner von Porz-Wahn in die USA zu McDonnell-Douglas in St. Louis. Dort wurden sie mit einem Schnellwechselsatz ausgerüstet und in die Zellen der Phantom eingebaut. Der Erstflug mit in Deutschland gefertigten Triebwerken fand im Mai 1973 in St. Louis statt. Die Rückführung nach Europa und die Übergabe der ersten beiden Maschinen an die Deutsche Luftwaffe erfolgte noch im selben Jahr.

Jagdflugzeug McDonnell-Douglas F-4F »Phantom II«, angetrieben von zwei Triebwerken J 79-17

Lizenzbau von Wellentriebwerken

Triebwerk Tyne R. Ty. 20 Mk 21 und Mk 22

Ende der fünfziger Jahre, während der zweiten Beschaffungsphase, entschieden sich die Regierungen Deutschlands und Frankreichs für zwei weitere Flugzeugprojekte, den Seeaufklärer und U-Boot-Jäger Breguet Br. 1150 »Atlantic« und den Militärtransporter »Transall« C 160. Für beide Flugzeuge wurde das Propellertriebwerk Rolls-Royce »Tyne« als Antrieb gewählt. In deutsch-französischer Kooperation sollten Zellen und Triebwerk gefertigt werden. Bei der Breguet Atlantic war auch eine niederländisch-belgische Beteiligung vorgesehen. Für den Nachbau der Triebwerke hatte sich Hispano Suiza in Frankreich um eine Lizenz bei Rolls-Royce beworben.

In Deutschland hatte die 1958 von MAN gegründete und ihr zu 100 % gehörende M.A.N. Turbomotoren GmbH aufgrund ihres Zusammenarbeitsvertrages mit Rolls-Royce vom 1. März 1960 für die Entwicklung neuer Triebwerke für deutsche Flugzeugprojekte, eine Option auf die Nachbaulizenz von Rolls-Royce-Flugtriebwerken.

Das Triebwerk Rolls-Royce Tyne ist das leistungsstärkste Propellertriebwerk der westlichen Welt. Die Arbeiten an diesem Triebwerk, Rolls-Royce-Projektbezeichnung damals RB.109, begannen 1953. Das erste Triebwerk lief im April 1955 auf dem Prüfstand und ging im Sommer 1956 in die Flugerprobung. Der erste Einbau in ein Serienflugzeug, der Vickers V-950 »Vanguard«, erfolgte 1959. Auch eine Canadair CL 44 flog im November 1959 mit Tyne-Triebwerken.

Das Tyne R. Ty. 20 ist ein Zweiwellen-Propellertriebwerk mit sechsstufigem Niederdruck- und neunstufigem Hochdruckverdichter. Die Startleistung beträgt 4 225 kW, die Masse 995 kg. Das Triebwerk hat zur kurzfristigen Leistungssteigerung eine Wasser-Methanol-Einspritzung.

Der Prototyp der Breguet Atlantic startete im Oktober 1961 zu seinem Erstflug. Im Februar 1963 ging der Transall-Prototyp in die Flugerprobung. Im Juni 1963 wurde der Serienauftrag für die Breguet Atlantic vergeben, im September 1964 folgte der Serienauftrag für die Transall C 160.

Ab 1966 erfolgte der Lizenzbau des Wellentriebwerks Rolls-Royce Tyne in einer europäischen Gemeinschaftsfertigung

Seeaufklärer Breguet Br. 1150 »Atlantic«, ausgerüstet mit zwei Rolls-Royce Tyne

Deutsch-französische Transportflugzeuge »Transall« C 160, ausgerüstet mit je zwei Rolls-Royce Tyne

Die MAN Turbomotoren schloß im selben Monat mit Rolls-Royce einen Lizenzvorvertrag für die Fertigung der Tyne-Triebwerke in Deutschland. Im Mai 1965 folgte der Hauptvertrag. Hiermit erfüllte MAN Turbomotoren Bedingungen aus dem Vertrag zwischen der M.A.N. AG und der BMW AG von 1960, was zur 100 %igen Übernahme der BMW Triebwerkbau GmbH führte. Die Vertragspartner hatten seinerzeit vereinbart, daß ein Serienauftrag für MAN Turbomotoren die Voraussetzung hierfür ist. So entstand Mitte 1965 die M.A.N. Turbo GmbH. Der deutsche Bauanteil ging 1965 auf die MAN Turbo über. BMW gab damit die Luftfahrtaktivitäten auf.

Montage der Tyne bei MAN Turbo in Allach

Am Tyne-Fertigungsprogramm hatten Hispano-Suiza 44 %, MAN Turbo 28 %, Rolls-Royce 20 % und Fabrique Nationale 8 %. Die 470 Triebwerke für die Transall wurden von MAN Turbo auch montiert. Das erste Triebwerk kam im Juli 1966 zur Auslieferung. Das Tyne-Programm wurde im Mai 1972 mit der Auslieferung des letzten Triebwerks abgeschlossen. Die Endmontage der 315 Triebwerke für das Breguet Atlantic-Programm erfolgte in Frankreich bei Hispano-Suiza. Das Unternehmen lieferte dafür zusammen mit Rolls-Royce und FN 315 Triebwerkteilesätze. Neben der Fertigung wurde von MAN Turbo die technische und logistische Betreuung der bei der Bundeswehr im Einsatz befindlichen Tyne-Triebwerke übernommen. Bis in die Gegenwart werden Instandsetzungen, Sonderinspektionen und Modifikationen an diesen wie auch an zivilen Tyne-Triebwerken wie z. B. für die Canadair CL-44 durchgeführt.

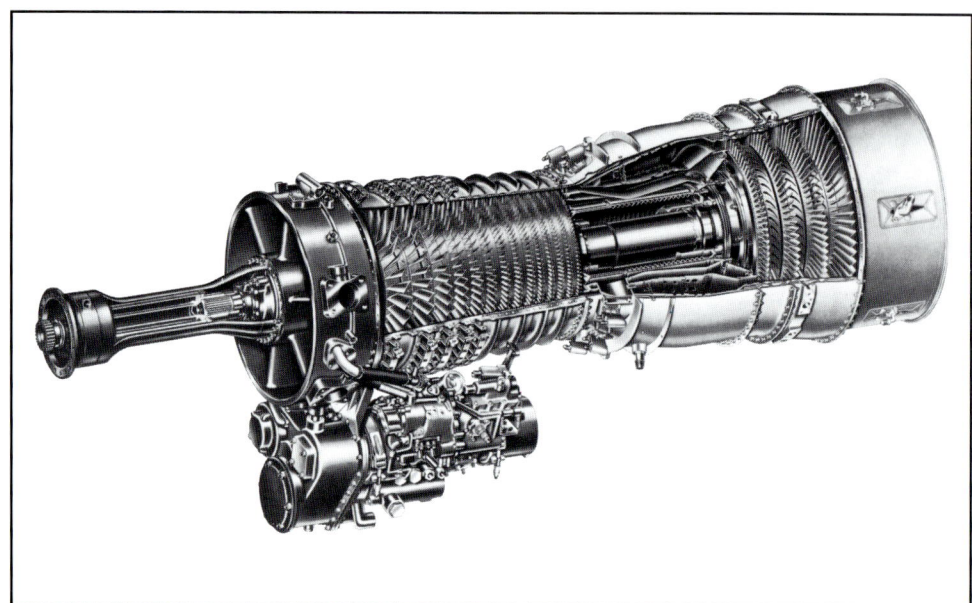

Hubschraubertriebwerk General Electric T 64

Lizenzbau General Electric T64

Im Rahmen des Beschaffungsprogramms für den mittelschweren Transporthubschrauber Sikorsky CH-53G für die Bundeswehr fiel 1968 die Entscheidung, das Wellentriebwerk T64 in Deutschland in Lizenz zu bauen. Hauptauftragnehmer wurde MAN Turbo, die schon 1966 ein Lizenzabkommen mit General Electric für den Nachbau dieser Triebwerke abgeschlossen hatte. Offiziell wurde im Juli 1970 der Auftrag vergeben. In Kooperation mit General Electric und Klöckner-Humboldt-Deutz (KHD), die 49 bzw. 16 % der Fertigungsanteile hatten, wurde ab 1971 die Serienfertigung durchgeführt. In München wurden zusätzlich Montage und Abnahmeläufe für alle Triebwerke durchgeführt.

Der Erstflug der ersten in Deutschland gebauten CH-53G erfolgte im Oktober 1971. Die Triebwerke dafür wurden zu Beginn des Programms von General Electric direkt angeliefert. Der 150-Stunden-Zulassungslauf und die Auslieferung der ersten deutschen Triebwerke erfolgten Anfang 1972. Im Durchschnitt wurden monatlich sechs Triebwerke hergestellt. Im April 1975 kam das letzte der insgesamt 247 Triebwerke zur Auslieferung.

Einbau der Triebwerke T 64 in den Transporthubschrauber Sikorsky CH-53G

Gemeinschaftsentwicklungen mit Rolls-Royce

Rolls-Royce/MAN RB.153-17

In den fünfziger Jahren rückten weltweit mit der Entwicklung leichter Strahltriebwerke Vertikalstart und -landung (VTOL) auch für andere Flugzeuge als die schon bewährten Hubschrauber in den Bereich des technisch Möglichen. Die seitdem bei vielen Herstellern entworfenen Vertikalstartflugzeuge haben auf dem Gebiet der Antriebe die Entwicklung mehrerer spezieller Triebwerkarten – je nach VTOL-Einsatzforderung – zur Folge gehabt.

Das Entwicklungsteam, der am 16. Oktober 1958 in München gegründeten M.A.N. Turbomotoren GmbH, war von Anfang an fast ausschließlich mit Arbeiten an VTOL-Antriebsanlagen befaßt. Es hat vor allem die speziell vom VTOL-Betrieb aufgeworfenen Probleme bearbeitet, die bei den in Deutschland seit 1959 projektierten und gebauten VTOL-Flugzeugen entstanden.

Den Anstoß zu der Entscheidung von MAN, in das Gebiet des Triebwerkbaus einzusteigen, gab Helmuth Sachse, der 1957 als technischer Geschäftsführer bei der BMW Studiengesellschaft ausgeschieden war und anschließend Kontakte mit der MAN in Augsburg aufgenommen hatte. Sachse, der von 1933 bis 1937 an verantwortlichen Stellen im RLM in Berlin für die Flugmotoren zuständig war, suchte vor allem wegen Kooperationsmöglichkeiten Kontakte zu ausländischen Partnern. Gespräche mit General Electric und Pratt & Whitney brachten zunächst keine Fortschritte, doch mit Rolls-Royce in Derby konnte die MAN eine Einigung für eine Zusammenarbeit erzielen. Am 1. März 1960 wurde der bereits erwähnte Zusammenarbeitsvertrag mit zehn Jahren Laufzeit zwischen MAN Turbomotoren und Rolls-Royce abgeschlossen. Ziel dieses Vertrages war es, sich mit Hilfe eines potenten und erfahrenen ausländischen Partners das damals in Deutschland fehlende technische Wissen auf dem Gebiet des modernen Triebwerkbaus anzueignen. Daneben sollte der Partner beim Aufbau der technischen Einrichtungen und dem Ausbau der personellen Kapazitäten mithelfen und eine Aufgabenteilung Überkapazität in Deutschland vorbeugen.

Modell des Triebwerks Rolls-Royce/MAN RB. 153-17

Das erste gemeinsam mit Rolls-Royce vom jungen MAN Turbomotoren-Team bearbeitete Projekt war das Triebwerk Rolls-Royce/MAN RB 153-17, das als Antrieb für den VTOL-Abfangjäger VJ 101 C des Entwicklungsrings Süd (EWR), München, vorgesehen war.

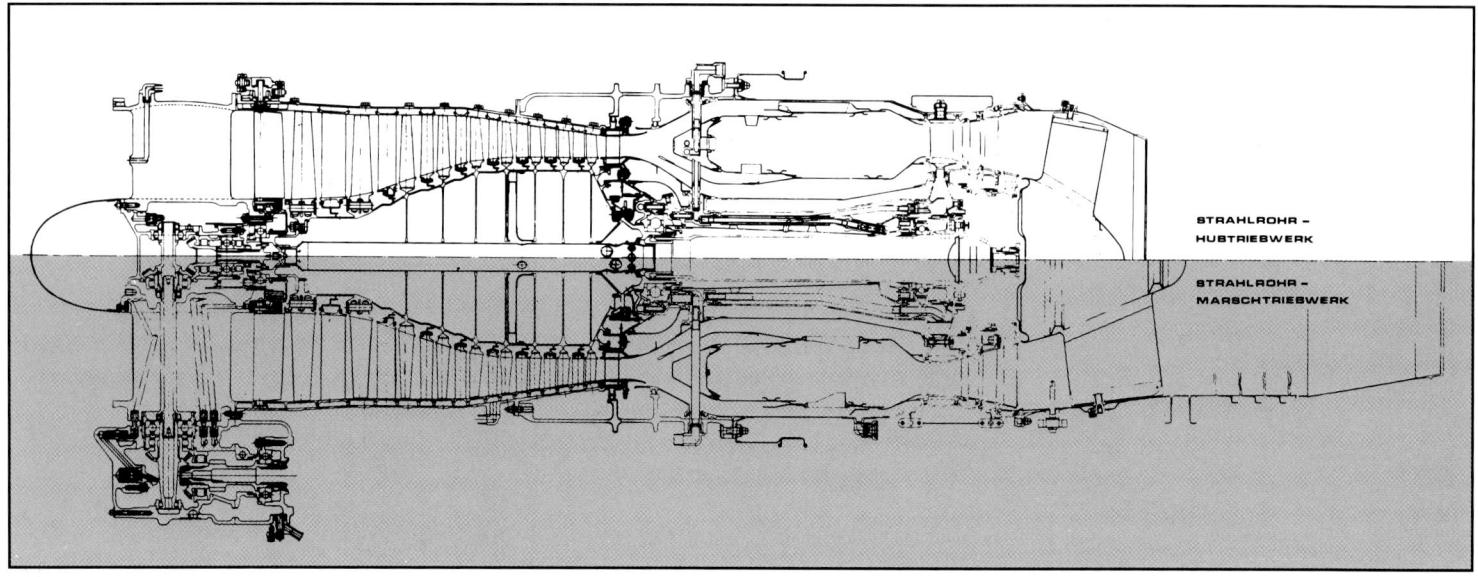

Schnitte der Triebwerke Rolls-Royce/MAN RB 145 R (unten) und RB 145 (oben)

Im März 1960 erteilte das BMVg MAN Turbomotoren einen Triebwerkentwicklungsauftrag. Rolls-Royce wurde Unterauftragnehmer von MAN Turbomotoren.

Das Triebwerk war für paarweisen Einbau in die Gondeln des Flugzeugs vorgesehen. Eine besondere Hubtriebwerkversion ohne Nachbrenner, mit gleichem konstruktivem Aufbau und der Bezeichnung RR/MAN RB.153-16, später bezeichnet als RR/MAN RB.153-25, wurde parallel dazu projektiert und entwickelt.

Das Triebwerk war ein kleines, leichtes Einwellentriebwerk mit Nachbrenner und voll variabler Schubdüse, eine Weiterentwicklung des damals von Rolls-Royce bereits entwickelten und in der Short SC 1 erprobten Hub- und Schub-Triebwerk Rolls-Royce RB.108. Es war bis zu einer Flugmachzahl von 2,3 einsetzbar, eine Weiterentwicklung bis Mach 3 war vorgesehen. Der Startschub betrug 17,46 kN ohne und 24,32 kN mit Nachverbrennung.

Die Entwicklungsarbeiten begannen Anfang 1960 bei Rolls-Royce in Derby. Mitarbeiter von MAN Turbomotoren wurden aus München nach England zur Mitarbeit entsandt. Sie konnten mit Fortschritt der Entwicklungsarbeiten auf einzelnen Teilbereichen bald wertvolle Entwicklungsaufgaben übernehmen. Die Entwicklung der Triebwerke wurde jedoch auf Wunsch des BMVg am 21. Dezember 1961 abgebrochen, da man die Entwicklung eines Serienflugzeugs des Typs VJ 101C aufgab und nur eine Versuchsmustererprobung dieses Flugzeugs fortführen wollte. Bei Abbruch der Entwicklungsarbeiten war noch kein Entwicklungstriebwerk fertiggestellt, obwohl zu diesem Zeitpunkt bei Rolls-Royce bereits intensiv Triebwerkteile gefertigt wurden.

Erste Fertigungserfahrungen bei MAN Turbomotoren wurden mit Bauteilen für das Triebwerk Rolls-Royce/MAN RB. 153-17 gemacht

Rolls-Royce/MAN RB.153-61

Flugmission, Flugzelle und Antriebsanlage wurden neu definiert. Die militärischen Forderungen entsprachen einem Kampfflugzeug, das lange Flugstrecken in Bodennähe bei Unterschall mit geringerem Brennstoffverbrauch zurücklegen mußte, andererseits aber imstande sein sollte, in entsprechender Höhe Machzahl 2,2 zu erreichen. Diese Bedingungen konnten nur mit einem Zweiwellen-Zweistromtriebwerk mit relativ niedrigem Nebenstromverhältnis und mit Nachbrenner erfüllt werden. Auch der Flugzeugentwurf mußte nochmals überarbeitet werden.

Gesamttriebwerkanlage mit Schubumlenkung und Nachbrenner RB.153-61R für das EWR-Projekt VJ 101D

Modell des EWR-Senkrechtstartprojektes VJ 101D mit zwei Rolls-Royce/MAN RB.153-61R und fünf Rolls-Royce RB.162-31 Hubtriebwerken

Die im EWR verbundenen Unternehmen Messerschmitt und Heinkel legten Ende 1960 einen neuen Flugzeugvorschlag, das Projekt EWR VJ 101D vor. Das Flugzeug hatte zwei horizontal eingebaute Marsch/Hubtriebwerke mit Nachbrenner und Schubablenker zwischen Triebwerk und Nachbrenner und zusätzlich fünf in der Flugzeugzelle vertikal eingebaute Hubtriebwerke Rolls-Royce RB.162-31. Die Entwicklung des Triebwerks RB.153-61 hierfür begann nach umfangreichen Projektstudien im März 1962. Auftragnehmer des BMVg war MAN Turbomotoren, Rolls-Royce wieder Unterauftragnehmer.

Fertigungs- und Montagehalle der MAN Turbomotoren für Teile der Triebwerke RB. 145 und RB. 153-61R

Die Entwicklungsarbeiten, die in München durchgeführt wurden, umfaßten vor allem die aerodynamische und festigkeitsmäßige Auslegung, die Konstruktion, den Bau und die Durchführung von Modellversuchen für den Schubumlenker.

Ab März 1963 begannen die Vorversuche an Bauteilen und Baugruppen, um nach Möglichkeit noch vor den eigentlichen Triebwerkversuchen Unterlagen über die aero- und thermodynamische Güte von Verdichter, Turbine und Brennkammer und über das Verhalten des Kühl- und Schmierstoffsystems zu erhalten. Ein großer Teil der Trieb-

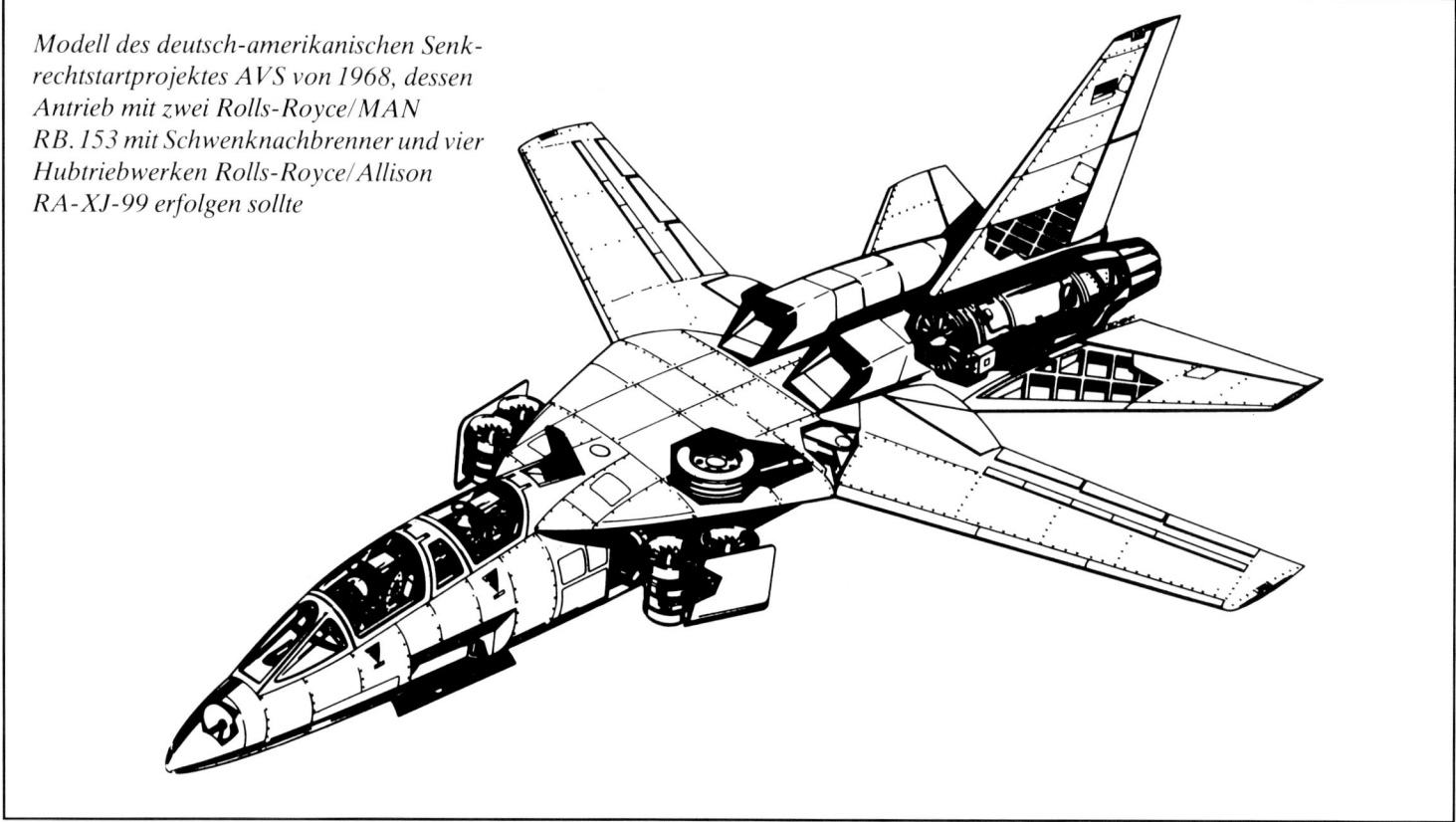

Modell des deutsch-amerikanischen Senkrechtstartprojektes AVS von 1968, dessen Antrieb mit zwei Rolls-Royce/MAN RB. 153 mit Schwenknachbrenner und vier Hubtriebwerken Rolls-Royce/Allison RA-XJ-99 erfolgen sollte

werkversuche konnte ab 1963 auf den inzwischen in Allach fertiggestellten und mit moderner Meßtechnik ausgestatteten zwei Volltriebwerkprüfständen durchgeführt werden. Ein Prüfstand war speziell mit Meßeinrichtungen für Vertikalschubmessungen hergerichtet. Neben den erforderlichen Leistungs- und Funktionsprüfungen wurden in München vor allem die für die VTOL-Anwendung wichtigen instationären Leistungsmessungen (schnelle Beschleunigungen und Verzögerungen) durchgeführt.

Das ursprüngliche Entwicklungsziel für das Triebwerk RB.153-61 war der Musterprüflauf. Da sich jedoch während der Triebwerkentwicklung die Aufgabenstellung wieder änderte und das Triebwerkprogramm eingeschränkt wurde, trat an seiner Stelle ein 50-Stunden-Qualifikationslauf. Mit dem dann Ende 1965 durchgeführten Qualifikationslauf ging das zweijährige Versuchsprogramm zu Ende, in dessen Verlauf mit den sechs gebauten Triebwerken etwa 1400 Laufstunden auf dem Triebwerkprüfstand und etwa 50 Stunden im Höhenprüfstand gefahren worden sind. Die sechs Entwicklungstriebwerke wurden bei Rolls-Royce und MAN Turbomotoren zwischen den Prüfläufen 56mal aufgebaut und zerlegt. Dies ergibt eine mittlere Laufzeit von 24 Stunden je Aufbau. Offiziell wurde die Entwicklung des Triebwerks am 5. September 1966 auf Anweisung des BMVg eingestellt.

Das Triebwerk RB.153-61 bildete die Grundlage für eine Reihe weiterer Triebwerkentwürfe für verschiedene deutsche Flugzeugprojekte. Die interessanteste Version war eine Ausführung mit höherem Schub für das Flugzeugprojekt VJ 101 E des EWR, das man als Vorläufer des späteren deutsch-amerikanischen Flugzeugprojekts AVS (Advanced Vertical Strike = fortschrittliches Senkrechtstart-Kampfflugzeug) bezeichnen kann.

Im Gegensatz zum Projekt VJ 101D sollte bei der VJ 101E unter Verwendung eines sogenannten Schwenknachbrenners der Schub auch beim Vertikalstart mit einer »milden Nachverbrennung« erhöht werden. In der 90°-Ablenkstellung des Nachbrenners war eine Nachverbrennungstemperatur von etwa 1300 K vorgesehen. Versuche mit diesem Nachbrenner wurden im Sommer 1967 bei der Erprobungsstelle 61 der Luftwaffe in Manching auf einem Freiprüfstand ausgeführt. Sie verliefen sehr zufriedenstellend. Mit Abbruch des AVS-Projekts Anfang 1968 wurden diese aussichtsreichen und anspruchsvollen VTOL-Entwicklungen abgeschlossen.

Erprobung des Schwenknachbrenners in Manching 1966

Triebwerk Rolls-Royce/MAN RB. 153-61R mit Schwenknachbrenner für das EWR-Projekt VJ 101E von 1966

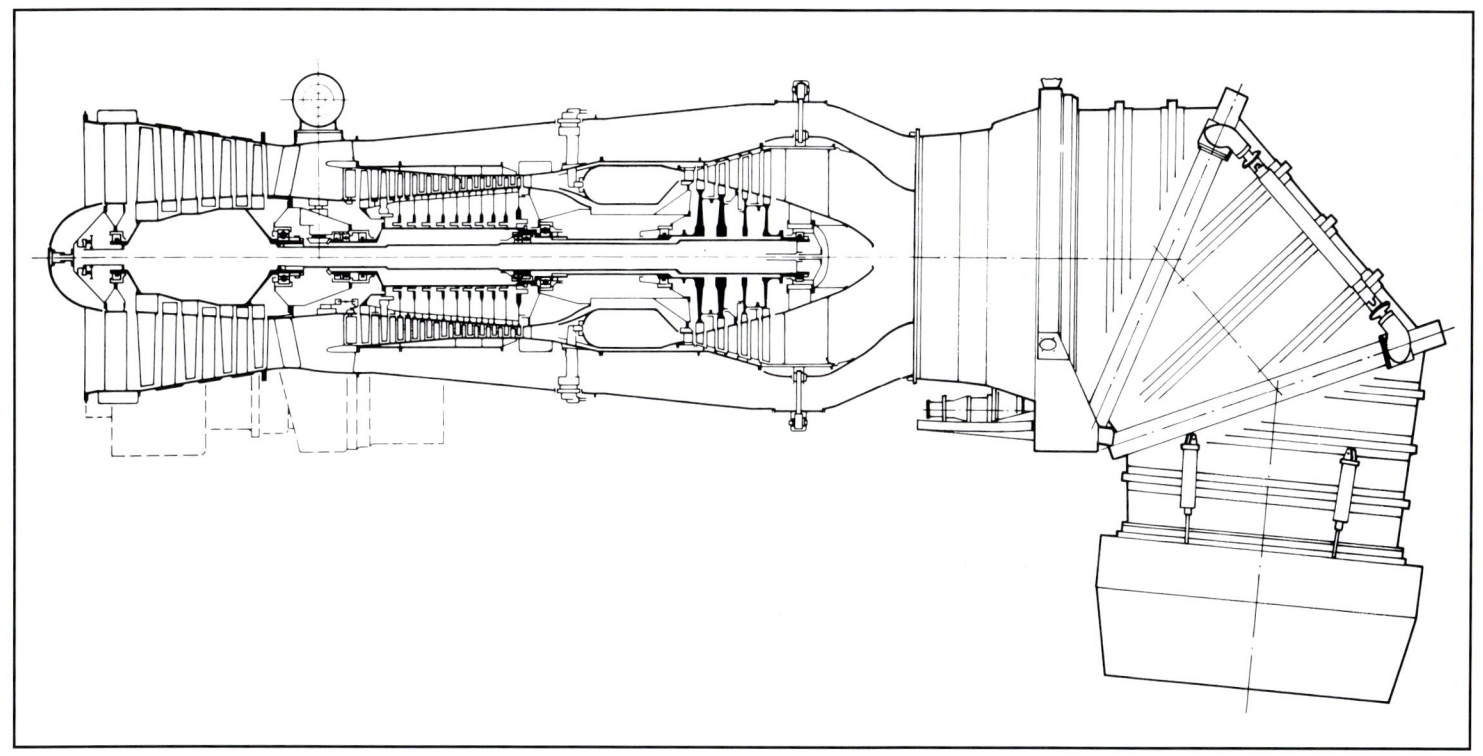

Triebwerk Rolls-Royce/MAN RB.145 auf dem Prüfstand bei MAN Turbomotoren 1963

Rolls-Royce/MAN RB.145

Ende 1960 fiel die Entscheidung, das Flugzeug EWR VJ 101D in größerer Stückzahl zu planen und parallel dazu die EWR VJ 101C in zwei Exemplaren als Prototyp zu bauen und zu erproben. Da die Triebwerke für die VJ 101C als vollkommene Neuentwicklungen nicht so schnell verfügbar waren, ging das BMVg auf den Vorschlag von Rolls-Royce ein, das in der Short SC 1 erprobte Hubtriebwerk RB.108 zu einem speziellen Hub/Marschtriebwerk umzukonstruieren. Das Projekt erhielt die Bezeichnung Rolls-Royce/MAN RB.145. Das Triebwerk wurde in zwei Versionen entwickelt. Einmal als Nachbrennertriebwerk RB.145 R zum Einbau in die schwenkbaren Triebwerkgondeln der EWR VJ 101C und als Triebwerk ohne Nachbrenner RB.145 mit kurzer Schubdüse zur Verwendung als fest eingebautes Hubtriebwerk. Später wurde vom EWR noch entschieden, daß eines der beiden Versuchsflugzeuge die VJ 101C X1 nur für Geschwindigkeiten unter Mach 1 geeignet sein sollte, wofür die schwenkbaren Hub/Marschtriebwerke ohne Nachbrenner gebaut wurden.

Senkrechtstartflugzeug EWR VJ 101C X2 auf einer Erprobungsplattform 1966 in Manching

Die Entwicklung des Triebwerks begann 1960. Der erste Probelauf erfolgte im Mai 1961. Im März 1963 absolvierte es den 50-Stunden-Flugfreigabelauf. Insgesamt wurden 22 Entwicklungs- und Flugerprobungstriebwerke gebaut. Der Startschub der Hubtriebwerke betrug 12,26 kN und der der Nachbrennertriebwerke 15,79 kN.

Während der Flugerprobung der VJ 101C in Manching wurden die Triebwerke vom Personal der MAN Turbomotoren betreut. Die Betreuungsarbeiten waren teilweise schwierig, da die existierenden 22 Triebwerke alle nur Prototypstandard hatten. Die Arbeiten an diesem Projekt wurden endgültig am 7. Juni 1971 eingestellt.

Rolls-Royce/MAN RB.193-12

Die Vorgeschichte des Flugzeugprojekts VAK 191B, ursprünglich als Nachfolger der Fiat 91G gedacht, geht auf das Jahr 1961 zurück. VFW erhielt 1965 den Auftrag, dieses Flugzeug zu entwickeln und eine größere Serie zu planen. Mitte des Jahres 1965 wurde ein deutsch-italienisches Regierungsabkommen unterzeichnet, das den Bau von sechs Prototyp-Flugzeugen vorsah. 1967 kündigte Italien das Regierungsabkommen, was zu einem rein deutschen Programm führte. Die Stückzahl wurde auf drei Einsitzer und eine statische Bruchzelle reduziert.

Die Konzeption dieses Flugzeuges entsprach dem Hawker Siddeley P. 1127 »Harrier«. Es war ein Schulterdecker, ausgerüstet mit einem kombinierten Hub/Marschtriebwerk und mit je einem festeingebauten Hubtriebwerk Rolls-Royce RB.162-81 vor und hinter dem Marschtriebwerk.

Das Triebwerk RB.193-12 ist ein kombiniertes Hub/Marschtriebwerk in Zweistrom-Zweiwellenbauweise, dessen Leistungscharakteristik speziell auf das VTOL-Flugzeug VAK 191 B abgestimmt war.

Die hauptsächlichen Merkmale des Triebwerks waren drei Verdichter, zwei Turbinen und die Verwendung einer Ringbrennkammer. Haupt- und Nebengasstrom wurden in zwei getrennten Paaren schwenkbarer Düsen entspannt, womit eine kontinuierliche Schubvektorsteuerung zwischen Horizontal- und Vertikalschub einschließlich 10° Neigung entgegen der Flugrichtung erreicht wurde. Das Triebwerk hatte wegen der speziellen VTOL-Forderungen einen außergewöhnlich großen Luftentnahmebereich (zwischen 0 und 20 % der Hochdruckverdichterluft) für die Stabilisierung des Flugzeugs. Sein maximaler Schub betrug 45,2 kN, der Luftdurchsatz 92 kg/s, das Verdichterdruckverhältnis 16,2 und die maximale Turbineneintrittstemperatur bei 20 % Luftentnahme 1 625 K. Das Triebwerk mit den vier Schwenkdüsen hatte eine Einbaumasse von 980 kg.

Schnitt durch das VTOL-Triebwerk Rolls-Royce/MAN RB. 193-12

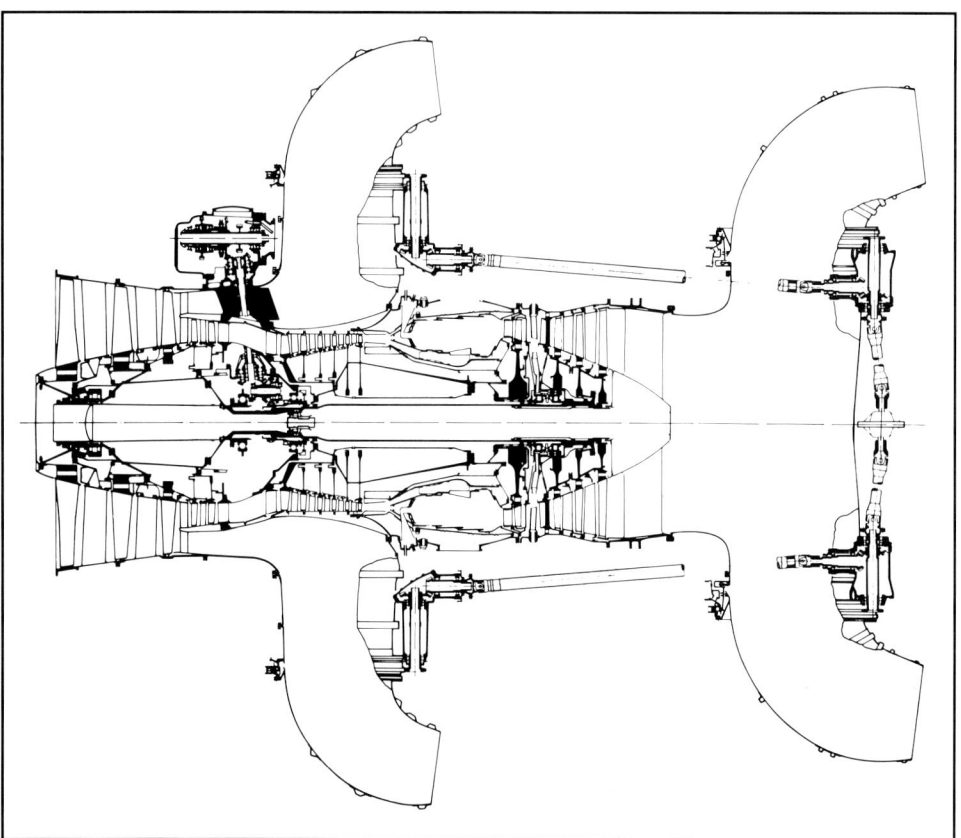

Der deutsche Anteil an der Entwicklung bestand in folgenden Komponenten: Vorderes, aus faserverstärktem Kunststoff gefertigtes Verteilergehäuse mit Schwenkdüsen und Schwenkdüsenlager, hinteres Verteilergehäuse mit hinteren Schwenkdüsen sowie deren Lagerung und Verstellmechanismus. Außerdem gehörte dazu das Verdichterzwischengehäuse mit Außengetriebegehäuse und Innengetriebe und das Turbinenaustrittsgehäuse. Daneben wurden im Rahmen der Triebwerkkomponentenentwicklung noch mehrere Baugruppen ausgelegt, konstruiert und auf den Komponentenprüfständen in Allach erprobt. Zu den wichtigsten Baugruppen für das Gesamtkonzept des Triebwerks gehörten die vorderen und hinteren Schubablenkeinrichtungen. Sie boten ein Arbeitsgebiet, in das man aufgrund der vorhergegangenen Projekte die meisten Erfahrungen einbringen konnte.

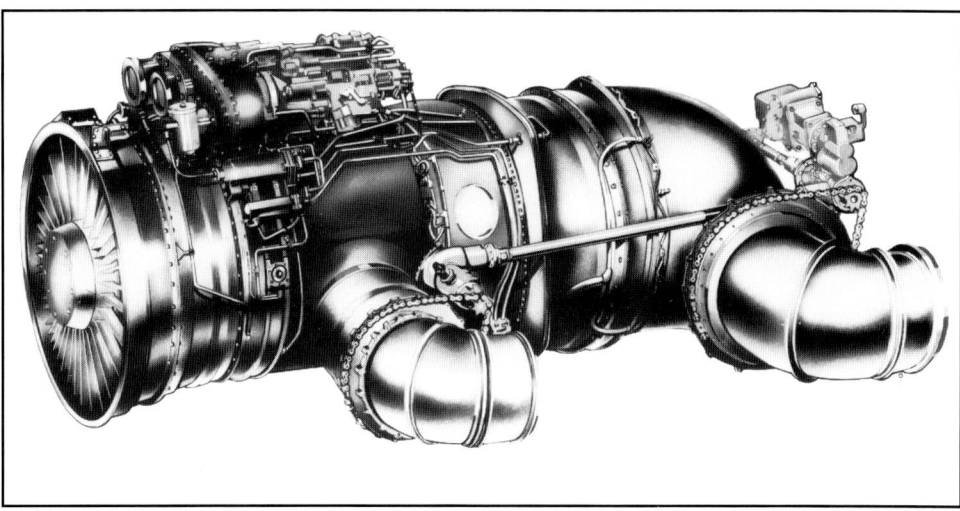

Schwenkdüsentriebwerk Rolls-Royce/ MAN RB. 193-12 zum Antrieb des Senkrechtstartflugzeuges VFW VAK 191 B

Die Fertigung der Versuchsbaugruppen und der Entwicklungstriebwerke ergab für die Fertigungsbereiche anspruchsvolle technische Aufgaben. Die Fertigungsarbeiten begannen mit der Herstellung und Montage des kombinierten Mitteldruck-Niederdruck-Versuchsverdichters. Dabei wurden bis auf die Beschaufelung, alle Teile einschließlich der Instrumentierung selbst gefertigt.

Die Verformung hochwarmfester Materialien warf Probleme auf, die erst nach einiger Zeit einwandfrei beherrscht wurden. Verformungstechnik, Schweißtechnik, Wärmebehandlung und mechanische Bearbeitung mußten eng zusammenarbeiten, um alle diese Probleme lösen zu können. Die Herstellung der Krümmer für den heißen Abgasstrahl war der Fertigung des Krümmers am Schubablenker des RB.153-61 ähnlich. Dagegen bildete die Verformung von Titan für die vorderen luftführenden Krümmer eine besondere Schwierigkeit. Bei diesen Arbeiten war man weitgehend auf eigene Entwicklung angewiesen, da bisher noch niemand derart stark verformte Blechbauteile aus Titan in Deutschland gefertigt hatte. Hinzu kamen die hohen Anforderungen, die Titan beim Schweißen stellt. Wo die Möglichkeit bestand, wurde die Schweißarbeit auf eine Elektronenstrahlschweißmaschine verlegt, weil dort mit dem geringsten Vorrichtungsaufwand die Ausschaltung des atmosphärischen Einflusses beim Schweißen am ehesten erreicht werden kann. Ansonsten erfordert die Verschweißung von Titan einen hohen Aufwand an Vorrichtungen und Hilfsmitteln, um einen absoluten Schutz vor atmosphärischen Verunreinigungen zu gewährleisten.

Ein besonderes Problem war die Wärmebehandlung von Titan zwischen den einzelnen Ziehstufen, was erst nach langwierigen Versuchen befriedigend gelöst wurde.

Unter den Besonderheiten der Fertigung dieses Triebwerks sind noch alle Triebwerkläuferwellen zu erwähnen, mit deren Herstellung das Elektronenstrahlschweißen übernommen wurde. Die Verdichterläufer waren alle aus Titan und kamen in weitgehend fertig bearbeitetem Zustand zum Schweißen. Dabei mußten enge Toleranzen auch nach dem Schweißen eingehalten werden. Dynamisch äußerst hochbelastete Bauteile wie Turbinenscheiben lassen sich nur mit der Technik des Elektronenstrahlschweißens sicher und in den geforderten Toleranzen verbinden. Die Anwendung der Elektronenstrahlschweißtechnik auf diesem Gebiet ist bei diesem Projekt in solcher Breite in Deutschland erstmals erfolgt.

Triebwerk Rolls-Royce/MAN RB. 193-12 mit Einlaufsimulator für die VAK 191 B bei MAN Turbo 1968 auf dem Prüfstand

Insgesamt wurden sechs Prüfstandstriebwerke und sieben Flugtriebwerke gebaut. Die Auslieferung der sieben Flugtriebwerke an VFW erfolgte 1971.

Die Triebwerkversuche mit den sechs Entwicklungstriebwerken wurden bei Rolls-Royce und bei der MAN Turbo ab 1967 durchgeführt. Das gesamte Versuchsprogramm wurde zwischen Rolls-Royce und MAN Turbo so abgestimmt, daß jegliche Doppelarbeit – bis auf einige Vergleichsmessungen auf den beiderseitigen Prüfständen – vermieden wurde. Der Anteil der Prüfstandsläufe betrug jeweils 50 %. Dies bezog sich sowohl auf die Funktions- und Zuverlässigkeitstests des Triebwerks, als auch auf die Entwicklungsarbeiten an den Baugruppen.

Der Triebwerkeinbau und die Flugerprobung der VAK 191B erfolgte für alle drei Zellen bei VFW. Der erste erfolgreiche Schwebeflug wurde am 10. September 1971 in Bremen durchgeführt. Zur weiteren Flugerprobung wurden dann mit allen drei Flugzeugen neben mehreren Bodenläufen und Rollversuchen 31 Flüge mit einer Gesamtflugzeit von rund dreieinhalb Stunden durchgeführt. Die erste Transition erfolgte am 26. Oktober 1972. Die triebwerkseitige Betreuung während der Flugerprobung übernahm die Motoren- und Turbinen-Union München GmbH, die 1969 als gemeinschaftliche Gründung der Daimler-Benz AG und der M.A.N. AG aus der M.A.N. Turbo GmbH, unter Einbringung der Daimler-Benz-Aktivitäten auf dem Flugtriebwerksektor, entstanden war. Die Flugerprobung der VAK 191B endete am 31. März 1973.

Vom Senkrechtstartflugzeug VAK 191 B wurden bei VFW in Bremen drei Zellen gebaut und bis 1972 erprobt

Weitere Versionen des RB.193

Der EWR in München hatte kurz vor der Einstellung der Arbeiten am deutsch-amerikanischen AVS-Projekt im Spätherbst 1967 begonnen, sich mit kurzstartfähigen Kampfflugzeugen zu befassen. Zusammen mit Planungsgremien des BMVg wurden damals die vorläufigen Grundforderungen für das sogenannte »Neue Kampfflugzeug« (NKF) erstellt. Als Nachfolger der Fiat G 91 und der Lockheed F-104G sollte dieses zunächst rein deutsche Flugzeugprojekt hauptsächlich für Nahluftunterstützungsaufgaben (Close Air Support – CAS) ausgelegt werden, kurzstartfähig (STOL) und nach damaligen Planungen ab 1975 in der Bundesrepublik verfügbar sein. Im November 1967 wurden drei deutsche Flugzeugbauer, Entwicklungsring Süd GmbH, Vereinigte Flugtechnische Werke GmbH und Bölkow GmbH, mit der Durchführung vorbereitender Studien und des ersten Teils einer Konzeptphase (November 1967 bis Juli 1968) beauftragt. So ergab sich wieder eine Zusammenarbeit zwischen EWR und MAN Turbo, wobei für dieses neue Flugzeug von seiten der MAN Turbo vor allem Varianten des damals in der Entwicklung befindlichen Triebwerks RB.193-12 vorgeschlagen wurden. Da das vorhandene Basistriebwerk ein Zweistromtriebwerk ohne Nachbrenner war, mußten für die Verwendung als STOL-Antrieb vor allem ein Abgasmischer und ein Nachbrenner konzipiert werden.

Sieben Triebwerkvorschläge waren das Ergebnis dieser Projektarbeiten in den Jahren 1967 und 1968. Da die Schubforderungen des EWR für das Flugzeugprojekt laufend erhöht wurden, ergab sich schließlich ein wesentlich verändertes Triebwerk.

Triebwerke für das Neue Kampfflugzeug – NKF

Nach weiteren umfangreichen Projektarbeiten, die nun MAN Turbo- und Rolls-Royce-Ingenieure von Dezember 1967 bis zum März 1968 gemeinsam durchführten, bei denen wegen des erforderlichen hohen Druckverhältnisses auch die Verwendung mehrstufiger, veränderlicher Verdichterleitschaufeln untersucht wurde, entstand der Vorschlag für ein neues Dreiwellen-Zweistromtriebwerk mit Nachbrenner als Basis-Triebwerk. Die Bezeichnung des Triebwerkprojekts lautete RB.199-4. Es war das kürzeste Triebwerk seiner Schubklasse. Parallel dazu wurde ein Zweiwellentriebwerk mit der Bezeichnung RB.199-22 untersucht. Vergleichsstudien führten zur Entscheidung, in Zukunft nur noch Dreiwellentriebwerke vorzusehen und sich verstärkt mit den Besonderheiten der Dreiwellentriebwerke zu befassen.

Ein weiterer Triebwerkentwurf mit der Bezeichnung RB.199-33R wurde dann vom Rolls-Royce/MAN Turbo-Team in der sogenannten NKF-Projekt-Studienphase vom 6. August bis zum 31. Dezember 1968 bearbeitet und im Dezember 1968 dem EWR entsprechend den Forderungen des NKF-Statement of Work als detailliertes Triebwerkangebot von der MAN Turbo dem EWR übergeben. Das Triebwerk war auf die Forderungen für das projektierte zweimotorige Neue Kampfflugzeug abgestimmt. Es hatte einen dreistufigen Transsonik-Niederdruckverdichter, einen vierstufigen Mitteldruckverdichter und einen fünfstufigen Hochdruckverdichter, einen Nachbrenner mit variabler Iris-Schubdüse und einen im Flugzeugrumpf integrierten Schubumkehrer.

Ein rein deutsches Flugzeugprojekt war das Neue Kampfflugzeug, das in den Jahren 1967/68 beim EWR bearbeitet wurde

Das Baugruppenprogramm

Bei den gemeinsamen deutsch-britischen Projektarbeiten für das NKF-Triebwerk zeigte sich, daß zu diesem Zeitpunkt für zukünftige Triebwerkprojekte auf deutscher Seite noch zu wenig erprobte Triebwerk-»Hardware« und zu wenig ausgereifte Komponententechnik vorhanden war. In Abstimmung mit dem BMVg wurden deshalb schon 1967 von der MAN Turbo erste Vorschläge für ein Baugruppenprogramm ausgearbeitet, das mit Finanzierung seitens des BMVg über mehrere Jahre laufen sollte. Das Programm sollte von der Auslegung, über Konstruktion und Fertigung, bis zum Versuch bestimmter Baugruppen gehen und jeweils dem höchsten Stand der Triebwerktechnik entsprechen. Es war triebwerkorientiert, d. h. die einzelnen Komponenten waren so aufeinander abgestimmt, daß die Abhängigkeit der Baugruppen voneinander der in einem kompletten Triebwerk entsprach.

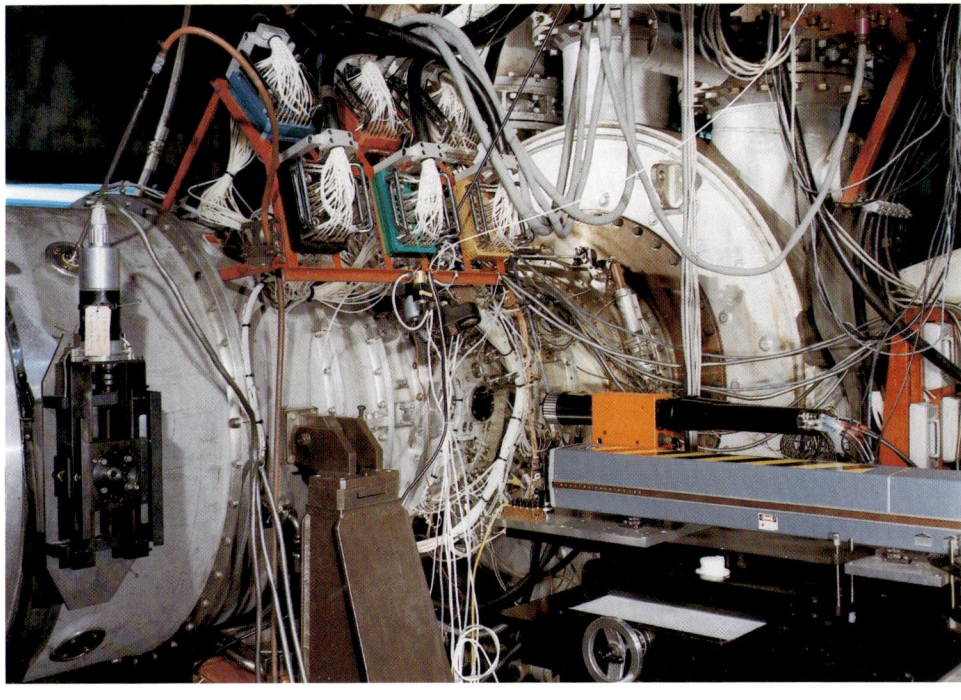

Im Rahmen eines Baugruppenprogramms wurden von 1968 bis 1978 mehrere Einzelbaugruppen wie Verdichter, Brennkammern und Turbinen ausgelegt und erprobt

Das BMVg unterstützte ein derartiges Programm. Die Daimler-Benz AG, die bereits früher mit einem eigenen Vorschlag für ein Baugruppenprogramm an das BMVg herangetreten war, wurde beteiligt und die Finanzmittel zwischen Daimler-Benz und MAN Turbo aufgeteilt.

Im Jahre 1968 erzielten die beiden Unternehmen Einigkeit über das geplante Baugruppenprogramm. Am 27. November 1968 gründeten sie für die Durchführung eine gemeinsame Firma, die Entwicklungsgesellschaft für Turbomotoren mbH mit Sitz in München. Das Baugruppenprogramm war damit zur Keimzelle für die weiteren Schritte in Richtung einer Zusammenarbeit der Unternehmen auf dem Gebiet des Triebwerkbaus geworden. Die Programmziele wurden in der Folgezeit einige Male geändert und ergänzt, um sie den sich schnell ändernden technischen Forderungen anzupassen. Das Baugruppenprogramm wurde nach knapp 10jähriger Laufzeit zur Jahresmitte 1978 vertragsgerecht beendet. Anstelle dieses Programms traten vom BMVg finanzierte Forschungs- und Entwicklungsaufgaben, die größtenteils sogenannten Versuchsträgerprogrammen zugeordnet sind.

Daimler-Benz entwickelt wieder Flugtriebwerke

Nach der »Stunde Null« kam es bei Daimler-Benz auch erst in den Jahren 1954/55 zur Wiederaufnahme der Flugtriebwerkentwicklung. Das Unternehmen entschied sich, mit Eigenentwicklungen im unteren Leistungsbereich der Turbotriebwerke zu beginnen. Eine Lizenznahme kam für Daimler-Benz nicht in Frage. Für den Anfang wurde eine Triebwerkgröße festgelegt, die, außer für Flugzeugantriebe, in abgewandelter Form auch für den Antrieb von Lokomotiven, Schiffen usw. geeignet war.

DB 720/PTL 6

So entstand das erste Flugtriebwerk nach dem Zweiten Weltkrieg, das Wellentriebwerk DB 720/PTL 6 mit einer Nutzleistung zwischen 735 und 1180 kW. Das BMVg hatte an der Entwicklung dieses Triebwerks Interesse und stellte dafür entsprechende Mittel zur Verfügung.

Nach umfangreichen Testreihen auf neu dafür eingerichteten Komponentenprüfständen erfolgte im Herbst 1962 mit dem Triebwerk DB 720 der offizielle 50-Stunden-

Als erstes Wellentriebwerk entstand bei Daimler-Benz das DB 720/PTL6 mit einer Leistung von 735 kW

Die Gasgeneratorerprobung für das Triebwerk DB 720/PTL6 erfolgte auf diesem Prüfstand in Untertürkheim

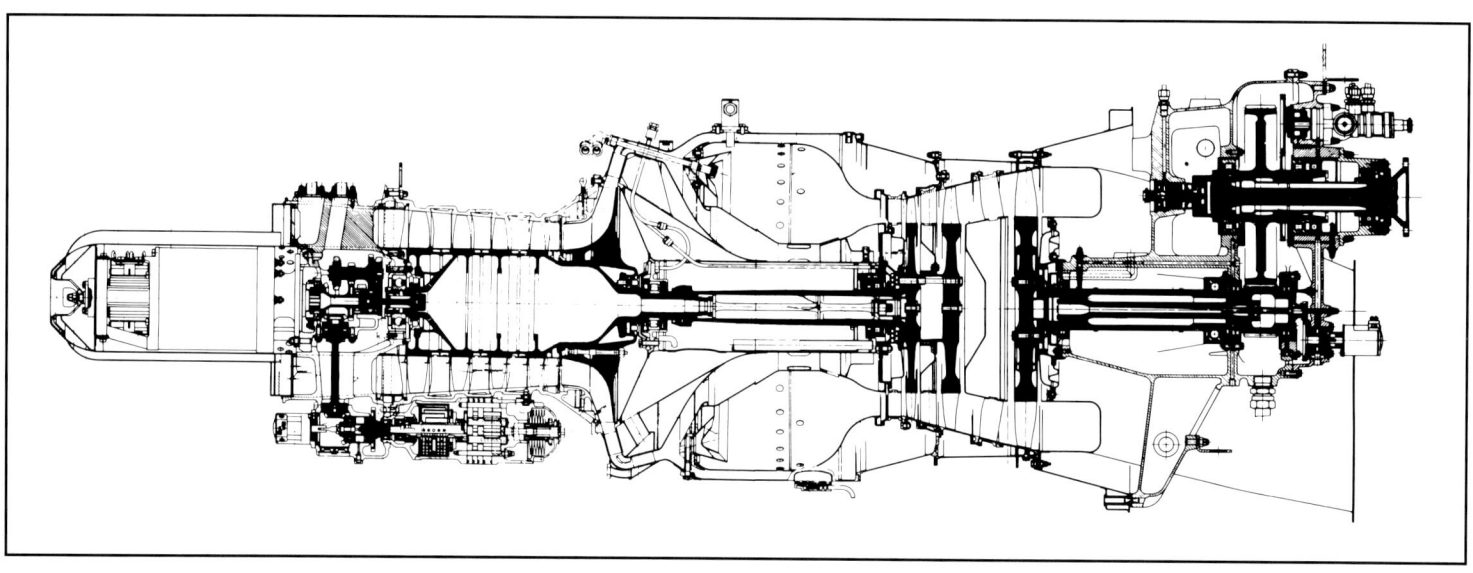

Von 1970 bis 1972 erfolgte in Friedrichshafen bei Dornier in einem modifizierten Hubschrauber Bell/Dornier UH-1D die Flugerprobung des Triebwerks DB 720

Abnahmelauf nach den Bedingungen der Musterprüfstelle der Bundeswehr für Luftfahrtgeräte (MBL). Die Gesamtmasse des Triebwerks betrug 220 kg, die Leistung 735 kW.

In den folgenden Jahren konnten die Komponentenwirkungsgrade verbessert werden. Die Senkung der Druckverluste und eine geringe Erhöhung der Gastemperatur ermöglichte eine Leistungssteigerung bis 1350 kW. Gleichzeitig wurde eine Verringerung des spezifischen Brennstoffverbrauchs erreicht. Das Triebwerk DB 720 ist als Gasgenerator in 640 Stunden und als Volltriebwerk in rund 4650 Stunden auf Prüfständen erfolgreich erprobt worden. In den Jahren 1969 bis 1972 erfolgte der Einbau in einen Hubschrauber vom Typ Bell/Dornier UH-1D. Umfangreiche Testflüge, deren Gesamtflugdauer fast 100 Stunden betrug, konnten die erreichte hohe Qualifikation dieses Triebwerks unter Beweis stellen.

Daimler-Benz-Staustrahltriebwerk ST 190

Im Jahre 1954 begann Daimler-Benz mit der Auslegung und dem Bau mehrerer kleiner Staustrahltriebwerke für den Antrieb von kleinen Hubschraubern. In den folgenden Jahren sind zahlreiche Standversuche und Testreihen bei Rotation des Staustrahltriebwerks an einem Hubschrauberrotorblatt durchgeführt worden. Der Aufbau dieser Triebwerkart ist einfach und billig; dies geht jedoch zu Lasten des Brennstoffverbrauchs.

Das wichtigste der Daimler-Benz-Staustrahlprojekte hatte die Bezeichnung ST 190. Es erreichte einen Schub von 393 N.

Daimler-Benz befaßte sich 1954/55 auch mit der Auslegung und Erprobung von kleinen Staustrahltriebwerken; das Triebwerk ST 190 erreichte auf dem Prüfstand kurzzeitig einen Schub von 393 N

DB 721/PTL 10

Auf der Deutschen Luftfahrtschau 1964 in Hannover wurde das Flugtriebwerk DB 721/PTL 10 mit einer Leistung von 1500 bis 1800 kW bei einer Triebwerkmasse von 250 kg vorgestellt. Es handelte sich um ein Zweiwellen-Triebwerk mit freier Nutzturbine, wobei der Antrieb wahlweise nach vorne mit einem Frontgetriebe oder nach hinten mit Heckgetriebe erfolgte. Mit einer vorgesetzten Planetengetriebestufe konnte die Antriebsdrehzahl auf die für diese Leistungen übliche Luftschraubendrehzahl von 1500/min gesenkt werden. Der Verdichter war als reiner Axialverdichter mit acht Stufen und die ersten Verdichterstufen als transsonische Stufen ausgelegt. Er hatte ein Druckverhältnis von 6, der Luftdurchsatz betrug 10 kg/s und die Turbineneintrittstemperatur 1175 K.

Wellentriebwerk Daimler-Benz DB 721/PTL 10 mit Leistungen zwischen 1500 und 1800 kW

Entwicklungsbeginn für dieses Triebwerk war 1962. Nach umfangreichen Komponentenversuchen konnte gegen Ende 1965 ein Qualifikationslauf unter Aufsicht der MBL durchgeführt werden. Es wurden bis 1970 mit drei Triebwerken rund 200 Prüfstandsstunden gefahren. Eine Anwendung in einem Hubschrauber oder Flugzeug erfolgte nicht.

DB 730 und DB 731

Der Gaserzeuger des Triebwerks DB 720 wurde von Daimler-Benz als Basis für ein Zweistromtriebwerk mit nachgeschaltetem Heckgebläse verwendet. Dieses Projekt hatte die Typbezeichnung DB 730/ZTL 6. Der Schub dieses Triebwerks betrug 6 kN und die Triebwerkmasse 220 kg. Ein Entwicklungstriebwerk wurde gebaut und auf dem Prüfstand erprobt. Eine weitere Variante aus der Projektreihe DB 730/ZTL 6 war die Version DB 730 H: ein Triebwerkprojekt für Schnellhubschrauber, bei dem sowohl Rotorantriebsleistung als auch Vortriebsschub erzeugt werden sollten. Eine Weiterentwicklung des DB 730 H war das DB 731 H. Es basierte auf dem Gaserzeuger des DB 721/PTL 10 und hatte den gleichen Heckgebläseteil wie das DB 730/ZTL 6. Verhandlungen über solche Hubschrauberprojekte wurden mit der Merkle Flugzeugwerke GmbH und der Messerschmitt AG geführt.

Die Projekte Daimler-Benz DB 730 und DB 731 waren die letzten Flugtriebwerkprojekte, die bei Daimler-Benz in Stuttgart bearbeitet wurden. Das Triebwerkentwicklungsteam wurde im Rahmen der Gründung der MTU Mitte 1969 nach München verlegt.

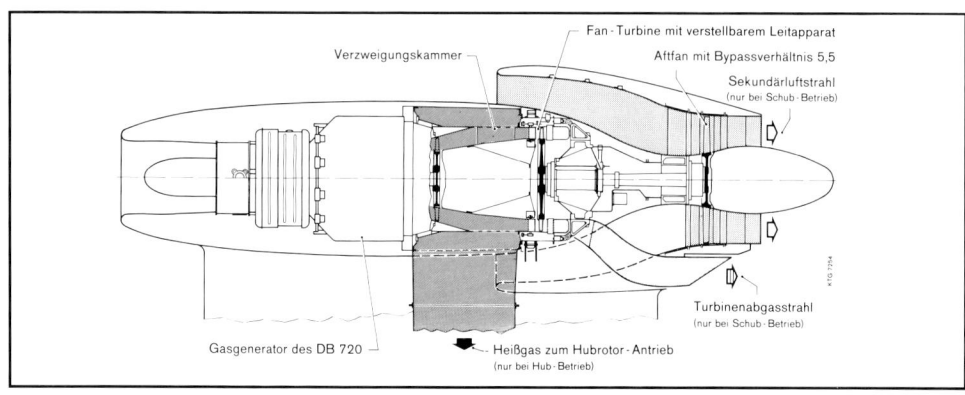

Als Kombinationstriebwerk für Schnellhubschrauber auf der Basis des DB 720 wurde von Daimler-Benz das Triebwerk DB 730H projektiert

Vom MRCA zum Tornado

Internationale Vereinbarungen

Am 17. und 18. Mai 1968 kamen die Luftwaffenchefs von Belgien, Italien, Kanada, den Niederlanden und der Bundesrepublik Deutschland zu einem Treffen in Rom zusammen, woran sich auch Vertreter der britischen und der norwegischen Luftwaffe als Beobachter beteiligten. Bei dieser Konferenz einigte man sich grundsätzlich über ein Gemeinschaftsprogramm zur Entwicklung eines Mehrzweck-Kampfflugzeugs mit der Projektbezeichnung MRCA 75 (Multi Role Combat Aircraft 1975). Die Eigenschaften und die Flugaufgaben dieses Flugzeugs und ein vorläufiger Entwicklungsterminplan wurden vereinbart. Zum ersten Mal wurde auch empfohlen, die Kosten und die Arbeitsteilung auf industrieller Seite nach den Abnahmequoten der Partnerstaaten festzulegen.

Anfang Juli 1968 kam es dann zu einer Art Vorvertrag (Memorandum of Understanding – MoU). Dieses Memorandum, das zunächst keineswegs als bindender Kooperationsvertrag anzusehen war, wurde von den Regierungsvertretern der Bundesrepublik Deutschland, Großbritanniens, Italiens und der Niederlande am 17. Juli 1968 unterzeichnet. Die belgischen und kanadischen Vertreter bekundeten lediglich das Interesse ihrer Regierungen an dem Gemeinschaftsprojekt, schlossen sich aber einer Unterzeichnung zu diesem Zeitpunkt nicht an. Bereits im Oktober ließen beide Länder wissen, daß sie sich aus unterschiedlichen Gründen vom MRCA 75-Programm zurückziehen möchten.

Zu dieser Zeit liefen noch die Arbeiten am deutschen NKF-Projekt weiter. Für die deutschen Auftragnehmer, EWR und VFW, ergab dies eine Doppelgleisigkeit in jeder Hinsicht. Besonders für die Inangriffnahme des MRCA 75-Programms brachte diese Tatsache erschwerende Bedingungen. Endlich zeichnete sich in den Verhandlungen Ende Dezember 1968 und Anfang Januar 1969 eine zufriedenstellende Klärung über den weiteren Verlauf des europäischen MRCA 75-Programms ab.

Die MRCA 75-Definitionsphase

Im Jahre 1969 machte das Projekt schnelle Fortschritte. Am 31. März 1969 erfolgte die Gründung der PANAVIA Aircraft GmbH mit Sitz in München. Aufgabe dieses neuen Unternehmens war die Systemführung in der Studien-, Entwicklungs- und Serienfertigungsphase für das geplante europäische Mehrzweck-Kampfflugzeug MRCA. Es nahm am 1. Mai 1969 seine Arbeit auf, was zugleich der Beginn der MRCA-Definitionsphase war. Die beteiligten Länder und Luftwaffen hatten sich mit Kompromissen auf ein gemeinsames Flugzeugkonzept mit, im Gegensatz zum NKF-Projekt, zwei Triebwerken geeinigt. Drei Triebwerkvorschläge europäischer und amerikanischer Hersteller standen zu diesem Zeitpunkt zur Verfügung.

Die Triebwerkausschreibung erfolgte im April 1969. Innerhalb von zwei Monaten mußten die aufgeforderten Unternehmen ihre Angebote einreichen. Am Ende der Ausschreibungszeit von 60 Tagen übergaben nur Rolls-Royce/MAN Turbo eine umfangreiche Technische Spezifikation mit der Bezeichnung »TS 1800« für das Triebwerkprojekt RB.199-34R. In die Zeit bis zur Entscheidung fiel die Gründung der MTU. Den Auftrag erhielt das Konsortium Rolls-Royce/Motoren- und Turbinen-Union München und Fiat Aviazione mit dem Triebwerkprojekt RB.199-34R. Mit der Gründung der Motoren- und Turbinen-Union München GmbH war im Juli 1969 einer der entscheidenden Punkte im Rahmen des MRCA-Projektes und auch in bezug auf die Zukunft der Triebwerkentwicklung in Deutschland gefallen. Ein leistungsfähiges großes Triebwerkunternehmen war rechtzeitig in Deutschland entstanden und eine mächtige technische Herausforderung in Form eines anspruchsvollen Entwicklungsauftrages mußte erfüllt werden.

Die Entwicklung des Triebwerks Turbo-Union RB.199-34R

Bei Entwicklungsbeginn des RB.199-34R im September 1969 wurde von den beteiligten Unternehmen Rolls-Royce, Fiat Aviazione und MTU München, seit dem 1. Oktober 1969 zusammengeschlossen in der »Turbo-Union Limited«, eine Arbeitseinteilung vereinbart. Die prozentuale Entwicklungsaufteilung betrug 42,5 % für Rolls-Royce, 42,5 % für MTU und 15 % für Fiat. Jedes Unternehmen übernahm eigenverantwortlich die Entwicklung und später auch die Produktion bestimmter Baugruppen des Triebwerks, der sogenannten Module.

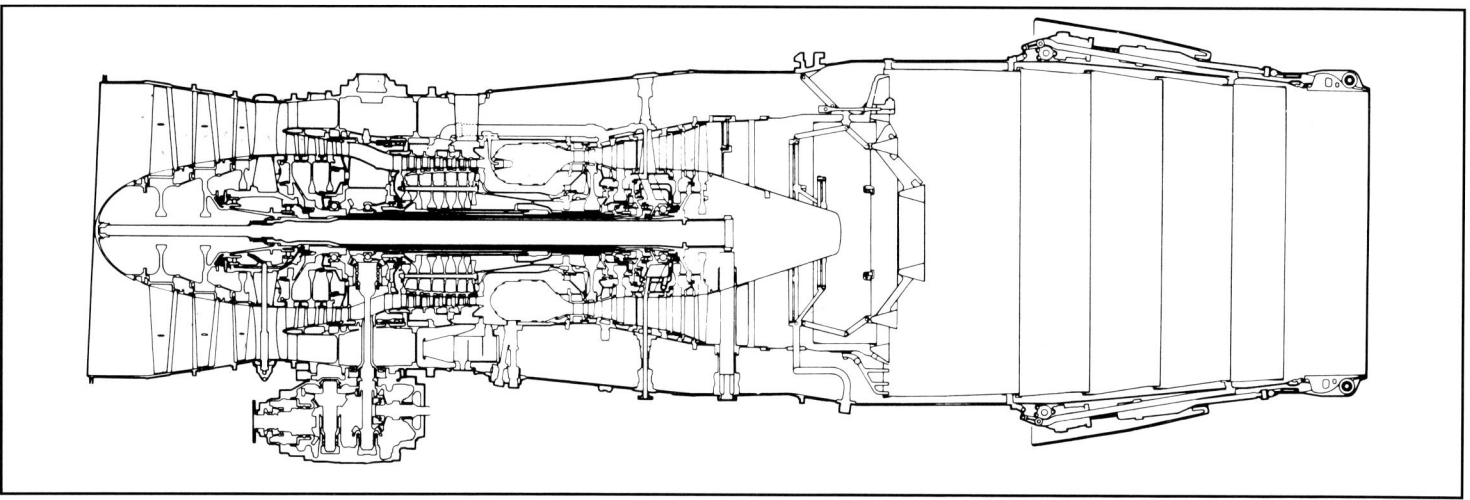

Schnitt des Dreiwellen-Zweistromtriebwerks Turbo-Union RB.199-34R

Fertigungsgruppen des Triebwerks RB.199-34R (* von MTU gefertigte Baugruppen)

Entsprechend den Forderungen des Auftraggebers entstand ein Mehrzwecktriebwerk, das für den Einsatz im Überschallbereich mit gezündetem Nachbrenner einen hohen Schub liefert und das vor allem für Langstreckenflüge in Meereshöhe ohne Nachbrenner einen geringen Brennstoffverbrauch hat.

Neben hohen variablen Leistungen mußte das Triebwerk ein hohes Schub-/Masseverhältnis, günstige Einbaumaße und niedrige Herstellungskosten aufweisen.

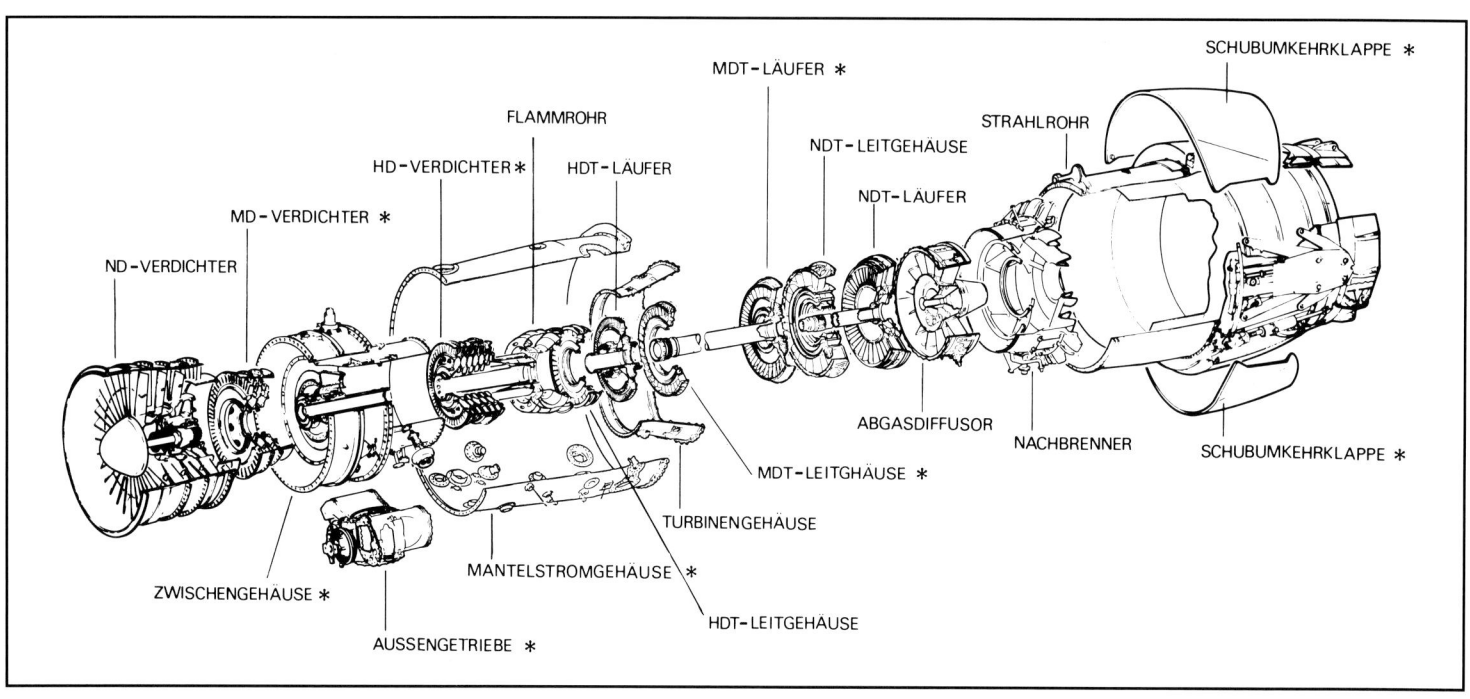

Außerdem sollte eine wirtschaftliche Wartung und Überholung in der Betriebsphase gewährleistet sein. Mit den Auftraggebern wurden Leistungsgarantiewerte vereinbart, für deren Erfüllung sich die MTU München und ihre Partner verpflichteten.

Bei der Auftragsaufteilung zwischen den drei Unternehmen wurden die unterschiedlichen Flugzeug-Beschaffungszahlen der Streitkräfte der drei am Programm beteiligten Länder zugrunde gelegt. Zu Beginn der Entwicklung, im Jahre 1969, wurde für die ganze Laufzeit des Programms folgende Arbeitsteilung festgelegt.
Rolls-Royce: Niederdruckverdichter, Brennkammer, Hochdruckturbine, Turbinengehäuse, Nachbrenner und Hilfssysteme; MTU München: Mitteldruckverdichter, Hochdruckverdichter, Mitteldruckturbine, Zwischengehäuse, Getriebe, Geräteträger, Schubumkehrer und Mantelstromgehäuse; Fiat: Niederdruckturbine, Abgasdiffusor, hinteres Strahlrohr und Schubdüse.

Zur Einhaltung der hohen Schubforderungen von über 68 kN mit Nachverbrennung und über 38 kN ohne Nachverbrennung wurde ein Zweistromtriebwerk, Nebenstromverhältnis um 1, mit Nachverbrennung und einem Dreiwellen-Rotorsystem, gewählt. Außerdem hat das Triebwerk zur Erzielung kurzer Landestrecken einen Außenklappen-Schubumkehrer. Es wurde nach dem Baukastensystem konstruiert, was eine leichte und schnelle Wartung gewährleistet. Aufgeteilt in 16 Module kann jedes Triebwerkmodul als Ganzes voll ausgetauscht werden.

Besonderer Wert wurde bei der Konstruktion auf eine hohe Zuverlässigkeit gelegt. Die Triebwerkgesamtanlage ist so entworfen, daß bei Ausfall eines Triebwerks das zweite Triebwerk automatisch sämtliche Leistungsanforderungen wie Hydraulikantrieb zum Schwenken der Flügel, Generatorenantrieb, Kabinenbelüftung über eine Geräteträgereinheit bis zu maximalen Werten kurzzeitig übernehmen kann.

Zur Gewährleistung einer effektiven und kostengünstigen Wartung der Triebwerke wurden folgende Wartungsforderungen realisiert:
– Modulaustausch.
– Hohe Grundüberholzeit des Gesamttriebwerks (TBO). Bei Einführung in der Truppe liegt die TBO bei 300 Stunden, eine Erhöhung auf 600 bzw. 900 Stunden ist vorgesehen.
– Laufende Zustandskontrolle (»On-Condition«) für die Hälfte aller Module, d. h. Austausch nur zur Reparatur, keine festen Grundüberholungsintervalle.
– Laufende Triebwerküberwachung über 13 Boroskop-Inspektionsöffnungen, spektrometrische Ölanalyse, Magnetschrauben im Rückölsystem, Vibrationsüberwachung, Zeit/Temperatur/Lastwechsel-Aufzeichnung, automatische Fehleranzeige im Regelsystem und Wartungsschreiber.
– Leistungsfähiges Boden- und Prüfgerätekonzept.
– Triebwerk-Anbaugeräte an der Unterseite des Triebwerks angeordnet und so für Kontrolle oder schnelles Auswechseln ohne Ausbau des Triebwerks gut zugänglich.

Mit dem Modulwartungskonzept wurden umfangreiche Erfahrungen gesammelt. So werden 70 % der Triebwerke und 90 % der elektronischen Haupttriebwerkregler am Einsatzort gewartet und nicht zum Hersteller zurückgeschickt.

Meilensteine der Triebwerkentwicklung

Nach Abschluß der Projektdefinitionsphase begann im Herbst 1969 in allen drei Ländern die eigentliche Triebwerkentwicklung. Der Erstlauf eines Triebwerks erfolgte schon im September 1971. Spezielle Schubumkehrertests auf dem MTU-Freiprüfstand in Manching sowie Triebwerkläufe im Höhenprüfstand beim National Gas Turbine Establishment (NGTE) in England und in der Gondel des fliegenden Erprobungsträgers »Vulcan B« ab April 1973 waren weitere Meilensteine bis zum Erstflug der PANAVIA »Tornado« P 01 am 14. August 1974 in Manching.

Für die Flugerprobung wurde unter dem Rumpf der Vulcan B die exakte Nachbildung der Steuerbordseite eines Tornado-Rumpfes angebaut. Bis zum Schluß der Flugerprobung im Jahre 1979 wurden in 125 Einsätzen 285 Flugstunden mit dem Triebwerk absolviert. Für die Prüfstandentwicklung bauten Rolls-Royce, MTU und Fiat zusammen 16 Entwicklungstriebwerke und für die Flugerprobung in Warton bei British Aerospace, in Manching bei MBB und in Caselle bei Fiat für neun Prototypflugzeuge und sechs Vorserienflugzeuge 51 Prototyptriebwerke.

Der 150-Stunden Abnahmelauf wurde im November 1978 erfolgreich abgeschlossen und damit die wichtigste Voraussetzung für den Beginn der Serienfertigung geschaffen. Im Rahmen der Entwicklung erreichte man insgesamt mehr als 26 000 Triebwerklaufstunden, darunter etwa 6000 Flugstunden.

Erprobung des Triebwerks RB.199-34R auf dem Höhenprüfstand der Universität Stuttgart

Als fliegender Prüfstand für das RB199-34R diente ein umgebauter Bomber Avro »Vulcan«

Erstflug der PANAVIA »Tornado« P 01 am 14. August 1974 in Manching

Europäische Zusammenarbeit

Die Entwicklungsarbeiten am Triebwerk RB.199-34 R und die Durchführung der gemeinsamen Serienfertigung haben gezeigt, daß, ausgehend von dem in der Turbo-Union koordinierenden Management mit seinen verschiedenen Arbeitsgruppen, eine rationale Abwicklung aller Arbeiten auch über Grenzen hinweg möglich ist. Der Erfahrungsaustausch zwischen den drei beteiligten Triebwerkherstellern führte auf der Entwicklungs- wie auch auf der Fertigungsseite unter Einsatz der neuesten technischen Hilfsmittel stets zu raschen Entscheidungen bei anstehenden Problemen.

Die gewählte Modularbauweise des Triebwerks, die gleichen Prüfstands- und Meßeinrichtungen sowie gleiche Berechnungsprogramme und gleiche Fertigungsmethoden boten sofortiges Ausweichen bei etwaigen Prüfstandsausfällen oder sonstigen Schwierigkeiten auf eines der Partnerunternehmen.

Simulation verschiedener Fluglagen auf einem Schwenkteststand in Manching

Die Serienversionen des Triebwerks RB.199-34 R

Die Serienfertigung des Triebwerks bei den drei Partnern erfolgt seit 1979 in einzelnen Teilaufträgen, sogenannten Losen. Die Triebwerke der ersten drei Serienlose trugen die Bezeichnung RB.199-34 R Mk101. Die des vierten Fertigungsloses wurden mit Mk103 bezeichnet. Das fünfte und die weiteren Lose der Triebwerke waren Versionen Mk103 und Mk104.
Die technisch verbesserte Triebwerksversion Mk103 mit vielen mechanischen Verbesserungen und einem geänderten Ölsystem wurde seit Mai 1983 ausgeliefert. Die Produktionsumstellung vom Standard Mk101 auf Mk103 erfolgte schrittweise im Laufe des Jahres 1983. Die auch in der Leistung verbesserten Mk103-Triebwerke unterscheiden sich thermodynamisch von der Mk101-Version aufgrund eines höheren Luftdurchsatzes und höherer Turbineneintrittstemperatur. Von den Modifikationen waren sechs der 16 Module betroffen. Die modulare Bauweise gestattet es, alle ausgelieferten Triebwerke nachträglich auf die Version Mk103 umzurüsten.

Eine weitere Standardversion des Triebwerks trägt die Bezeichnung RB.199-34R Mk104. Dieses Triebwerk war für die britische Air Defence Version der Tornado F.2 bestimmt. Das Triebwerk hat einen um 360 mm verlängerten Nachbrennerteil und ein neues, digital-elektronisches FADEC-Regelsystem. Die Version der RB.199-Triebwerksfamilie mit der Bezeichnung Mk105, wurden die Standardtriebwerke für die deutsche-ECR-Tornados mit 42,95/74,73 kN Schub. Der Erstflug war im Mai 1987 und die ersten ECR-Flugzeuge gingen 1990 in Dienst. Die Mk105-Triebwerke sind ähnlich dem Mk103-Standard mit höherem Fan-Druckverhältnis und erhöhtem Schub ausgestattet.

Weitere leistungsverbesserte Triebwerksversionen für künftige militärische Kampfflugzeuge wurden laufend projektmäßig untersucht. Zwei mit fortschrittlichen Komponenten

Montage der Triebwerke RB.199-34 R bei der MTU

Von der MTU entwickelter Feldprüfstand für das Triebwerk RB.199-34 R

Serienprüfung für die RB.199-34 R

ausgestattete Versuchsträger bzw. Demonstratortriebwerke wurden bei der MTU (Demo 22, 1. Lauf 1993) und bei Rolls-Royce erprobt. Sie lieferten die Basis für zukünftige Varianten dieses Triebwerks.

Ein wichtiger Beitrag für die MTU-Fertigung in den Jahren 1995 bis 1997 war ein Fertigungsunterauftrag von Rolls-Royce für die Zulieferung der MTU-Module von Triebwerken für 48 Tornados der saudi-arabischen Luftwaffe. Mit insgesamt 114 Tornado-Flugzeugen hat die RSAF die drittgrößte Tornado-Flotte und trägt damit auch erheblich zum Ersatzteilumsatz bei. In der Zeit vom Oktober 1995 bis Dezember 1997 hat die MTU insgesamt 900 unterschiedliche Module im Rahmen ihres 40-prozentigen Bauanteiles für diesen Auftrag geliefert.

Ende 1998 waren bei der Bundes-Luftwaffe/Marine ca. 330 Tornado-Flugzeuge einsatzbereit. Der dafür zu unterhaltende Triebwerksbestand betraf ca. 830 Triebwerke. Die Triebwerksinstandsetzung wird zu ca. 81 % in Verbandsflugplätzen, zu ca. 11 % in den Bundeswehrwerften und nur zu ca. 8 % bei der MTU durchgeführt. Die Modulinstandsetzung wird zu ca. 57 % bei der MTU durchgeführt.

Übersicht über die RB 199-Triebwerksversionen

Bezeichnungen	Anwendung
RB 199-34 R-01	Erste Entwicklungstriebwerke mit 37,80 kN/64,49 kN Schub
RB 199-34 R-02	Modifizierte Entwicklungs-Twke mit 40,03 kN/66,67 kN Schub
RB 199-34 R-03	Verbesserte -03-Triebwerke für die Tornado-Flugerprobung
RB 199 Mk 101-01 RB 199 Mk 101-02	Erste Produktionstriebwerke, früher auch -04-Standard bezeichnet
RB 199 Mk 103-01 RB 199 Mk 103-02	Standardtriebwerk für IDS-Flugzeugversion mit 40,48/71,17 kN Schub, auch früher -05 bezeichnet. In Serienproduktion ab 1983.
RB 199 Mk 104	Standardtriebwerk mit verlängertem Strahlrohr für ADV-Flugzeugversion F.2 mit 40,48/72,95 kN Schub. Serienfertigung ab April 1985.
RB 199 Mk 104 D	Triebwerk für englisches BAe EAP-Erprobungsflugzeug ohne Schubumkehrer (1986)
RB 199 Mk 104 E	Interimstriebwerk für die beiden ersten Prototypen des Eurofighters EF 2000 (DA-1 und DA-2) Triebwerke ohne Schubumkehrer.
RB 199 Mk 105-01 RB 199 Mk 105-02	Standardtriebwerk für ECR-Flugzeugversion mit 42,95/74,73 kN Schub. Erstflug im Mai 1987.
XG-20	Technologie-Erprobungsträger von Rolls-Royce
VT3A	Hochtemperatur-Technologie-Erprobungsträger von MTU. Versuchsläufe ab 1981.
RB 199 Demo 20	Technologie-Erprobungsträger von MTU. 1. Lauf 1993
RB 199 B Schub	Projekt eines leistungsgesteigertenTriebwerkes mit 80,06 kN mit verbesserten Einzelkomponenten
RB 199 LCC optimiertes Triebwerk	Projekt eines Triebwerkes mit Reduzierung der Lebenswegkosten, Zuverlässigkeitserhöhung

RB 199 Feldprüfstand

Das Wartungskonzept des Tornado-Flugzeugs sieht als integralen Bestandteil Triebwerksprüfstände vor, die die Einsatzbereitschaft des Flugzeugs bei der Truppe erhöhen sollen. Deshalb nutzen die Luftwaffe und die Marine seit Einsatz des RB 199 auf allen Tornado-Geschwaderflugplätzen besondere Feldprüfstände. Diese Prüfstände wurden bei der MTU München entworfen, entwickelt und gebaut.

Die Spezifikation für diese speziellen Prüfstände forderte folgende Eigenschaften:
- Modulbauweise, das heißt Zerlegbarkeit zu Transportzwecken,
- Größtmögliche Verwendbarkeit vorhandener Ausrüstung
- Automatische Datendirektverarbeitung und
- Betrieb in geschlossenen Räumen und im Freien

Zur Erfüllung dieser Spezifikation wurde 1977 bei der MTU dieser neuartige Feldprüfstand in Modulbauweise konzipiert, der aus den drei Hauptkomponenten Prüfstand, Meßkabine und Versorgungscontainer bestand. Der eigentliche Prüfstand besteht aus einem Schubgerüst mit Schubmeß- und Vorrüstrahmen, der das Triebwerk hängend aufnehmen kann. Eine Hebevorrichtung und Schnellkupplungen für die Leitungsverbindungen erleichtern die Triebwerksaufnahme im Prüfstand. Im Vorrüstrahmen wird das Triebwerk für Prüfläufe soweit vorbereitet, daß ein Triebwerkswechsel am Prüfstand innerhalb von 30 Minuten durchführbar ist. Die 10 Meter-Meßkabine ist in einem Normcontainer untergebracht und besteht aus dem Bedienpult und der gesamten elektronischen Anlage einschließlich der Datenverarbeitung.

Die Meßkabine ist schallgeschützt und mit einer Klimaanlage ausgestattet. Die Prüfdaten können über 85 verschiedene Meßstellen abgefragt werden. Als Rechner wird ein Siemens R30-Prozeßrechner eingesetzt.

Auch der Versorgungscontainer ist ein Normcontainer. Er enthält die Kraftstoff-, Druckluft- und Ölversorgung sowie einen kleinen Werkstattraum für schnelle Reparaturarbeiten.

Die Entwicklung eines Prototyps des Feldprüfstandes begann im Mai 1977 mit der Erteilung des Auftrages der NAMMA an Turbo-Union bzw. MTU. Nach etwa zwei Jahren konnte ein Prototyp fertiggestellt werden. Die Erprobung fand in Manching bei der Erprobungsstelle 61 statt. Im Zeitraum von 1981 bis 1986 wurden 10 Prüfstände an die Luftwaffe ausgeliefert. Pro Tornado-Verband war ein Prüfstand vorgesehen. Zwei Prüfstände wurden in der Luftwaffenwerft in Erding und einer in Kaufbeuren eingesetzt. Die Prüfstände haben sich im praktischen Einsatz sehr bewährt.

Nach langjährigem Einsatz bei der Truppe wurden die elf Prüfstände durch die MTU modernisiert. Am 4. August 1998 wurde der erste der umgerüsteten Prüfstände an die Werft 11 in Erding übergeben.

Die Modernisierung besteht hauptsächlich aus einer bedienerfreundlichen Windows NT 4.0-Oberfläche und Software zum Betrieb und der Überwachung der Triebwerke. Die Software besteht zu 80 % aus Basissoftware und zu 20 % aus Objektsoftware.
Auch die angeschlossenen Geräte wurden teilweise modifiziert. Der Prüfstand ist für einen Schub bis 100 kN zugelassen. Es können RB 199- und später auch EJ 200-Triebwerke damit überprüft werden.

Das Alpha Jet-Triebwerk

Beteiligung am Larzac 04C6

Der »Alpha Jet« war eine gemeinsame deutsch-französische Flugzeug-Entwicklung, die in der Bundesrepublik in einer Luftnahunterstützungsversion (LNU) und in Frankreich in einer Trainerversion Verwendung fand. Die beiden französischen Triebwerkshersteller SNECMA und Turbomeca hatten sich für die Entwicklung des Triebwerks M 49 »Larzac« 04C6 für den Alpha Jet 1968 zur Interessengemeinschaft GRTS (Groupement Turbomeca Snecma) zusammengeschlossen. Von GRTS wurde dann 1975 ein Kooperationsvertrag für den Serienbau dieses Triebwerks mit MTU und KHD abgeschlossen. GRTS gab die Fertigungsaufträge an die vier Hersteller. Jeder fertigte etwa ein Viertel des Gesamtumfangs der Triebwerksproduktion.

Der Erstlauf eines M 49 Larzac fand 1969 statt. Im Zuge der Weiterentwicklung kam es 1972 zur Version 04C6. Die Flugerprobung im Alpha Jet begann im Oktober 1973. Die Zulassungsläufe wurden Ende 1975 abgeschlossen.

Das Triebwerk M 49 Larzac 04C6 ist ein Zweiwellen-Zweistromtriebwerk in Modularbauweise mit zwei Niederdruckverdichterstufen, vier Stufen im Hochdruckverdichter,

Zweiwellen-Zweistromtriebwerk Larzac 04C6 für den deutsch-französischen »Alpha Jet«

Nakampfunterstützungsflugzeug der Deutschen Luftwaffe Dornier/Dassault »Alpha Jet«

einer Ringbrennkammer mit einem Brennstoffeinspritzsystem mit Vorverdampfung, das niedrigen Brennstoffverbrauch und eine weitgehend rauchfreie Verbrennung ermöglicht. Mit einem Druckverhältnis von 10,7 und 27,4 kg/s Luftdurchsatz wird ein Schub von 13,18 kN erzeugt.

Der MTU-Bauanteil umfaßte hauptsächlich den Heißteil des Triebwerks vom Brennkammereintritt bis zum Turbinenaustritt und den Abgaskanal. Vom »kalten« Triebwerkteil sind das Verdichtereintrittsgehäuse und Teile der Triebwerksaufhängung und -abdeckung enthalten. Dem Wert nach entspricht der MTU-Anteil etwa 25 % des Grundtriebwerks ohne Anbaugeräte. Davon betragen die Kosten eines Satzes Rohmaterial, wie Bleche, Stangen, Schmiedeteile und Kaufteile etwa 30 %. Gemäß den Serienvorgabezeiten benötigte die Fertigung inklusive der Wärmebehandlung und galvanischen Arbeiten rund 750 Stunden, die Kontrolle rund 180 Stunden und die Montage etwa 40 Stunden für einen MTU-Bausatz. Bei der Fertigung der MTU-Bauteile war es von Bedeutung, hochentwikkelte Fertigungstechnik bei interessanten Bauteilen einzusetzen und zu vervollkommnen.

Im Rahmen der Nachentwicklung des Triebwerks nach seiner Musterzulassung wurden bei KHD und MTU ab 1978 Dauererprobungen zur Qualifizierung von später eingeführten neuen Teilen sowie weitere analytische und produktionstechnische Untersuchungen durchgeführt. Das erste von KHD montierte Larzac-Triebwerk wurde im Mai 1977 ausgeliefert. Bis Ende 1982 fertigte die MTU München über 1000 Bausätze.

Kooperationsprogramm Larzac 04C20

Der Alpha Jet, ausgerüstet mit der Triebwerksversion Larzac 04C6 war seit 1980 nicht nur bei den deutschen und französischen Luftstreitkräften, sondern auch in neun weiteren Ländern im Einsatz. Die deutsche Luftwaffe erhielt im Januar 1983 den letzten der bestellten 175 Alpha Jets, die bei Dornier in Oberpfaffenhofen montiert wurden. Insgesamt wurden 506 Alpha Jets gebaut.

Während der Nutzungsphase ändern sich die Anforderungen an ein Flugzeug. Um den Flugzeuganforderungen gerecht werden zu können, muß das Leistungsverhalten des Triebwerks im Einklang mit den geforderten Flugleistungen verbessert werden. Die beteiligten Triebwerkshersteller sind Mitte 1981 übereingekommen, gemeinsam eine leistungsgesteigerte Version, die Larzac 04C20, bis zur Serienreife zu entwickeln, dies auf eigenes Risiko und mit eigenen Finanzmitteln.

Der Startschub des Triebwerks wurde von 13,18 kN auf 14,12 kN gesteigert, das Verdichtungsverhältnis von 10,53 auf 11,13 und die Turbineneintrittstemperatur um 30 Grad auf 1430 K erhöht.

Vergleich des Larzac 04C6-Triebwerks mit der verbesserten Larzac 04C20

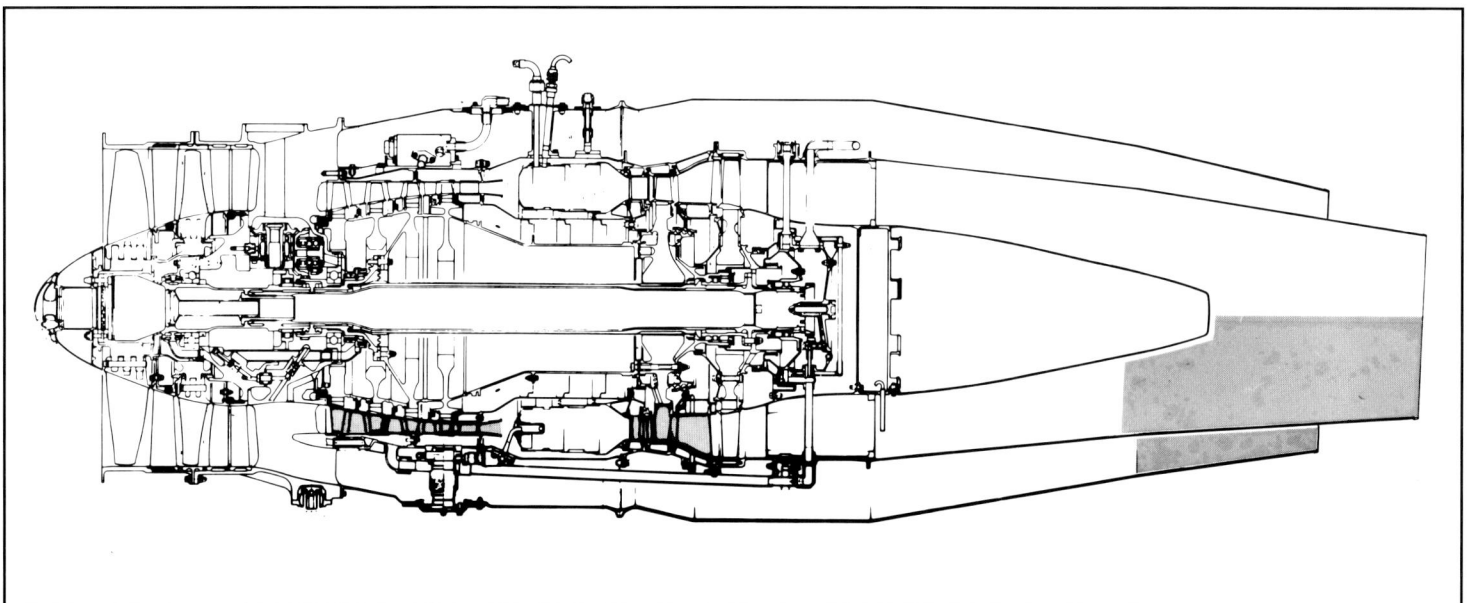

Für die Nachentwicklung des Larzac 04C6 wurden auch bei der MTU umfangreiche Prüfstanduntersuchungen durchgeführt

Bei der Definition des neuen Triebwerks ist man von folgenden Grundsätzen ausgegangen:
– Die C20-spezifischen Teile müssen bei allen C6-Triebwerken nachrüstbar sein.
– Unveränderte Einbauverhältnisse im Flugzeug. Die Triebwerke C6 und C20 können also alternativ in den Alpha Jet eingebaut werden.
– Die Triebwerksmasse und die äußeren Abmessungen des Triebwerks bleiben unverändert.
– Mit einem Maximum an Bauteilgleichheit, unter Beachtung des geringstmöglichen Entwicklungsrisikos, muß eine spürbare Flugleistungsverbesserung erzielt werden.

Unter Berücksichtigung der Kapazität der vier Kooperationspartner wurden die Entwicklungsarbeiten aufgeteilt. Die MTU übernahm die Konstruktion der Turbinenleitkränze, machte umfangreiche Temperaturmessungen und -berechnungen am Heißteil und führte die Anpassung der Schubdüse sowie Prüfstandsläufe durch. Jeder Partner übernahm darüber hinaus die Verpflichtung, aus seinem Fertigungsanteil Serien- und Prototypteile für die Versuche mit vier Prüfstandstriebwerken und zwei Flugerprobungstriebwerken bereitzustellen. Die Prüfstandsläufe mit einem Larzac 04C20 begannen im März 1982 und die Flugerprobung mit zwei Triebwerken in einem Alpha Jet im November 1982. Der 150-Stunden-Zulassungslauf erfolgte im August 1983.

Der Alpha Jet wurde in der Zeit von 1993 bis 1997 bei der deutschen Luftwaffe ausgemustert. Am 30. Juni 1997 erfolgte in Fürstenfeldbruck der letzte offizielle Flug. Die MTU liefert seitdem nur noch Ersatzteile für den französischen Bedarf und den Export.

Die Hubschraubertriebwerksentwicklung

Kleingasturbine T 7B-1

Obgleich Anfang der siebziger Jahre die Weiterentwicklung der Gasturbine MAN-Turbo 6022 eingestellt wurde, wollte das Unternehmen weiter auf dem aussichtsreichen Markt der Kleintriebwerke tätig sein und suchte deshalb einen Partner. Kontakte wurden zunächst mit der kanadischen Tochter von Pratt & Whitney in Montreal hergestellt. Das Unternehmen war mit seiner Triebwerksfamilie PT6 in den sechziger Jahren weltweit sehr erfolgreich. Diese Triebwerke wurden in einer ganzen Reihe von zivilen und militärischen Kleinflugzeugen und Hubschraubern eingebaut. Mit diesem Unternehmen führte die MTU 1970 umfangreiche Projekt- und Marktstudien für ein neues Hubschraubertriebwerk fortschrittlicher Technik durch. Das Ergebnis dieser gemeinsamen Arbeiten war der Entwurf für das Wellenleistungstriebwerk, dem MTU/UACL T7B-1. Das Zweiwellentriebwerk mit einer Startleistung von 316 kW hatte einen Radialverdichter mit getrennter axialer Vorstufe, eine Umkehrringbrennkammer, eine zweistufige Gasgenerator- und eine einstufige Nutzleistungsturbine mit einer konzentrisch durch den Gasgenerator geführten Antriebswelle. Umfangreiche stationäre und instationäre Leistungsrechnungen hatten ergeben, daß es möglich war, mit dem T7B-1 über einen großen Leistungsbereich einen sehr geringen Brennstoffverbrauch zu erreichen. Aufgrund der damaligen Markteinschätzungen wurden die gemeinsamen Arbeiten jedoch 1971 eingestellt.

Kleingasturbine MTU SM-450

Aufbauend auf den Erfahrungen mit der Kleingasturbine 6022 A-3 wurden bei der MTU München 1971 Projektarbeiten für kostengünstige Hubschraubertriebwerke in der Leistungsklasse von 300 bis 400 kW durchgeführt. Das Ergebnis dieser Projektarbeiten war das Wellentriebwerk MTU SM-450 mit 330 kW, das in erster Linie für zweimotorige Hubschrauber gedacht war. Aus der Forderung nach größtmöglicher Einfachheit im Aufbau und geringen Herstellungs- und Betriebskosten ergab sich eine Zweiwellenkonstruktion mit einem einstufigen Radialverdichter mit einem Druckverhältnis von 7,5, einer Umkehrringbrennkammer und je einer einstufigen Gasgenerator- und Nutzleistungsturbine. Die Turbineneintrittstemperatur von 1246 K wurde zur Erzielung einer langen Lebensdauer und geringer thermischer Belastung der Heißteile bewußt niedrig gehalten. Das Triebwerk war als Antrieb für eine verbesserte Version des Hubschraubers Bo 105 vorgesehen, die nicht realisiert wurde. Damit wurde dieses Projekt aufgegeben.

EPM/ESM 600

Eine Fortsetzung des 1971 abgebrochenen T 7B-1-Kleintriebwerkprojektes war das EPM/ESM 600. Beim Projekt EPM/ESM 600 handelt es sich um ein Wellentriebwerk mit einer Leistung von 440 kW. Es wurde ab 1973 gemeinsam von Rolls-Royce, Alfa Romeo und MTU bearbeitet. Zwei Triebwerkkonfigurationen mit gleichem Basistriebwerk wurden projektiert: Das EPM 600 als Turboproptriebwerk zur Anwendung in zweimotorigen Reise- und Geschäftsflugzeugen bis 5,7 Tonnen und das ESM 600 als Wellentriebwerk für ein- und zweimotorige Hubschrauber bis 3000 kg Abflugmasse. Das Triebwerk war in Modulbauweise konstruiert. Es hatte einen einstufigen Radialverdichter, eine Umkehrringbrennkammer und eine einstufige Gasgenerator- und Nutzleistungsturbine.

Die Arbeiten an diesem Projekt begannen Ende 1973. Zur Luftfahrtausstellung in Hannover, im April 1974, wurde ein Triebwerkmodell der Öffentlichkeit vorgestellt. Doch schon im Herbst 1974, nach erweiterten, umfangreichen Marktstudien, wurden die Entwicklungsarbeiten eingestellt.

Von der Kleingasturbine MTM 380 zur MTR 390

In Fortsetzung der Arbeiten an den Hubschraubertriebwerksprojekten 6022, T7B-1 und ESM/ESP 600 beschäftigt sich die MTU in Zusammenarbeit mit der französischen Firma Turbomeca seit 1976 mit der Entwicklung eines neuen Hubschraubertriebwerks. Es hatte in der ersten Phase die Bezeichnung MTU/Turbomeca MTM 380. Dieses Wellenleistungstriebwerk sollte neben hoher Lebensdauer und Zuverlässigkeit eine geringe Masse, niedrigen Teillastbrennstoffverbrauch, geringe Schadstoffemission, einfache Wartbarkeit und hohe Leistungsreserven aufweisen. Es war als Antrieb für einen Panzer-Abwehr-Hubschrauber PAH 2 vorgesehen, der als deutsch-französisches Gemeinschaftsprojekt entwickelt werden sollte. Der vorgesehene Entwicklungs- und Fertigungsanteil der MTU umfaßte die Baugruppen Brennkammer, Gaserzeugerturbine und Nutzturbine. Im Rahmen eines Vorentwicklungsprogramms erfolgte im Dezember 1979 der Erstlauf des ersten Gasgenerators bei der MTU. Damit wurde der prinzipielle Nachweis des richtungsweisenden Triebwerkskonzeptes und Leistungsfähigkeit der Triebwerkskomponenten erbracht.

Auf der Grundlage des MTM 380-Entwurfs und Erfahrungen aus dem Versuch wurde diese Triebwerkskonfiguration weiterentwickelt und vereinfacht. Das Ergebnis war die Triebwerksfamilie MTM 385, mit einer Startleistung von 960 kW und einem spezifischen Brennstoffverbrauch von 275 g/kWh, die 1981 vorgestellt wurde. Das modular aufgebaute Zweiwellentriebwerk hatte einen Kombinationsverdichter mit zwei axialen und einer radialen Stufe bei einem Druckverhältnis von 1:12, eine Umkehrringbrennkammer mit Brennstoffverdampfungseinspritzung und eine einstufige, luftgekühlte Gaserzeugerturbine. Die Leitschaufeln der beiden Axialverdichterstufen waren verstellbar. Zwei weitere Turbinenstufen, als freie Nutzturbine, arbeiten über eine koaxiale Welle auf das zellenseitige Rotorgetriebe. Die Turbineneintrittstemperatur betrug 1450 K. Das Triebwerk hatte ein digitales elektronisches Regelsystem, das zellenseitig montiert war. Bei der Version MTM 385-1 betrug die Triebwerksmasse 144 kg. Die Definitionsphase des Hubschrauberprojekts PAH 2 wurde Ende März 1981 abgeschlossen. Der Anteil der MTU an diesem Projekt war 50 %.

Schnitt Hubschraubertriebwerk MTR 390

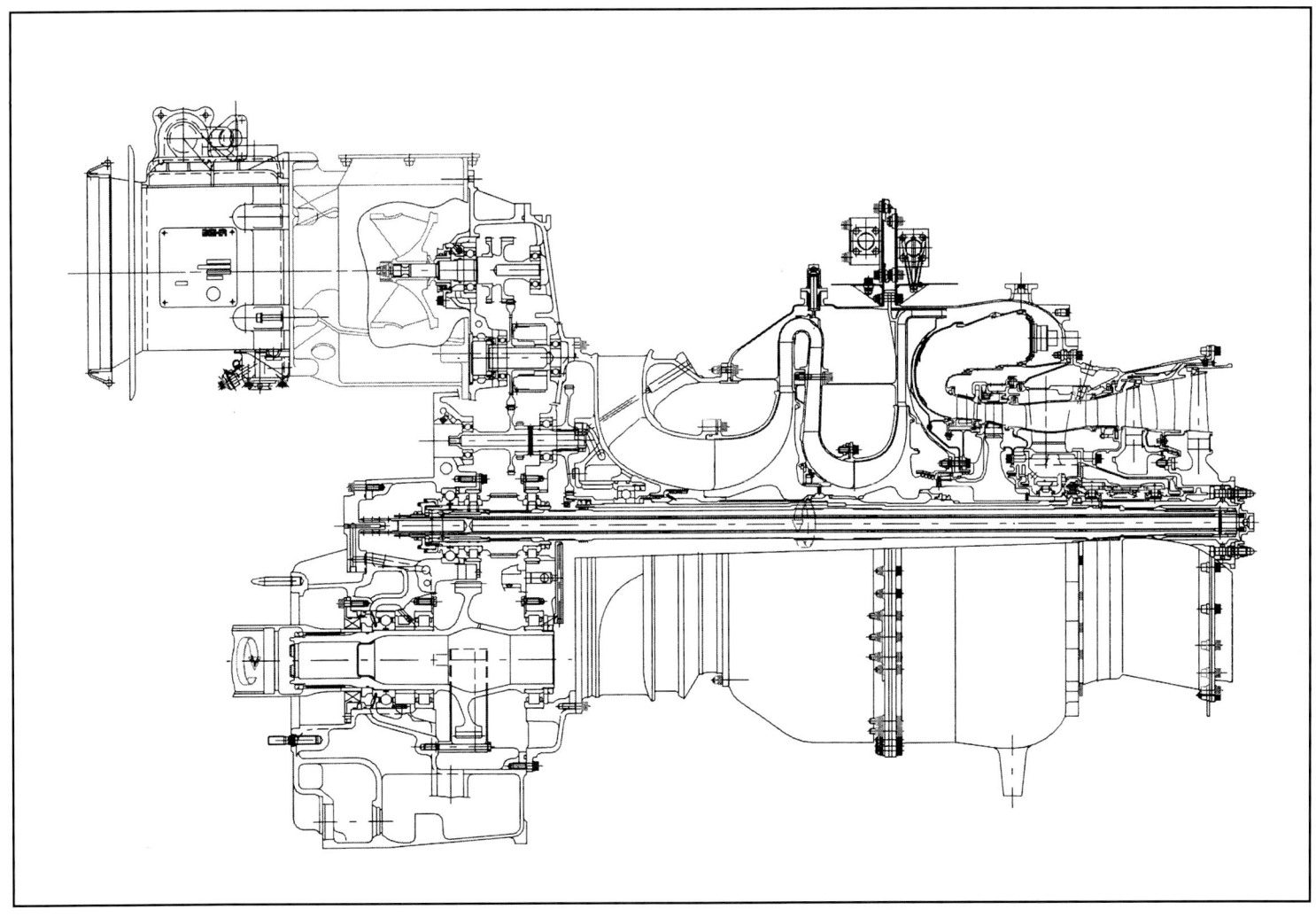

MTR 390 beim Einbau in Eurocopter Tiger

Die MTU war verantwortlich für den heißen Teil des Triebwerks. Dieser umfaßte die Umkehrringbrennkammer, die Gaserzeugerturbine und die Nutzleistungsturbine. Erstmals wurden bei einem kleinen Triebwerk wegen der Masse Gehäuse aus kohlefaserverstärkten Werkstoffen verwendet. Diese Werkstoffe hatten geringe Temperaturausdehnungskoeffizienten. Sie trugen damit zur Verkleinerung der Radialspiele bei. Für die Scheibe der gekühlten Gaserzeugerturbine wurden Pulvermetallegierungen verwendet, und die Scheibe der letzten Stufe der Arbeitsturbine war integral gegossen.

Zur Entwicklung und späteren Fertigung dieses Triebwerks haben die MTU und Turbomeca S. A. bereits 1978 eine gemeinsame Tochtergesellschaft, die MTU-Turbomeca S.A.R.L. in Paris gegründet. Zur Erprobung der Technologie der neuen Komponenten wurde der Kleintriebwerks-Versuchsträger VT-1B gebaut. Er diente 1979 zur Technologieerprobung für das neue Hubschraubertriebwerk.

Aus diesem Projekt wurde dann unter der erweiterten Beteiligung von Rolls-Royce im Jahre 1987 das militärische Triebwerksprojekt MTM 385 R3, das schließlich in MTR 390 umbenannt wurde. Ziel war die Entwicklung eines Wellenleistungstriebwerks für Hubschrauber im erweiterten Leistungsbereich 950 bis 1100 kW (1300 bis 1500 PS). Dazu wurde im Jahre 1988 eine gemeinsame Tochtergesellschaft, die MTU Turbomeca Rolls-Royce GmbH (MTR), in München gegründet. Das MTR 390 ist in seiner Erstanwendung für die deutsch-französischen Hubschrauber Eurocopter »Tiger« vorgesehen. Das »Tiger«-Hubschrauber-Programm wird koordiniert durch die Eurocopter Tiger GmbH in München, einer gemeinsamen Tochter von Eurocopter France SA, Paris, und Eurocopter Deutschland GmbH, München.

An der Entwicklung und Triebwerksfertigung sind MTU und Turbomeca (Frankreich) zu je 41 % sowie Rolls-Royce mit 18 % beteiligt. Zum MTU-Anteil gehören die Baugruppen Brennkammer, Gaserzeugerturbine und Turbinenzwischengehäuse. Der Triebwerkserstlauf fand im Dezember 1989 bei MTU München statt. Die Flugzulassung des Prototypenflugtriebwerks wurde am 22. Januar 1991 erteilt und der erste Flug der MTR 390 fand am 14. Februar 1991 statt, eingebaut in einen Hubschrauber Aerospatiale »Panther«. Am 27. April 1991 erfolgte der Erstflug des Prototypenhubschraubers Eurocopter »Tiger« mit zwei MTR 390-Triebwerken in Istres (Frankreich). Bis Ende 1998 haben die 13 Entwicklungstriebwerke und die 18 Flugerprobungstriebwerke rund 10000 Laufstunden erreicht. Dazu kommen noch ca. 6000 Flugstunden in den fünf Prototypenhubschraubern. Die von der Amtsseite geforderten Spezifikationswerte für die Startleistung von 958 kW, die Notleistung von 1160 kW und der spezifische Brennstoffverbrauch von 280 g/kWh wurden erreicht. Die amtliche militärische Musterzulassung in Frankreich und Deutschland wurde 1996 erteilt. Die zivile LBA-Zulassung erhielt das Triebwerk im Juni 1997. Vorbereitungen für die Serienfertigung laufen seit Juli 1997.

Die Plazierung des Serienfertigungsvertrages wird für Mitte 1999 erwartet.

Montage Hubschraubertriebwerk MTR 390 bei MTU

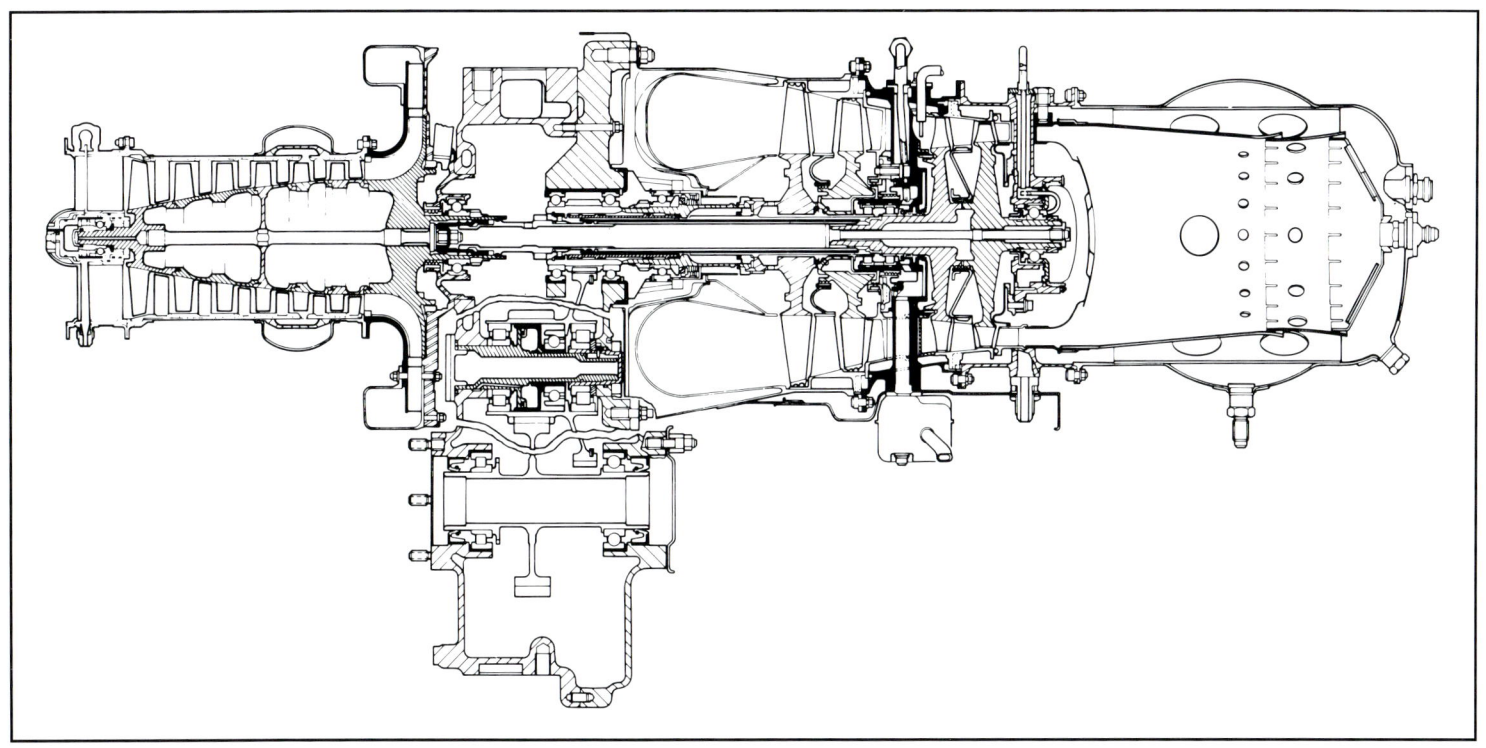

Ab 1979 fertigte die MTU das Hubschraubertriebwerk Allison 250-MTU-C20B für die militärische Version des Hubschraubers MBB Bo 105

Lizenzbau des Triebwerks 250-MTU-C20 B

Das Wellentriebwerk Allison 250 ist eine Entwicklung der Detroit Diesel Allison Division (DDA) der General Motors Corporation, dessen Erstlauf 1959 stattfand. Die Auslieferung der ersten zivilen Triebwerke für Hubschrauber erfolgte 1965. Im Jahre 1969 wurde eine Turboprop-Version zugelassen.

Die MTU schloß am 13. März 1973 mit der DDA, Indianapolis, einen Vertrag über Nachbau, Verkauf und Betreuung des Triebwerks 250-MTU-C20B. Sie betreute und überholte zu diesem Zeitpunkt bereits die in der Bundesrepublik Deutschland und Österreich in zivilem Einsatz betriebenen Allison 250-Triebwerke.

Panzer-Abwehr-Hubschrauber PAH1, angetrieben von zwei Triebwerken Allison 250-MTU-C20B

Seit 1979 fertigte die MTU dieses Triebwerk in Lizenz für den Verbindungs- und Beobachtungs-Hubschrauber VBH und den Panzer-Abwehr-Hubschrauber PAH 1, die militärischen Versionen des Hubschraubers MBB Bo 105. Der Fertigungsanteil der MTU betrug einschließlich Montage und Prüflauf etwa 40 % des Triebwerks.

Das Triebwerk Allison 250 hat eine maximale Startleistung von 313kW. Der spezifische Brennstoffverbrauch beträgt 394 g/kWh. Hoch- und Niederdruckverdichter haben zusammen ein Druckverhältnis von 7,2 und der Luftdurchsatz beträgt 1,56 kg/s. Das Triebwerk hat eine Masse von 71,7 kg.

Außer im Hubschrauber Bo 105 fliegt das Triebwerk in seinen verschiedenen Versionen unter anderem im Bell Jet Ranger, im Hughes 500 und im Do 34 Kiebitz. Das letzte Triebwerk der Serie 250-MTU-C20B wurde im Mai 1983 ausgeliefert. Insgesamt stellte die MTU 715 Triebwerke her.

Bis Mai 1983 lief die Fertigung des Triebwerks Allison 250-MTU-C20B

Für den Antrieb des Dornier Do 34 »Kiebitz« wurde ein Luftlieferer entwickelt und gebaut

Dornier Do 34 »Kiebitz« mit MTU-Luftlieferer

Beteiligung am Bau ziviler Großtriebwerke

Airbus-Triebwerk RB.207

Bis Ende 1966 waren von der MAN Turbo in Zusammenarbeit mit Rolls-Royce nur militärische Triebwerkprojekte bearbeitet worden. Zu Beginn des Jahres 1967 bot Rolls-Royce für das erste Projekt des europäischen Airbus A 300 das Triebwerk RB.207-03 an, eine vergrößerte Version des Dreiwellentriebwerks RB.211. Das RB.207-03 hatte einen Startschub von 280 kN und war mit Schubumkehrern im kalten und im heißen Teil ausgerüstet. Rolls-Royce bot außer der SNECMA auch der MAN Turbo eine Mitarbeit an der Entwicklung dieses Triebwerks an, bei Übernahme der anteiligen Entwicklungskosten von deutscher Seite, wobei MAN Turbo den Schubumkehrer und den zellenseitigen Geräteträger entwickeln und bauen sollte. Die Entwicklung lief an. Es zeigte sich jedoch, daß die Entwicklungskosten für MAN Turbo und SNECMA so hoch waren, daß Rolls-Royce gezwungen war, die RB 207 allein in Derby zu entwickeln. Doch auch dazu kam es nicht mehr, da die Airbus-Zelle von 300 auf 250 Sitzplätze verkleinert wurde und als Airbus A 300 B mit den bereits bei General Electric in der Entwicklung befindlichen Triebwerken vom Typ CF6-50 ausgerüstet werden konnte. Die Arbeiten der MAN Turbo am Triebwerk RB 207, an dem die Entwicklungsabteilung des Gasturbinenbereichs von Daimler-Benz im Unterauftrag von MAN Turbo beteiligt war, wurden Ende 1968 eingestellt.

Teilefertigung für das Airbus-Triebwerk CF6-50

Am 17. März 1971 wurde zwischen der MTU und der General Electric Technical Services Company (GETSCO), einer Tochtergesellschaft der General Electric Company (USA) ein Vertrag über die Zusammenarbeit bei der Fertigung von CF6-50-Triebwerken für den Airbus A300B geschlossen. Im Rahmen dieser Zusammenarbeit lieferte die MTU einen Bauanteil von rund 10 % der Triebwerke für den europäischen Airbus A300B.

Das Triebwerk CF6-50, ein Zweiwellen-Mantelstromtriebwerk mit einem hohen Nebenstromverhältnis in der Schubklasse 225 kN, ist außer im Airbus A300 auch in den Flugzeu-

Triebwerkprojekt RB. 207 für die erste Version des Airbus A 300

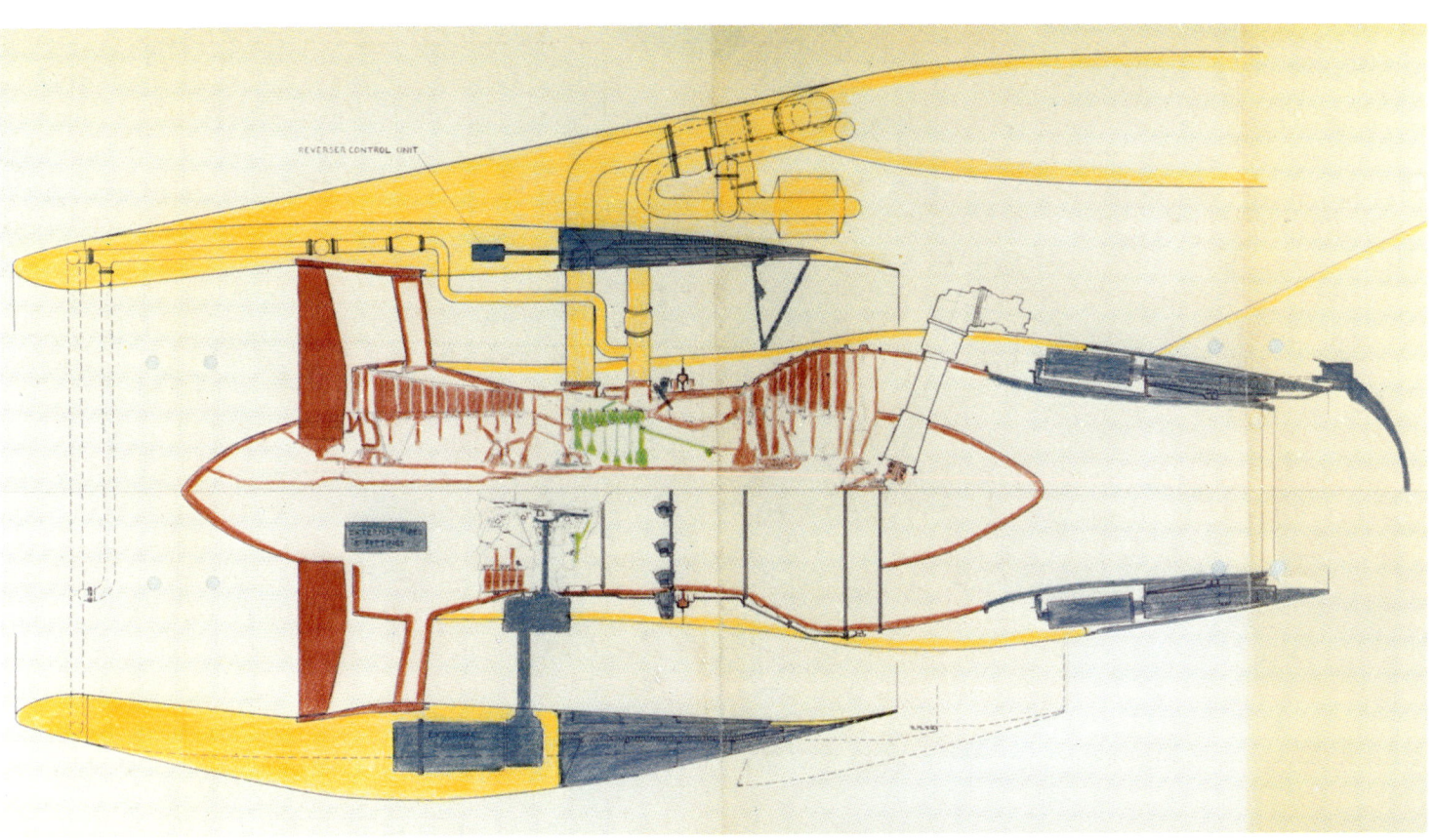

gen McDonnell-Douglas DC10-30 und Boeing B747-200 eingesetzt. Es ist neben der CF6-6 für die McDonnell-Douglas DC10-10 das zweite Triebwerksprojekt aus der General-Electric Triebwerksfamilie CF6. Im März 1972 erteilte das amerikanische Luftfahrt-Bundesamt (FAA) die Musterzulassung. Die Zulassung des Airbus A300 erfolgte 2 Jahre später im März 1974. Die MTU hatte für ihren Fertigungsanteil die technisch anspruchsvollen Bauteile der gekühlten zweistufigen Hochdruckturbine übernommen. Vor allem die Fertigung feiner Kühlluftbohrungen in den Lauf- und Leitschaufeln stellte höchste Anforderungen. Am 19. April 1973 wurden von der MTU die ersten CF6-50A-Serienteile an das französische Unternehmen SNECMA geliefert. Die SNECMA führte in Zusammenarbeit mit General Electric und MTU die Endmontage der für den Airbus bestimmten Triebwerke durch. Die MTU lieferte monatlich im Durchschnitt 5-8 Teilesätze für dieses Programm, insgesamt 672 Teilesätze.

Das Triebwerksbauprogramm ist 1984 ausgelaufen. Seit dieser Zeit werden für die ca. 570 gebauten Airbus-Triebwerke von der MTU noch Ersatzteile gefertigt.

Bearbeitung einer CF6-50 Hochdruckturbinenscheibe

Erweiterung der Zusammenarbeit mit General Electric – das Triebwerksprojekt CF6-80

General Electric hat sich mit dem Triebwerksprogramm CF6 einen erheblichen Marktanteil bei den Großraumflugzeugen Airbus A300, A310, McDonnell Douglas KC10, DC10, Boeing 767 und 747 sichern können. Bis Ende 1983 wurden von diesen Mustern insgesamt über 650 Flugzeuge mit CF6-Triebwerken ausgeliefert.

Airbus A310-200 mit zwei CF6-80C2A-Triebwerken

Um Marktanteile zu sichern und auszubauen, waren verbesserte Triebwerke notwendig, die den Forderungen der Luftfahrtgesellschaften nach stark verringertem Brennstoffverbrauch, reduzierter Masse und gesteigerter Zuverlässigkeit nachkommen. General Electric hat aus diesem Grund beschlossen, im Schubbereich über 200 kN das Triebwerk CF6-50 durch die erheblich verbesserten Triebwerke der CF6-80-Serie abzulösen, die der dritten Generation der Turbofan-Triebwerke angehören. Mit der Entwicklung wurde im November 1978 begonnen, wobei zunächst zwei Versionen entwickelt wurden, nämlich das Triebwerk CF6-80A/A1 und -80A2/A3 im Schubbereich 200 bis 235 kN für Airbus A310 und Boeing B767 und das Triebwerk CF6-80C im Schubbereich 235 bis 280 kN für Airbus A300, A310, Boeing B747, B767 und McDonnell-Douglas MD11. Die MTU-Beteiligung am Programm CF6-80 war nicht mehr auf die Airbus A300B-Anwendung allein beschränkt, sondern sie bezog sich auf alle Flugzeugmuster, in denen CF6-80-Triebwerke zum Einsatz kommen.

Beim Programm CF6-80A/A1 und -A2/A3 beteiligte sich MTU mit 8 % und fertigte wie beim Programm CF6-50 die Bauteile der technisch anspruchsvollen Hochdruckturbine, und zwar für 50 % aller Triebwerks- und Ersatzteilaufträge für alle in Frage kommenden Flugzeuganwendungen. Der Zusammenarbeitsvertrag mit General Electric wurde am 11. September 1980 abgeschlossen. Das von MTU ab Mitte 1981 zu fertigende Teilespektrum der Hochdruckturbine umfaßt die Lauf- und Leitschaufelsätze der zweistufigen Hochdruckturbine sowie die Turbinenscheibe Stufe 2.

Schnitt des Triebwerks General Electric CF6-50

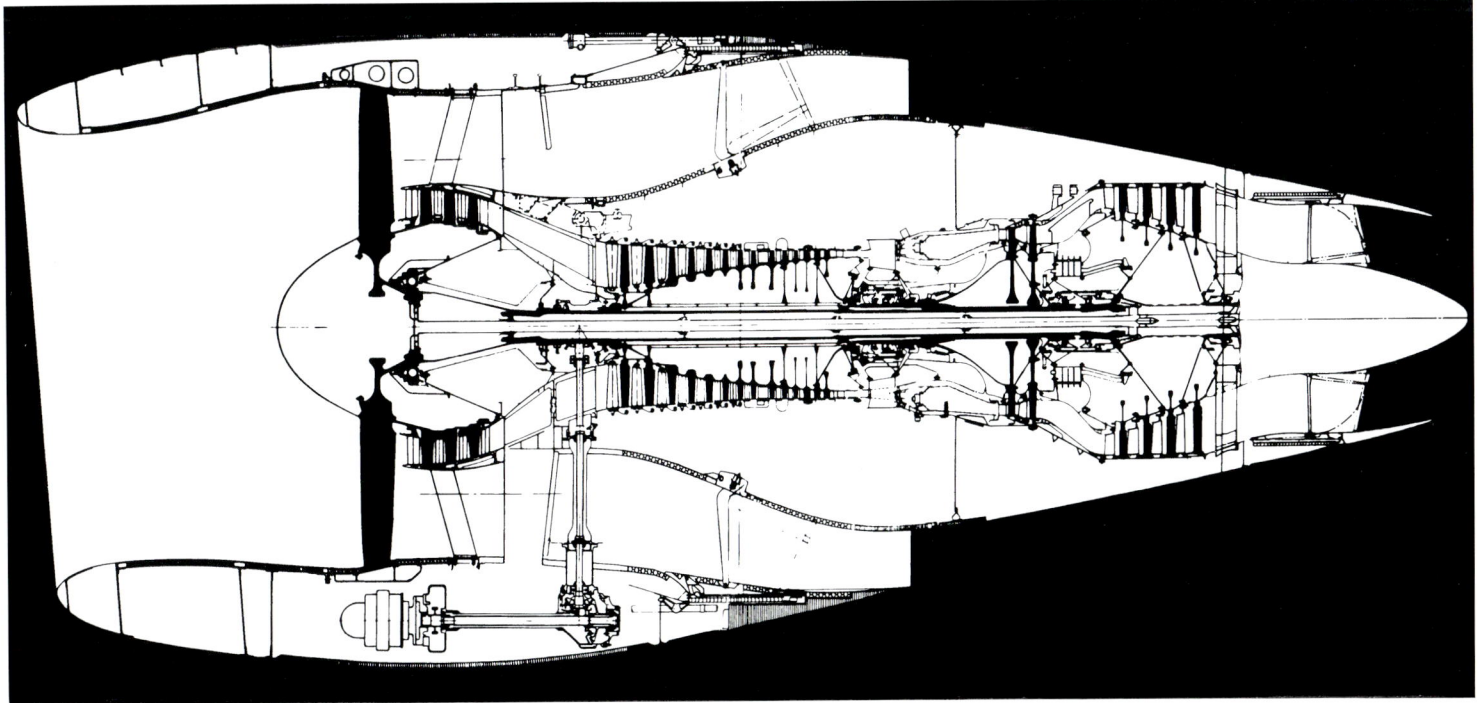

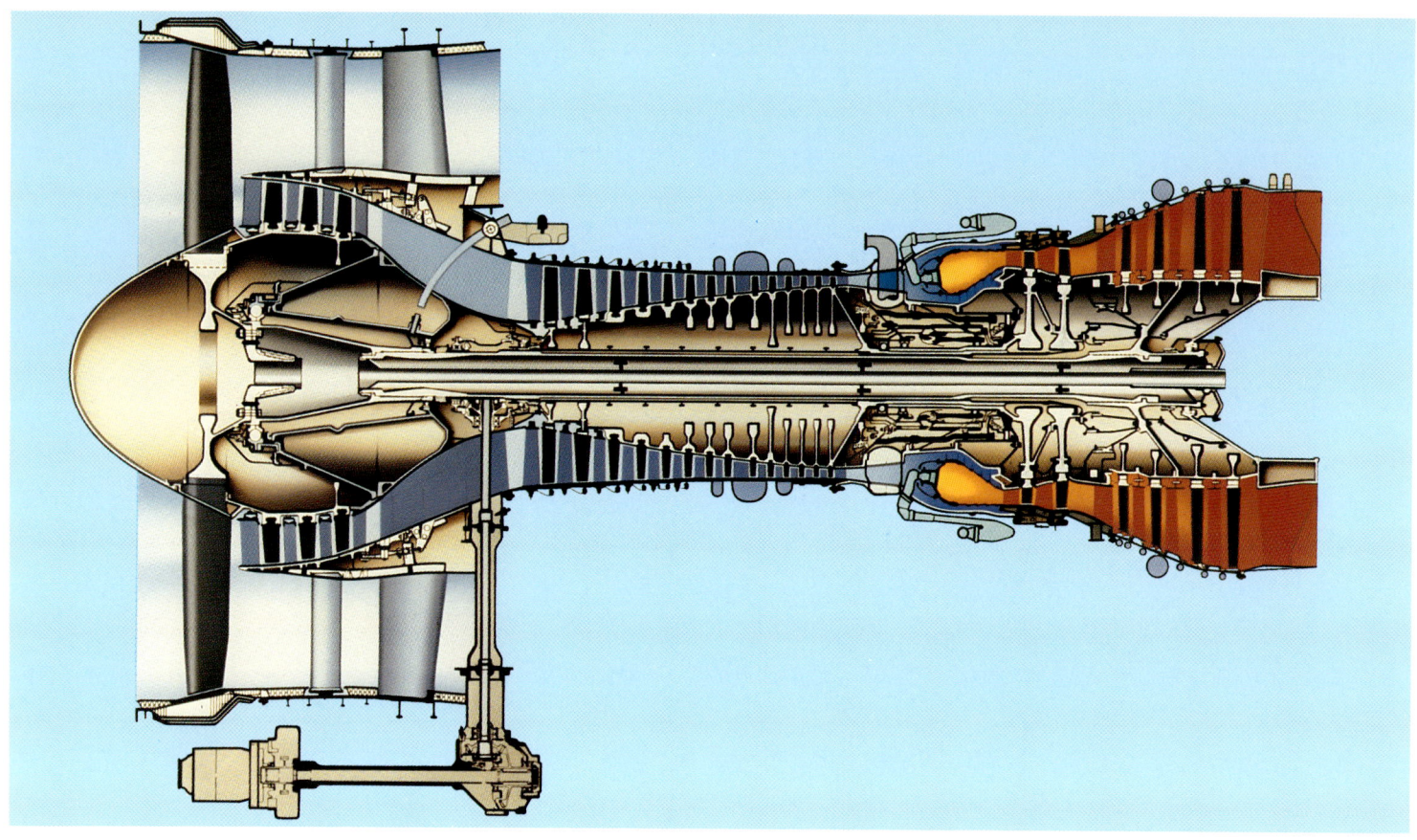

Triebwerk General Elektric CF6-80 A, ein Zweiwellen-Fan-Triebwerk mit einem Schub von 200 bis 235 kN

Beim Programm CF6-80C hatte MTU zunächst einen Programmanteil von 7 %, wobei hier die gleichen Teile der Hochdruckturbine gefertigt werden wie beim Programm CF6-80A/A1, ebenfalls für alle in Frage kommenden Flugzeuganwendungen. MTU fertigt auch hier ab Januar 1984 rund 50 % der Teile für alle Triebwerks- und Ersatzteilaufträge, die General Electric erhält. Der entsprechende Zusammenarbeitsvertrag wurde am 13. November 1981 unterzeichnet. Im Mai 1987 wurde eine Erhöhung des Programmanteils auf 9,1 % mit GE vereinbart.

Die MTU war beim CF6-80-Programm auch an der Entwicklung und Nachentwicklung mit der Durchführung von Prüf- und Dauerläufen inklusive Zerlegung des Triebwerks, Befundunterschung, Verbesserungsmodifikation und Rückmontagen beteiligt. Auch analytische und versuchstechnische Bauteil- und Komponentenuntersuchungen wurden durchgeführt. Das MTU-Aufgabenpaket umfaßte außerdem die Durchführung von Werkstoffprüfungen und Schwingungsuntersuchungen an hochwertigen bzw. kritischen Baugruppen sowie die Fertigung von Triebwerksbauteilen für Entwicklungs- und Zulassungstriebwerke sowie für Versuchseinrichtungen. Das CF6-80A Fertigungsprogramm ist 1994 ausgelaufen. Seit dieser Zeit werden für die ca. 430 gebauten Triebwerke Ersatzteile gefertigt.

Fertigung für General Electric CF6-80E1

Die Kooperation mit General Electric bei der CF6-Triebwerksfamilie wurde fortgesetzt mit dem Projekt CF6-80E1, einem Triebwerk im Schubbereich zwischen 300 bis 320 kN. Es wird für den Airbus A330 als Antrieb eingesetzt. Die MTU ist mit rund 9 % am Programm beteiligt und fertigt Teile der Hochdruckturbine, wie schon beim CF6-50/80A und -80C. Das CF6-80E1 entspricht in seinem konstruktiven Aufbau, abgesehen vom größeren Fandurchmesser und einer neuen FADEC-Regelung, dem -80C-Triebwerk. Der Erstflug einer Airbus A330 mit CF6-80E fand am 2. November 1992 statt. Die FAA-Zulassung des CF6-80E1 erfolgte am 25. Mai 1993.

Seit April 1994 wird die Version CF6-80C2A in den Airbus-Frachter A300-600 eingebaut. In den zwölf Jahren seines Flugeinsatzes hat das CF6-80C2 rund 20 Millionen Flugstunden absolviert. Es liefert den Antrieb für ca. 1000 Großraumflugzeuge.

Transatlantische Zusammenarbeit bei der Entwicklung ziviler Flugtriebwerke

Wege zum 10 Tonnen-Schub-Triebwerk

Die Vorgeschichte zur gemeinsamen Entwicklung eines 10- bis 12-Tonnen-Schub-Triebwerks als Nachfolger des erfolgreichen JT8D-Triebwerks für eine neue Generation von mittelgroßen zivilen Flugzeugen geht, vor allem was eine Beteiligung europäischer Triebwerkshersteller betrifft, bis zum Beginn der 70er Jahre zurück. So haben sich auf Anregung der Geschäftsführung der MTU München am 10. Februar 1972 Vertreter von fünf europäischen Triebwerksherstellern, nämlich von Rolls-Royce, SNECMA, Fiat, Volvo-Flygmotor und MTU in München zu einem ersten Gespräch getroffen, bei dem die gemeinsame Entwicklung eines solchen Triebwerks erörtert wurde. Als Organisationsbasis diente damals das sogenannte »European Engine Consortium«. Weitere Gespräche folgten. Ziel dieser Treffen war es, das Triebwerksindustriepotential Europas zusammenzuführen und eine Technologie- und Kapazitäts-Bestandsaufnahme zu machen und damit als stärkerer Partner für mögliche Kooperationsprogramme mit den großen amerikanischen Triebwerksherstellern dazustehen. Ein Ergebnis dieser Gespräche war die Erkenntnis, daß die Entwicklung eines solchen Triebwerks auf europäischer Basis wenig erfolgversprechend sein würde, weil vor allem wegen der Marktpolitik ein amerikanischer Partner mit dabei sein muß.

Im Frühjahr 1973 hatte sich SNECMA bereits dafür entschieden, mit General Electric gemeinsam, das Triebwerk M 56, unter Verwendung des Hochdrucksystems eines amerikanischen militärischen Triebwerks, zu entwickeln. Das Projekt CFM56 als erstes Triebwerk in der 10 Tonnen Schubklasse wurde gestartet.

Die Anfänge der JT10D-Entwicklung

Der amerikanische Triebwerkshersteller Pratt & Whitney, eine Division der United Technologies Corporation (UTC), begann mit ersten Projektarbeiten an einem sogenannten 10-Tonnen-Triebwerk mit der Bezeichnung JT10D im Oktober 1971 und schlug das Triebwerk zunächst für den Einbau in ein neu projektiertes militärisches Kurzstart-Transportflugzeug McDonnell-Douglas Advanced Medium Stol Transport (AMST) vor. Die Projektarbeiten an der JT10D liefen 1972 bei Pratt & Whitney weiter und erste Komponentenversuche begannen. Zunächst wurden eine Fanstufe und eine Brennkammer im halben Maßstab gebaut und erprobt. Dann folgten Versuche mit einem neuen Fan, einem neuen Hochdruckverdichter und einer verbesserten Brennkammer im Maßstab 1:1.

Bevor es zu einem Zusammenarbeitsvertrag auf dem Gebiet des 10-Tonnen-Triebwerks kam, entwickelte die MTU für Pratt & Whitney ein Abgasgehäuse für ein schubgesteigertes, lärmarmes JT8D-Triebwerk. Die Arbeiten begannen im Dezember 1972. Zweck dieser Arbeit war es unter anderem, Erfahrungen bei der Zusammenarbeit von MTU und Pratt & Whitney, über den Atlantik hinweg, zu sammeln. Die Arbeiten verliefen sehr positiv, so daß erste konkrete Gespräche über die JT10D-Kooperation im Juli 1973 stattfinden konnten. Die Version JT10D-1, die von Pratt & Whitney noch allein bearbeitet wurde, hatte einen Startschub von 113 kN, eine Länge von 3050 mm und eine Triebwerksmasse von 2180 kg. Es wurde nur ein Demonstratortriebwerk gefertigt, das einen Prüflauf im August 1974 absolvierte. Bis Februar 1975 erreichte es 42 Prüfstandsstunden.

Die MTU unterzeichnete 1973 einen Vertrag für die Entwicklung einer neuen Niederdruckturbine, während der zweite europäische Partner Fiat die Getriebeentwicklung übernahm. Auch eine Mitarbeit von Rolls-Royce war während der Definitionsphase 1975 noch vorgesehen. Das Unternehmen zog sich dann im Mai 1977 von diesem Projekt zurück und bearbeitete ein eigenes Projekt.
Im August 1976 wurde das bis dahin verfolgte Triebwerkskonzept wesentlich geändert, und man begann mit neuen umfangreichen Projektstudien. Die Zielsetzung war, ein

Triebwerk mit 143 kN Schub zu schaffen, aus dem eine Ableitung mit 116 kN Schub möglich sein sollte. In der Zeit von Januar bis August 1978 konstruierte man daraufhin die JT10D-132. Im September 1978 wurde das Konzept erneut geändert. Die Schubforderungen waren inzwischen auf 160 kN gestiegen, so daß es notwendig wurde, eine weitere Neukonstruktion zu beginnen, die JT10D-136.

Pratt & Whitney entschloß sich zu diesem Zeitpunkt, ein Triebwerk mit extrem fortschrittlicher Technik im Sinne günstigerer spezifischen Verbrauchs und höheren Schubes anzubieten. Weitere Komponentenprogramme hatten gezeigt, daß eine wesentlich Technologieverbesserung möglich war, was zu der Entscheidung führte, die Triebwerksentwicklung nochmals auf eine neue Basis zu stellen. Die Aussichten, daß dieses Triebwerk von den Luftfahrtgesellschaften bei der Bestellung von Boeing-Flugzeugen ausgewählt würde, erschienen sehr hoch, da es verglichen mit den Konkurrenztriebwerken bis zu 8 % besser im Brennstoffverbrauch sein sollte.

Vom JT10D zum PW 2037

Die Entwicklungsarbeiten liefen Anfang 1981 in Hartford und München voll an. Im Dezember 1980 erfolgte bei Pratt & Whitney noch eine Umbenennung des Triebwerksprojekts von JT10D-236 in PW 2037. Das Triebwerksprojekt wurde nun alternativ zu

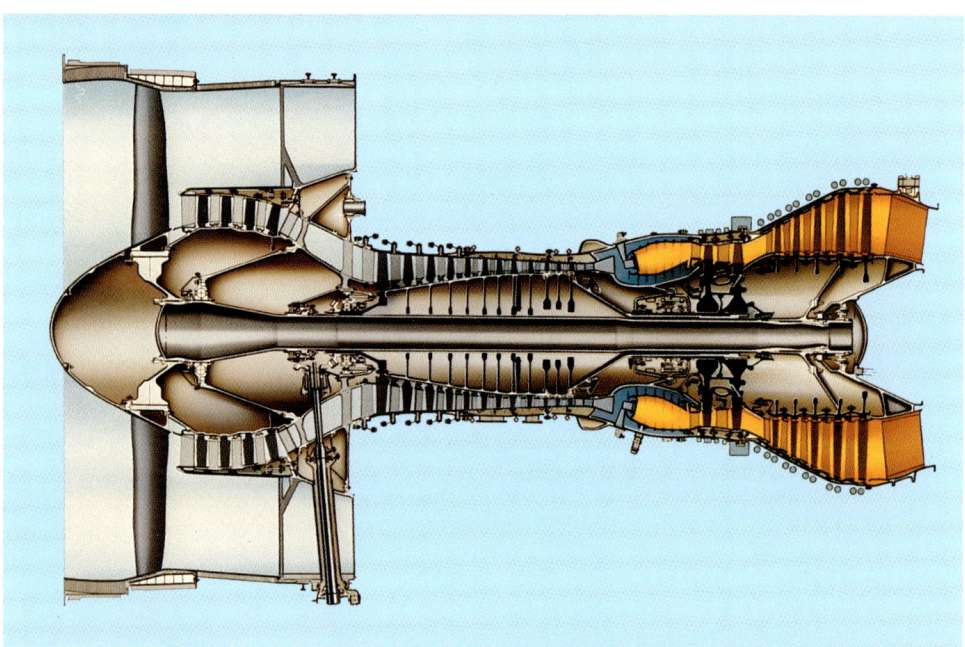

Schnitt des Zweiwellen-Fan-Triebwerks PW 2037

Das erste Prüfstandtriebwerk PW 2037 hatte am 4. Dezember 1981 in East Hartford bei Pratt & Whitney seinen Erstlauf

Im Frühjahr 1982 begannen die Höhenversuche mit dem Triebwerk PW 2037

einem Rolls-Royce-Triebwerk für das Mittelstreckenflugzeugprojekt B757-200 angeboten. Ein erster Triebwerksauftrag der amerikanischen Luftfahrtgesellschaft Delta Air Lines vom 19. Dezember 1980, für zunächst 60 Flugzeuge und eine entsprechende Zahl von Triebwerken, gab den Startschuß für die konsequent seit diesem Zeitpunkt durchgeführte Entwicklung.

Die wichtigsten Schritte: Das erste Entwicklungstriebwerk machte am 4. Dezember 1981 bei Pratt & Whitney in East Hartford seinen ersten Prüfstandslauf. Leistungsdaten und Betriebsverhalten waren sehr zufriedenstellend. Der Auslegungsschub von 164,6 kN wurde erreicht. Im Laufe der nächsten Monate kamen dann fünf weitere Prüfstandstriebwerke zum Einsatz. Ende 1982 waren bereits 1500 Laufstunden erreicht.

Die Höhenprüfstandsversuche begannen am 7. Februar 1982 im Pratt & Whitney Willgoos Turbine Laboratory bei Hartford. Umfangreiche Leistungsmessungen in Reiseflughöhe wurden durchgeführt. Bis zum Ende der Versuche am 5. März 1982 waren insgesamt 32 Höhenprüfstandstunden erreicht. Anfang 1983 waren für die verschiedenen Spezialtests insgesamt 11 Entwicklungstriebwerke in Erprobung. Eine Flugerprobung mit einem PW 2037-Triebwerk in einer Boeing 747 begann im Februar 1983. Ein erster 150-Stunden-Dauerlauf wurde erfolgreich im Sommer dieses Jahres durchgeführt. Die FAA-Zulassung erfolgte Ende 1983 bei einem Stand von 5500 Prüfstandstunden.

Im Februar 1983 begannen bei Boeing in Seattle, mit der Boeing B 747-200 »City of Everett« als Erprobungsträger, die Flugversuche mit einer PW 2037

Militärische Version der PW 2037 mit der Bezeichnung F117-PW-100 für das Transportflugzeug von McDonnell-Douglas/ Boeing C-17A

US-Air Force Transport-Flugzeug C-17A »Globemaster III« mit vier F117-PW-100- Triebwerken

Konstruktive Besonderheiten des Triebwerks PW 2037

Das Triebwerk PW 2037 ist als Zweiwellen-Zweistrom-Triebwerk in Modulbauweise mit 10 Modulen konzipiert. Das Niederdruck-Wellensystem besteht aus einem einstufigen Fan, einem vierstufigen Niederdruckverdichter und einer fünfstufigen Niederdruckturbine. Der Hochdruckteil besteht aus einem 12stufigen Hochdruckverdichter, der Ringbrennkammer und einer zweistufigen Hochdruckturbine. Die Gehäuse der letzten sieben Stufen des Hochdruckverdichters sowie die Hochdruck- und Niederdruckturbine sind mit einem sogenannten aktiven Radialspiel-Regelsystem ausgestattet. Dieses System wurde eingeführt, um die Spaltverluste zwischen Laufschaufeln und Gehäuse bei allen Betriebszuständen auf ein Minimum zu reduzieren. Das System wird wirksam, wenn Kühlluft aus dem Fanluftstrahl durch Ringleitungen direkt auf die Gehäuse von Verdichter sowie Hoch- und Niederdruckturbine strömt, wodurch diese schrumpfen und den Luftspalt zwischen den Schaufelspitzen und den Gehäusedichtungen verkleinern. Daraus ergeben sich geringe Schaufelspitzenverluste und somit hohe Verdichter- und Turbinenwirkungsgrade, die den spezifischen Brennstoffverbrauch um etwa 2 % verringern.

MTU-Entwicklungsanteil am Projekt PW 2037 ist die fünfstufige Niederdruckturbine

Das PW 2037 ist mit einem vollelektronischen digitalen Brennstoffregler ausgerüstet, der zur Betriebskostenreduzierung beiträgt, da der Einstellaufwand für die Regler minimiert, aufgrund exakterer Leistungseinstellung die Lebensdauer der Triebwerkteile erhöht und die Wartungskosten verringert werden. Vollelektronische digitale Brennstoffregler haben sich im Erprobungseinsatz bei Luftfahrtgesellschaften schon bestens bewährt. Sie machen Bodeneinstelläufe überflüssig und reduzieren die Brennstoffregler-Wartungskosten gegenüber herkömmlichen hydromechanischen Reglern wesentlich. Unter Anwendung der neuesten Erkenntnisse zur Reduzierung der Lärm- und Schadstoffemission erfüllt das Triebwerk die bestehenden und zu erwartenden EPA/FAA/ICAO-Vorschriften.

Erprobung der PW 2037-Niederdruckturbine auf dem Höhenprüfstand der Universität Stuttgart

Beteiligung der MTU am Triebwerk PW 2037

Das erfolgreiche Triebwerksprogramm hat neben der Boeing B.757 auch eine wichtige militärische Anwendung gefunden. Seit 1993/94 wird das Triebwerk unter der US-Air Force-Bezeichnung F117-PW-100 mit 182 kN Schub in das McDonnell-Douglas/Boeing-Transportflugzeug C-17A »Globemaster III« eingebaut. Erstflug dieses Flugzeuges war am 15. September 1991. Seit Serienbeginn sind ca. 50 Flugzeuge ausgeliefert worden. Seit April 1993 befindet sich dieses Triebwerk in der Version PW 2337 mit 170 kN Schub auch in Rußland, eingebaut in einer Iljuschin Il-96 M in der Flugerprobung. Auch eine zivile Transporter-Version mit der Bezeichnung Il-96 T befindet sich bei Iljuschin in Moskau in der Flugerprobung.

Bis Ende 1998 wurden von allen Versionen der PW 2000-Triebwerksfamilie ca. 1200 Triebwerke gefertigt.

IAE V2500 – ein erfolgreiches ziviles Triebwerk

Ein Fünf Nationen-Triebwerksprojekt

Ein weltumspannendes Konsortium von fünf Triebwerksfirmen hat sich am 16. September 1983 in München auf die Entwicklung eines neuen brennstoffsparenden Triebwerks für Kurz- und Mittelstreckenflugzeuge geeinigt. Ein Kooperationsvertrag (»Fünf Nationen-Agreement«) zwischen den beteiligten Firmen wurde am 11. März 1983 unterzeichnet.

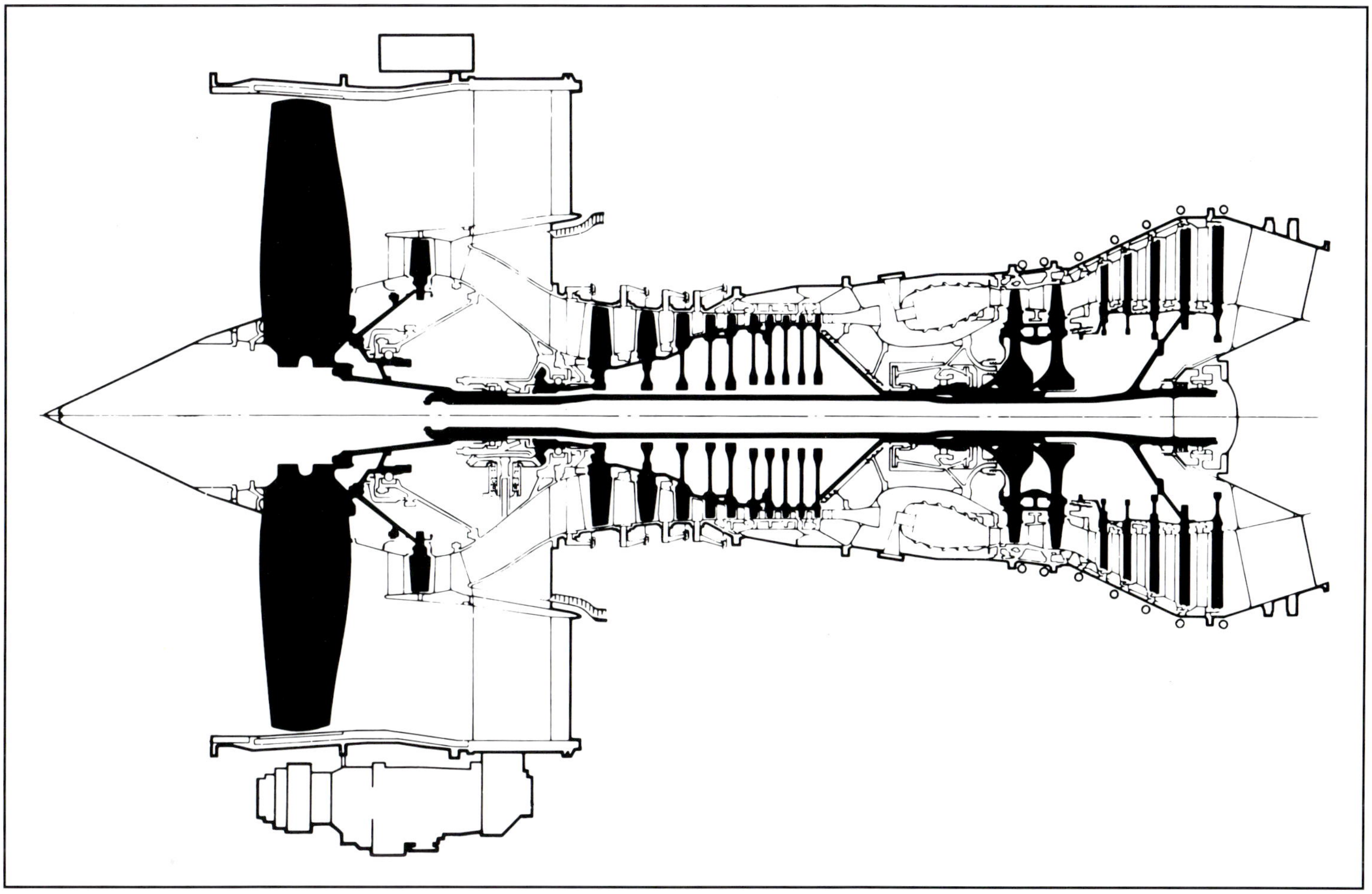

IAE V2500, ein Zweiwellen-Zweistromtriebwerk, das seit 1983 in internationaler Zusammenarbeit entwickelt wird, liegt in der Schubklasse um 100 kN

Der »kleine« Airbus A320 ist eine mögliche Anwendung des Triebwerks IAE V2500

Serientriebwerk IAE V2500 bei Prüfstandsvorbereitungsarbeiten bei MTU in München

Eine gemeinsame Firma mit dem Namen International Aero Engines AG (IAE) wurde am 14. Dezember 1983 in Zürich gegründet. Das erste Entwicklungstriebwerk lief am 14. Dezember 1985. Die Flugerprobung in einer zum fliegenden Prüfstand umgerüsteten Boeing B720 begann im Mai 1988. Die amerikanische FAA-Flugzulassung für das neue Triebwerk mit der Bezeichnung IAE V 2500 wurde am 24. Juni 1988 erteilt. Der Linienflugeinsatz in einem Airbus A320 begann am 22. Mai 1989. Mit jeweils 32,45 % haben

McDonnell-Douglas MD-90-30 Prototyp mit zwei IAE V2525-D5-Triebwerken

Pratt & Whitney und Rolls-Royce die größten Arbeitsanteile, die MTU hält 12,1 % und die Japanese Aero Engines Corporation (JAEC) 23 %. Die italienische Fiat Aviation ist im April 1996 als Teilhaber der IAE ausgeschieden und seit dieser Zeit mit 3,5 % Anteil nur noch Unterlieferant für Getriebeteile.

Das Triebwerk V 2500 ist als Zweistrom-Zweiwellen-Triebwerk konzipiert, mit vierstufigem Niederdruckverdichter, zehnstufigem Hochdruckverdichter, Ringbrennkammer, zweistufiger gekühlter Hochdruckturbine mit Einkristallturbinenschaufeln, Pulvermetall-Turbinenscheiben und fünfstufiger gekühlter Niederdruckturbine. Das Nebenstromverhältnis beträgt 5,7 und das Gesamtdruckverhältnis 36,2. Das Triebwerk hat ein vollelektronisches FADEC-Regelsystem. Das Triebwerk ist langfristig als eine Triebwerksfamilie mit Versionen unterschiedlicher Leistung und Anwendung konzipiert. Eine erste Version hatte einen Schub von rund 100 kN und einen spezifischen Brennstoffverbrauch von ca. 14 % unter dem des bis dahin leistungsfähigsten Triebwerks dieser Klasse. Die Masse der vollständigen Antriebsanlage (Triebwerk und Gondel) beträgt ca. 3300 kg. Die japanische Firmengruppe JAEC ist für den Fan und den Niederdruckverdichter verantwortlich, Rolls-Royce für den Hochdruckverdichter, Pratt & Whitney liefert Brennkammer und Hochdruckturbine, MTU die Niederdruckturbine und Fiat das Turbinenaustrittgehäuse sowie das Getriebe. Entwurf, Entwicklung, Tests und Fertigung der verschiedenen Komponenten wurden von den zuständigen Partnerfirmen in ihren Werkstätten und auf ihren Prüfständen durchgeführt. Die IAE ist dafür die koordinierende Institution.

Technologische Vorarbeiten zu diesem Triebwerk hatten bei den beteiligten Unternehmen bereits Jahre vorher begonnen. Der Entwurf V 2500 basiert auf den fortschrittlichen Technologien des Pratt & Whitney PW 2037, das gemeinsam mit der MTU und Fiat entwickelt wurde, dem NASA E^3-Technologieprogramm, des britisch-japanischen Demonstrator-Triebwerksprogramms RJ 500 von Rolls-Royce und JAEC und des Rolls-Royce-Großtriebwerks RB.211-535E4.

Airbus A321-200 mit zwei IAE V2527-A5

Schnitt IAE V2500 SF-Superfan Projekt

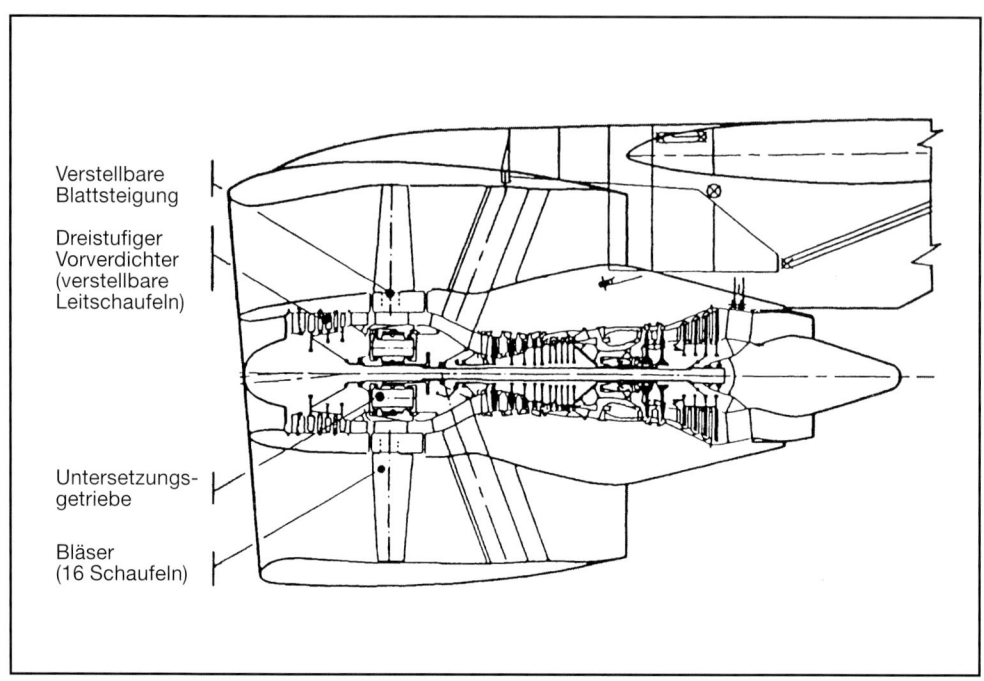

Das V 2500 SF-Superfan-Projekt

Im März 1986 wurde auf Basis der V 2500-A1 innerhalb der IAE-Gruppe die Konzept-Phase für das Projekt V 2500 Superfan begonnen. Das Ziel war eine Getriebefan-Variante der V 2500 mit nochmals wesentlich verbessertem spezifischen Brennstoffverbrauch und extremer Lärmreduzierung. Die 2,72 m langen Fanblätter sollten verstellbar sein und waren als Titan-Hohlschaufeln konzipiert. Das Nebenstromverhältnis war 17,5 : 1, während das V 2500 Basistriebwerk ein Nebenstromverhältnis von 5,8 : 1 hat.
Das Triebwerk war für die damals von Boeing projektierte B737-Weiterentwicklung und für Varianten der Airbus A340 und A320 vorgesehen.
Für das Getriebe mit 3 : 1 Untersetzung war eine Lebensdauer von 20000 Stunden vorgesehen. Der Startschub betrug 133,5 kN.

Das technische Risiko für dieses Projekt wurde dann aber von den beteiligten Firmen als sehr hoch eingeschätzt und das Projekt 1987 eingestellt.

Serienfertigung der V 2500

Analog zum PW 2037 hat die MTU München bei diesem Triebwerk ebenfalls die Entwicklung und Fertigung der Niederdruckturbine übernommen und führte darüber hinaus auch in der Entwicklungsphase Prüf- und Zulassungsläufe durch. Es gibt bereits eine ganze Reihe verschiedener Versionen mit unterschiedlichen Schüben für die verschiedenen Flugzeuganwendungen.
Bis zur FAA-Zulassung am 24. Juni 1988 wurden 16 Entwicklungs- und Prototypen-Triebwerke gefertigt und erprobt.

Die Triebwerksausführung -A1 mit einem Startschub von 111 kN erhielt am 20. April 1989 die FAA-Serienzulassung für den Airbus A320-200. Die V 2500 fand ihre Erstanmeldung in der A320-200. Erstbesteller waren noch im Jahre 1984 Inex Adria und Cyprus Airlines. Inex Adria erhielt ihr erstes Flugzeug Mitte Mai 1989.

Von MTU wurden bisher über 1000 Teilesätze für die Serientriebwerksendmontage bei Pratt & Whitney in Middletown und Rolls-Royce in Derby geliefert. Um weitere Anwendungen des Triebwerks zu erschließen, wurden die beiden Versionen -A5 und -D5 entwickelt. Die V 2500-A5 (bis 135 kN) ist als Antrieb für den Airbus A320 und A321 bestimmt und die Version -D5 (max. 125 kN) kommt exklusiv in der Flugzeugfamilie McDonnell-Douglas MD 90 zum Einsatz. Beide Triebwerksversionen erhielten im November 1992 die Zulassung durch die FAA.

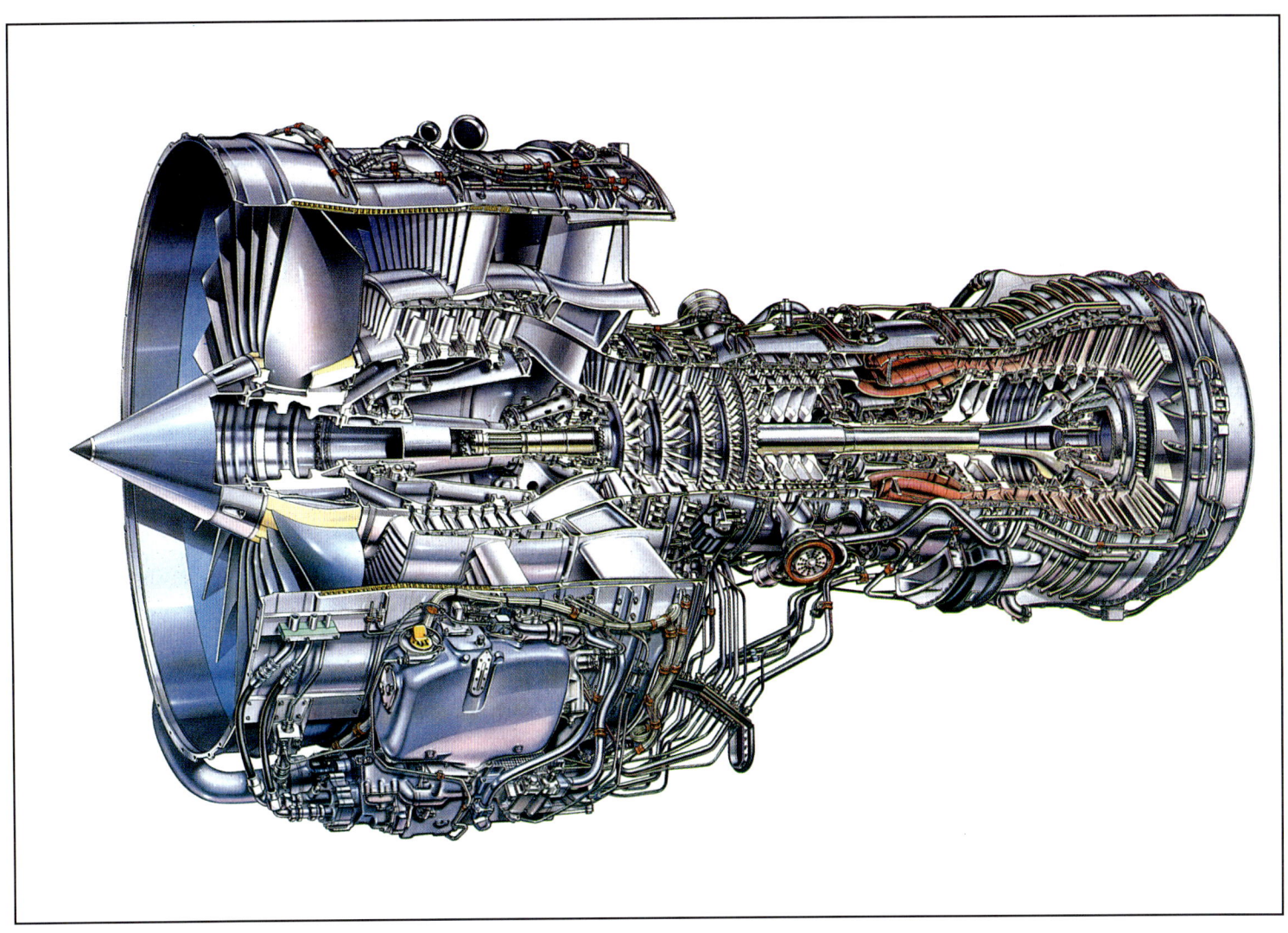

Aufbau Triebwerk IAE V2500-A5

Ein besonderer Höhepunkt im V 2500-Triebwerksprogramm waren die Erstflüge der MD90 mit V 2500-D5 am 22. Februar und des A321 mit V 2500-A5 am 11. März 1993.

Die große Zuverlässigkeit dieses Triebwerks ging z.B. daraus hervor, daß ein Triebwerk der Version V 2500-A1 in einer A320 der US-Luftfahrtgesellschaft America West im April 1994 10000 Flugstunden ohne Triebwerkswechsel erreicht hat.

V 2500-Triebwerksversionen

Typ	Startschub	Anwendung
V 2500-A1	111 kN	A320-200
V 2500-A5	105 kN	A319-100
V 2530-A5	133 kN	A321-100
V 2533-A5	146 kN	A 321-200
V 2527-A5	118 kN	A320/A321/A319
V 2522-D5	98 kN	MD90-30
V 2525-D5	111 kN	MD90-30
V 2528-D5	125 kN	MD90-50

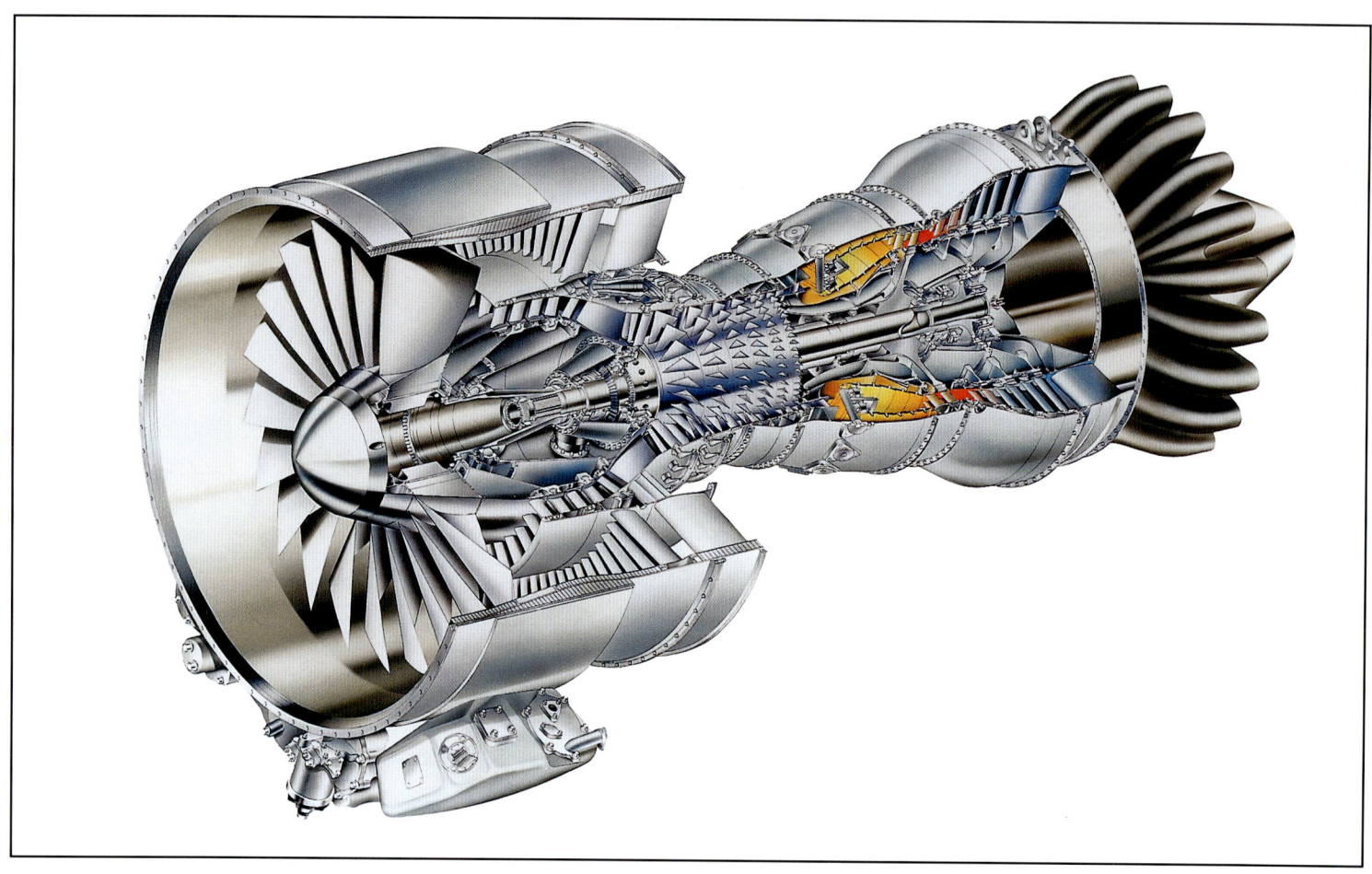

Aufbau RTF 180 Projekt

Die Triebwerksallianz mit Pratt & Whitney

Seit März 1991 besteht zwischen MTU und Pratt & Whitney, einer Division der United Technologies Corporation (UTC) in den USA, eine intensive vertragliche Regelung über die globale Zusammenarbeit im Bereich ziviler Turboflugtriebwerke. Im Rahmen dieses Abkommens muß jeder der beiden Partner bei künftigen kommerziellen Triebwerksprogrammen den jeweiligen anderen als »bevorzugten Partner« einbeziehen.

Vom RTF 180 zum MTFE

Ein erstes Triebwerksprojekt im Rahmen der neuen MTU/Pratt & Whitney-Allianz war das RTF 180. Seit 1990 beschäftigte sich die MTU ebenso wie PW mit dem Konzept eines kleineren zivilen, modular aufgebauten Fantriebwerks für Verkehrsflugzeuge mit etwa 100 Sitzen und einem Schubbedarf von 80 bis 100 kN. Der Basisentwurf eines solchen Triebwerks mit der Bezeichnung RTF 180 (»Regional Turbofan 18000 Pfund« Schub) war für Regionalflugzeuge mit einem Startschub von ca. 95 kN ausgelegt und u.a. als Nachfolgetriebwerk für das JT8D von Pratt & Whitney gedacht. Das Triebwerkskonzept sah eine Triebwerksfamilie für unterschiedliche Schubklassen und Anwendungsbereiche (Zubringerflugzeuge, Langstreckengeschäftsreiseflugzeuge usw.) vor. Auch eine militärische Anwendung als Antrieb für das geplante europäische EUROFLAG FLA (Future Large Aircraft)-Projekt als Nachfolger der C-160 »Transall« und der Lockheed C-130 »Hercules« wurde damals mit in Betracht gezogen. Kurzzeitig war ab Mitte 1993 für dieses Triebwerksprojekt auch eine Beteiligung von General Electric und SNECMA im Gespräch. Die Code-Bezeichnung für dieses Projekt war »Project Blue«. Auch das belgische Unternehmen FN Moteurs S. A. war als Partner mit einbezogen. Zu einer endgültigen Kooperationsvereinbarung der beteiligten Firmen ist es nicht gekommen. Die Vorstellungen über das Konzept und die Markteinführung dieses Triebwerks waren bei den beteiligten Triebwerksfirmen so unterschiedlich, daß die Projektarbeiten wieder eingestellt wurden.

Schnitt MTFE (Mid-Thrust Familiy-Engine)-Projekt

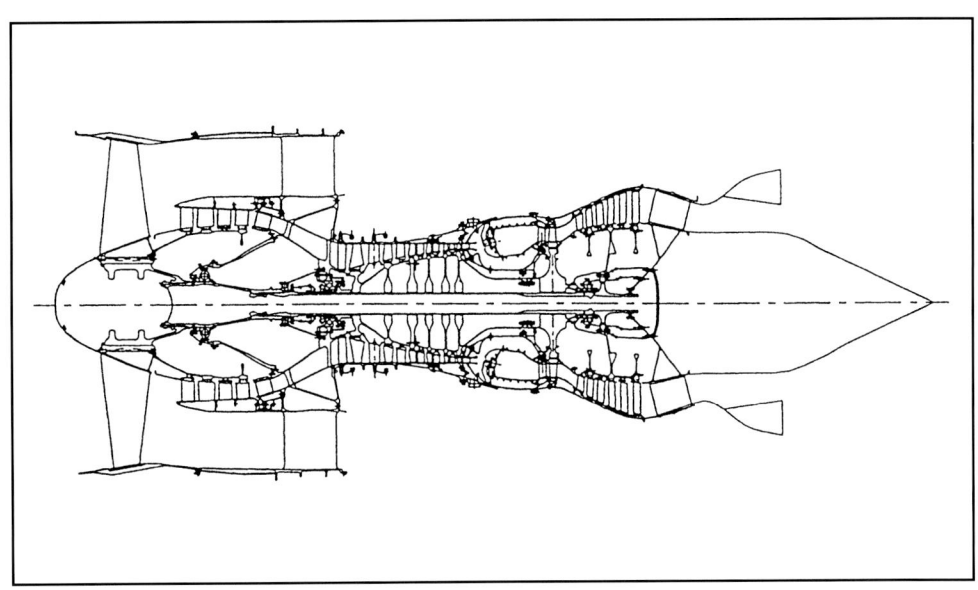

Mitte 1994 folgte das Projekt NSE (New Small Engine) in der Schubklasse 80 bis 90 kN. An diesem Programm war zunächst eine Beteiligung von PW und MTU von 51 bzw. 49% vorgesehen. Seine Hauptanwendung sollte dieses Triebwerk wieder bei 70- bis 130sitzigen Regionalflugzeugen finden. Dieses Zweiwellen-Zweistromtriebwerk hatte einen einstufigen Fan, einen 2- bis 3stufigen Mitteldruck-Verdichter und einen 6stufigen (MTU-) bzw. 5stufigen (PW)-Hochdruckverdichter, eine Ringbrennkammer, eine einstufige gekühlte Hochdruckturbine und eine 3stufige Niederdruckturbine. Es hatte 30% weniger Bauteile als vergleichbare Vorgängertriebwerke. Das Verdichterdruckverhältnis betrug 30, das Nebenstromverhältnis 4,5. Das Triebwerk hatte ein elektronisches digitales FADEC-Regelungssystem.

Im Jahre 1995 wurde dieses Triebwerksprojekt weiterverfolgt als MTFE (Mid Thrust Family Engine). Partner waren nur noch Pratt & Whitney und MTU. Das Basistriebwerk hatte einen Startschub von 93 kN mit Potential bis 105 kN und eine Masse von 1700 kg. Das Gesamtdruckverhältnis betrug 26:1 und das Bypassverhältnis 5,5 : 1. Wesentliche Ziele dieses Projektes waren vor allem niedrige Betriebs- und Herstellkosten. Als Hauptanwendung wurde dieses Triebwerk in der damals projektierten McDonnell-Douglas MD95 gesehen. Nachdem McDonnell-Douglas für dieses Flugzeugprojekt ein konkurrierendes Triebwerk ausgewählt hatte, wurden die Arbeiten an diesem Triebwerksprojekt eingestellt.

Beteiligung an der Triebwerksfamilie PW 4000

Seit 1981/82 beschäftigte sich Pratt & Whitney mit der Großtriebwerksfamilie PW 4000. Sie diente Pratt & Whitney mit den PW 4000-Basisversionen als Nachfolgetriebwerk für das sehr erfolgreiche JT9D-Triebwerksprogramm, das vor allem durch seinen erfolgreichen Einsatz in der Boeing 747 bekannt wurde. Eine erste Version dieses Triebwerks für Großraumflugzeuge wie Boeing B767, B747, Airbus A300 und A310 sowie die McDonnell-Douglas MD-11 war mit 254 bis 281 kN Startschub die PW 4156/58, deren Erstlauf im April 1984 erfolgte.
Die Basistechnologien für diese Triebwerksversionen stammten vom NASA Energy Efficient Engine E^3-Demonstrator Programm und auch bereits vom PW 2037-Programm.

Das Familienkonzept der PW 4000-Serie beruht auf einem gemeinsamen Kerntriebwerk mit Hochdruckverdichter, Brennkammer und Hochdruckturbine auf das unterschiedliche Fan-Größen aufgesetzt werden können: Dabei besteht eine Teilegleichheit von bis zu 70 Prozent. Mit diesem Konzept ist P&W der einzige Hersteller, der einen weiten Leistungsbereich mit nur einem Kerntriebwerk abdeckt. Bald entschied sich Pratt & Whitney, schubstärkere Versionen des PW 4000 zu entwickeln. Es entstand die PW 4000 G-Triebwerksfamilie. »G« steht für das englische Wort »growth« (Größe).

Zu den technischen Merkmalen der PW 4000-Familie gehören ein Fan mit 38 Verdichterschaufeln, hergestellt durch kontrollierte Diffusion, monokristalline Turbinenschaufeln,

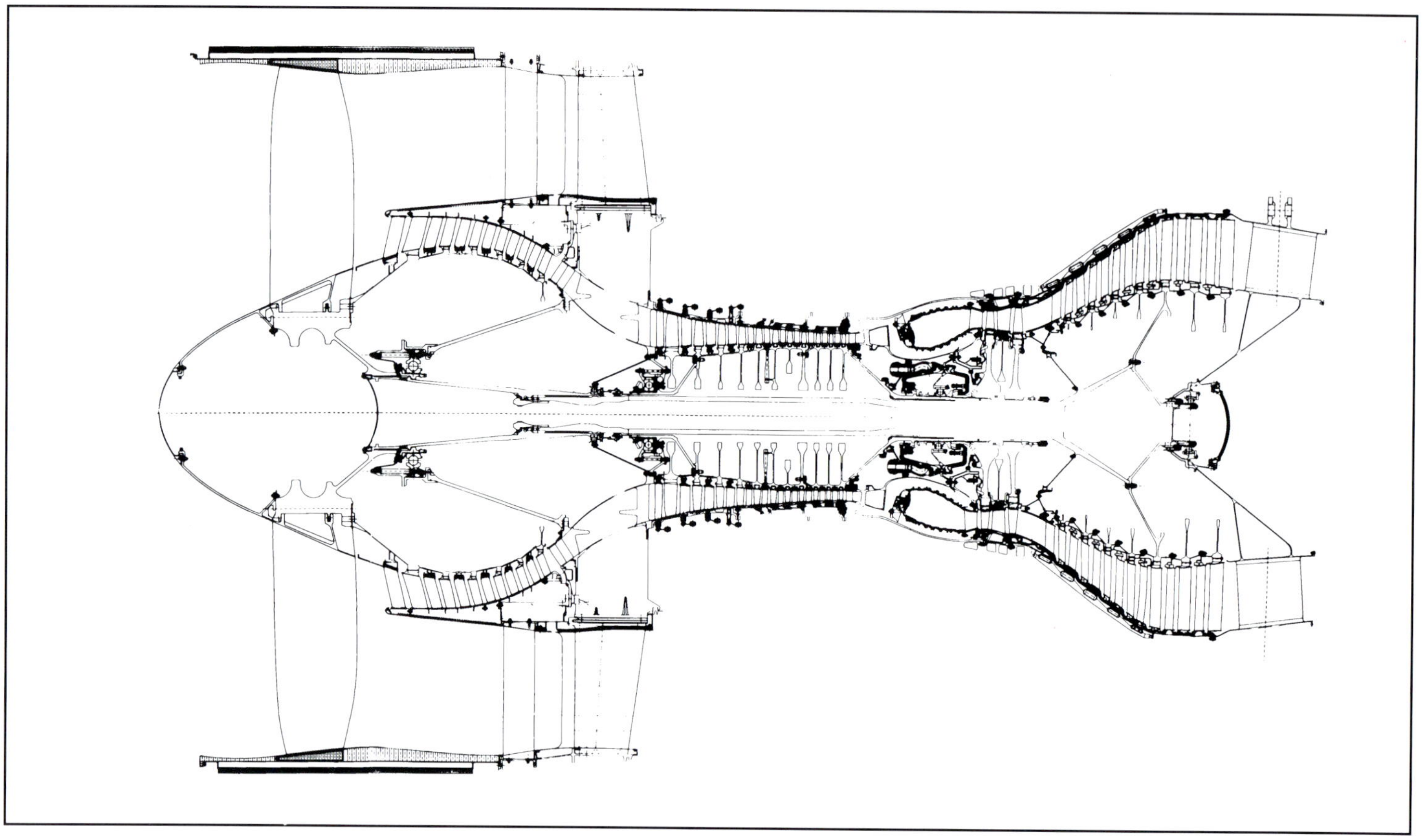

Schnitt Turbofan-Triebwerk PW 4084

FADEC und hochmoderne Keramikbeschichtungen im Heißteilbereich. Das PW4084 zeichnet sich ferner aus durch Turbinenscheiben aus Pulvermetall, verbesserte Radialdichtungen und einen segmentierten sogenannten Floatwall-Axialverdichter. Die Brennstoffzufuhr in die Brennkammer erfolgt durch 24 Simplex-Luftstrahl-Einspritzdüsen. Das Triebwerk wiegt 6490 kg, ist 487 cm lang und hat ein Nebenstromverhältnis von 6,4:1. Für das 2,844 Meter-Gebläse wurden hohle Titanschaufeln verwendet, die gegen eindringende Fremdkörper unempfindlich sind. Dieses Kriterium war für die geforderten anspruchsvollen Vogelschlagversuche der FAA besonders wichtig. Der Fan zeichnet sich durch guten Wirkungsgrad bei niedrigem Lärmpegel aus.

Seit 1991 ist die MTU mit 12,5 % Anteil an der Entwicklung und Fertigung der Triebwerksversion PW 4084 beteiligt und für die 7stufige Niederdruckturbine verantwortlich. Die hohen Bauteiltemperaturen erzwingen auch bei der Niederdruckturbine die Verwen-

Prototyp Boeing B777-200 mit zwei PW4084. Erstflug am 12. Juni 1994 in Seattle

Prüfstandserprobung PW 4090 bei Pratt & Whitney

dung von Einkristallturbinenschaufeln. Die höchste Einsatztemperatur bei Einkristallschaufelwerkstoffen wird durch die Zugabe von Rhenium erreicht, welches aber die Schaufeln erheblich verteuert. Das Triebwerk mit 391,4 kN Startschub ist in das Großraum-Passagierflugzeug Boeing B777-200 eingebaut. Das erste ND-Turbinenmodul für die vorgesehenen 23 Entwicklungstriebwerke wurde im Mai 1992 an Pratt & Whitney zur Endmontage nach Hartford geliefert. Der erste Prüfstandslauf war am 1. Juli 1992 bei Pratt & Whitney. Bezüglich der Ausfallsicherheit im Flug setzt dieses Triebwerk neue Maßstäbe. Aufbauend auf den Vorgängertriebwerksmustern wie PW 4148- und PW 4060-Versionen mit über 15 Millionen Flugstunden und den 180 Minuten-ETOPS (extended twin engine operation)-Forderungen mit den strengen Zuverlässigkeitsanforderungen der amerikanischen Luftfahrtbehörde FAA wurde vom ersten Einsatz dieses Triebwerks ab 1995 bereits ein »in-flight-shut down«-Wert von weniger als 0,01 pro 100 Flugstunden in den ersten beiden Einsatzjahren garantiert. Dies bedeutet, das Abschalten eines Triebwerks im Flug darf statistisch frühestens nach 100 000 Flugstunden auftreten.
Die Flugerprobung für die PW 4084 in einer Boeing B747-100 begann am 9. November 1993 bei Boeing in Seattle. Eines der vier Pratt & Whitney JT9D-3A-Triebwerke dieses Flugzeugs wurde dabei durch das neue PW 4084 ersetzt.

Am 29. April 1994 erteilte die amerikanische Luftfahrtzulassungsbehörde FAA die Zulassung für das Triebwerk PW 4084. Mit dieser Zulassung endete das rund vierjährige Erprobungsprogramm, das ca. 2500 Triebwerkslaufstunden und rund 6000 Flugzyklen umfaßte. Darin sind die 23 Testflüge an Bord des fliegenden Prüfstandes mit 76 Flugstunden enthalten.
Die FAA-Zulassung erfolgte am 19. April 1995. Erstkunde war United Airlines, das die B777-200 mit zwei PW 4084-Triebwerken ab dem 7. Juni 1995 zwischen Washington und London im Liniendienst einsetzte.

Das schubstärkste Triebwerk PW 4098 in der Boeing 777

PW 4090 mit gekühlter Niederdruckturbine

Das schubstärkere Pratt & Whitney PW 4090 mit einem Startschub von 400 kN folgte dem PW 4084. Das Triebwerk ist für die Boeing B777-200 und -300, beide mit höherer Abflugmasse, vorgesehen. Die erste Auslieferung einer Boeing B777-200 mit zwei PW 4090-Triebwerken an die United Airlines erfolgte im März 1997. Dieses Flugzeug war zugleich das 50. von Boeing ausgelieferte B777 und die 17. Maschine, die United Airlines von diesem Flugzeugtyp übernommen hat.

Das PW 4090 und auch das PW 4084 haben beide Fans mit 2,844 Meter Durchmesser, das gleiche Komponentenkonzept und viele gemeinsame Bauteile. Der höhere Schub wird durch verbesserte Verdichteraerodynamik, andere Werkstoffe und einen geänderten Kühllufteinsatz in der Hochdruck- und Niederdruckturbine erreicht.

Die MTU war wieder für die Entwicklung der Niederdruckturbine zuständig. Die Turbine wurde in einigen Teilbereichen modifiziert. So wurde die erste Stufe, weltweit einmalig bei zivil eingesetzten Triebwerken, luftgekühlt. Die MTU hat in der Entwicklung- und Zulassungsphase 1995/96 fünf ND-Turbinenmodule an Pratt & Whitney zu Testzwecken geliefert.

Die FAA-Flugzulassung erhielt die PW 4090 am 28.06.1996. Die Flugerprobung bei Boeing in Seattle mit zwei Testflugzeugen begann am 3. August 1996 und wurde mit der FAA-Zulassung, einschließlich 180 Minuten ETOPS-Zertifizierung und mit dem Linieneinsatz in der B777 im Frühjahr 1997 abgeschlossen.

Beteiligung an der PW 4098-Entwicklung

Das Kerntriebwerk der PW 4000 läßt weitere Leistungssteigerungen zu. Mit nur um 23 mm auf 286,7 Meter erhöhtem Fandurchmesser und einem Startschub von 436 kN sowie einem auf 5,81 reduzierten Nebenstromverhältnis ist das PW 4098 das schubhöchste zivile Triebwerk der Welt. Das Triebwerk ist für die nochmals vergrößerte Boeing B777-300 vorgesehen. Die MTU ist wieder an der, mit einer gekühlten ersten Stufe ausgestatteten, Niederdruckturbine beteiligt. Die Entwicklung begann Anfang 1995. Der sechsstufige Niederdruckverdichter wurde um eine Axialstufe vergrößert und damit das Gesamtdruckverhältnis auf 42,8:1 erhöht. Das Fandruckverhältnis wurde leicht auf 1,80:1 ebenfalls gesteigert.

Die Flugerprobung bei Boeing erfolgte ab Mitte 1998. Die FAA-Zulassung und der Linieneinsatz bei Korean Airlines wird im Jahre 1999 erwartet.

Serientriebwerk Pratt & Whitney JT8D-219

Teilefertigung für das JT8D-200-Triebwerksprogramm

Eine Mitarbeit am Triebwerksprogramm Pratt & Whitney JT8D war der Anfang der Zusammenarbeit mit Pratt & Whitney in Hartford. Denn bevor es im Jahre 1972 zu einer Zusammenarbeit für das damals als 10-Tonnen-Triebwerk bezeichnete Triebwerksprojekt kam, das als Nachfolger für das erfolgreiche JT8D-Triebwerk vorgesehen war, entwickelte die MTU für Pratt & Whitney ein Abgasgehäuse für eine nochmals schubgesteigerte und lärmreduzierte JT8D-100. Dieses Triebwerk war zu der Zeit das Standardtriebwerk der Boeing B 727, B 737 und der McDonnell-Douglas DC-9.

Die Auslegungsarbeiten dafür begannen im Dezember 1972 und verliefen recht positiv. Erst viel später, im Jahre 1983, begann die MTU als Risk Sharing-Partner mit 12,5 % Programmanteil die Fertigung von Turbinenteilen für die JT8D-219-Triebwerke, die weiterhin in die McDonnell-Douglas MD-80 Flugzeuge als Nachfolger der DC-9-Flugzeugfamilie eingebaut werden.

Das Triebwerk hatte einen Startschub von 100 kN und erhielt im Februar 1985 für die MD-83 die FAA-Zulassung.
Von MTU München wurden bis Ende 1998 für das JT8D-219 ca. 3000 Teilesätze an Pratt & Whitney geliefert.

Dieses lärmarme, zuverlässige Triebwerk ist auch für den Triebwerksaustausch für FAA-Stage 3-Flugzeugmodifikationen, wie bei der Boeing B707 vorgesehen.

McDonnell-Douglas MD-83 mit zwei PW JT8D-219

Produkterhaltung ziviler und militärischer Triebwerke

Es ist Strategie der MTU, nicht nur in der Entwicklung und Produktion, sondern in der gesamten Wertschöpfungskette, besonders auch der Produkterhaltung tätig zu sein. Die in der Produkterhaltung gesammelten Erfahrungen fließen in die Entwicklung neuer oder Verbesserung bereits vorhandener Produkte ein. Unter dem gemeinsamen Dach der MTU gibt es verschiedene Schwerpunkte für die Instandsetzung: Danach betreut beispielsweise die MTU München hauptsächlich militärische Triebwerke, die MTU Maintenance Hannover repariert und überholt zivile Großtriebwerke sowie deren Komponenten und die MTU Berlin-Brandenburg in Ludwigsfelde repariert und überholt zivile Triebwerke des unteren Schub- bzw. Leistungsbereichs für Geschäftsflugzeuge und Hubschrauber. Außerdem werden dort Industrieturbinen instandgesetzt. Die MTU Maintenance Canada hat das CF6-50, das JT8D und das CFM56 im Programm.

Die Anfänge der Triebwerksbetreuung

Bereits in den sechziger Jahren hatte die MAN-Turbo mit Arbeiten an den Kolbentriebwerken der Lufthansa das zivile Triebwerksreparaturgeschäft begonnen. Von 1965 bis 1969 erfolgte die Betreuung von Kolbenflugmotoren des Baumusters Pratt & Whitney R-2800 »Double Wasp«. Diese Motoren waren vor allem in der Convair 440 »Metropolitan« und der Douglas DC6B der Deutschen Lufthansa eingesetzt.

Anschließend hatte die MTU die Reparatur von Bauteilen für Turbostrahltriebwerke weiterer ziviler Luftfahrtgesellschaften aufgenommen. Zum Kundenkreis gehörten fast alle europäischen Linien- und Charterfluggesellschaften. Für sie wurden Reparaturen und Modifizierungen an Bauteilen und Baugruppen der Turboflug-Triebwerke JT3, JT4, JT8, PT6, Spey, Dart, Avon, CJ610 und CJ805 durchgeführt.

Zu Beginn der siebziger Jahre wurden die Umweltvorschriften für zivile Flugzeuge strenger. Ältere Flugzeuge mußten deshalb auf raucharme Triebwerke umgerüstet werden. Anfang 1971 erhielt die MTU von der Deutschen Lufthansa den Auftrag, die Brennkammern der Triebwerke JT8D-100 entsprechend den Vorschriften des Triebwerkherstellers Pratt & Whitney zu modifizieren. Bis Mitte 1973 sind dann über 1000 Brennkammern umgebaut worden.

Demontage und Montage ziviler Großtriebwerke bei der MTU Maintenance Hannover

Triebwerksinstandsetzung bei der MTU-Maintenance Berlin-Brandenburg in Ludwigsfelde

Die MTU Maintenance Hannover

Die MTU ist seit Mitte der 70er Jahre bemüht, die Betreuung im Rahmen der Kooperation bei den Triebwerken CF6-50 zu erweitern. Ein wesentlicher Fortschritt hierzu war die Gründung der MTU Maintenance Hannover, als 100 %ige Tochtergesellschaft der MTU München, am 14. November 1979 in Langenhagen bei Hannover und damit die Trennung der zivilen Betreuungsarbeiten von der Produktion in München. Mit einer Anfangsgesamtinvestition von 100 Millionen DM für Gebäude und Einrichtung, wobei das an Industrieansiedlungen interessierte Land Niedersachsen die Mittel für die Gebäude zur Verfügung stellte, wurden die Voraussetzungen für die Aufnahme des Betriebes in Hannover geschaffen. Schon zwei Jahre später, am 5. November 1981 erfolgte die offizielle Einweihung der Werksanlagen. Bei einer bebauten Fläche von rund 19500 m^2, einem leistungsfähigen Großprüfstand und Ende 1998 rund 1000 Mitarbeitern können heute neben der Bauteilreparatur jährlich ca. 250 Großtriebwerke bei einer mittleren Durchlaufzeit von ca. 50 bis 60 Tagen gewartet und repariert werden. Etwa 60 Triebwerke befinden sich ständig in den Werkstätten. Ein ständiger »Rund um die Uhr-Service« an sieben Tagen in der Woche steht für die weltweiten Kunden zur Verfügung.

Heute werden von der MTU Maintenance Hannover die Großtriebwerke CF6-50 und CF6-80, sowie die Triebwerksfamilie PW 2000 und IAE V 2500 betreut. Die MTU Maintenance Hannover hat 1989 als erstes Wartungsunternehmen weltweit mit der Instandhaltung des Triebwerkstyps V 2500 begonnen und das 250. Triebwerk wurde im Frühjahr 1997 überholt. Die Kunden sind hauptsächlich mittlere und kleinere Luftfahrtgesellschaften aus aller Welt. Viele Hauptkunden befinden sich in Europa, Nordamerika und in den Ländern des asiatisch-pazifischen Raumes.

Die MTU Maintenance Berlin-Brandenburg

Im Jahre 1991 nahm die MTU Maintenance Berlin-Brandenburg in Ludwigsfelde ihre Tätigkeit auf. Dieses 100 %-Tochterunternehmen der MTU München mit 1998 ca. 400 Mitarbeitern ist mit der Betreuung, Wartung und Reparatur von Luftfahrtantrieben im unteren Schub- und Leistungsbereich sowie der Betreuung von Industrie- und Schiffsgasturbinen, wie General Electric LM 2500 und LM 5000 zuständig.

Seit dem Jahreswechsel 1991/1992 gibt es am Standort Ludwigsfelde als gemeinsame Tochtergesellschaft von MTU und Pratt & Whitney Canada die P&WC/MTU Customer Support Centre GmbH (CSC). Die Gesellschaft akquiriert P&WC-Triebwerke zur Instandsetzung und Wartung in Europa, im Mittleren Osten und in Afrika.

Triebwerkswartung bei der MTU-Maintenance Canada in Vancover

Wartung militärischer Triebwerke in München

Die MTU Maintenance Canada

Im Rahmen eines 70 %-Anteiles der MTU München an einem Joint-Venture mit der Luftfahrtgesellschaft Canadian Airlines wurde im Herbst 1998 die MTU Maintenance Canada in Vancouver gegründet. Canadian Airlines war mit ihren CF6-50 Triebwerken bereits seit vielen Jahren Kunde der MTU Maintenance Hannover und entschied sich, die gesamte Triebwerkswartung in dieses gemeinsame Joint-Venture einzubringen. Die MTU erweiterte mit dem Triebwerksprogramm JT8D und dem CFM56 in idealer Weise ihr Programm-Portfolio auf dem wichtigen Maintenance-Markt in Nordamerika. Die Zahl der Mitarbeiter betrug Ende 1998 200.

Produkterhaltung militärischer Triebwerke

Für folgende Triebwerke der Bundeswehr werden Grundüberholungen, Instandsetzungen und Bauteilreparaturen sowie die technisch-logistische Betreuung durchgeführt:

– Turbo-Union RB199-34 R für Tornado
– Larzac 04 für Alpha Jet
– J79-MTU-17A für RF-4E/F-4F Phantom II
– T64-MTU-7 für CH-53G
– T62T-27 Titan als APU für CH-53G
– 250-MTU-C20B für PAH-1
– MTU Tyne Mk22 für Transall C-160
– MTU Tyne Mk21 für Breguet Atlantic 1150

Die MTU München führt seit 1976 auch die Instandsetzung und die technisch-logistische Betreuung ziviler Tyne-Triebwerke durch. Gemessen an der Anzahl der jährlichen Überholungen hat die MTU weltweit die größte Erfahrung in der Produkterhaltung bei zivilen Tyne-Triebwerken. Die Produkterhaltung und Instandsetzung des Wellenleistungstriebwerks Allison 250-C20 (Startleistung 313 kW) für zivile Betreiber wird seit 1973 in allen seinen Versionen durchgeführt.

Bei der MTU in München wurden bisher insgesamt über 13000 Triebwerke und ca. 26000 Triebwerksmodule grundüberholt bzw. instandgesetzt.

Turbofan-Triebwerk PW 305 auf dem Prüfstand in München

Antriebe für Geschäftsreiseflugzeuge Kooperation mit Pratt & Whitney Canada

Die Triebwerksfamilie PW 300

Das kanadische Tochterunternehmen von Pratt & Whitney in Toronto (Kanada) suchte Mitte der achtziger Jahre einen Partner für die Entwicklung eines neuen kleinen zivilen Triebwerks. Die MTU beteiligte sich ab 1985 an der Entwicklung dieses Triebwerks im Schubbereich von 20 bis 30 kN. Das Triebwerk sollte zum Antrieb von Geschäftsflugzeugen dienen.

Das Basistriebwerk - ein Zweiwellen-Zweistromtriebwerk - hat die Bezeichnung PW 300. Der MTU-Anteil umfaßte die Entwicklung und Produktion der kompletten dreistufigen Niederdruckturbine einschließlich Austrittsgehäuse und die Durchführung von Prüfstandsläufen. Erster Prüfstandslauf der Version PW 305 war im März 1988 in Toronto bei PWC. Die ersten Module für Prototypen wurden 1989, die ersten Serienmodule im Januar 1990 von der MTU ausgeliefert. Die Musterzulassung des Triebwerks fand im August 1990 statt.
Bis Ende 1998 konnten von der PW 300-Triebwerksfamilie 500 Module ausgeliefert werden. Die Endmontage der MTU-Module erfolgt seit 1991 bei der Tochtergesellschaft MTU Maintenance Berlin-Brandenburg in Ludwigsfelde, ehemals Luftfahrttechnik Ludwigsfelde (LTL), die seit 1. Juli 1991 zur MTU-Gruppe gehört. Eine erste Anwendung dieses Triebwerks war das Raytheon Hawker 1000-Flugzeug. Die Serienauslieferungen dieses Flugzeugmusters begann im November 1991. Eine weitere Anwendung findet das Triebwerk im Bombardier Learjet 60.

Prototyp Fairchild Dornier 328 JET mit zwei PW 306

Seit Mitte 1993 wurde die leistungsgesteigerte Version PW 306A entwickelt. Der Startschub beträgt 23,3 kN. Sie ist für das isrealische Langstrecken-Geschäftsreiseflugzeug IAI »Galaxy«, früher bezeichnet als Astra IV, ein Flugzeug für 8 bis 19 Passagiere, vorgesehen. Der Erstflug dieses Flugzeugtyps erfolgte im Dezember 1997. Das Flugzeug befand sich Ende 1999 in der fortgeschrittenen Flugerprobung und FAA-Flugzulassung.
Die Version PW 306B kommt im neuen Regionaljet Fairchild Dornier 328 JET zum Einsatz. Erstflug in einem 328-Jet im März 1998 in Oberpfaffenhofen. Die Flugerprobung ist Ende 1998 bereits sehr weit fortgeschritten.
Das PW 305/PW 306 hat einen einstufigen Fan, einen Hochdruckverdichter mit 4 Axialstufen und einer radialen Endstufe, eine 2-stufige gekühlte Hochdruckturbine und eine 3-stufige Niederdruckturbine. Das Triebwerk hat ein digitales, elektronisches FADEC (Full Authority Digital Electronic Control)-Regelsystem. Der Erstlauf eines PW 306A-Triebwerks bei PWC erfolgte im April 1994.

Das Triebwerk PW 304, eine leistungsreduzierte Version mit nur 2 Axialstufen im Hochdruckverdichter und einem Startschub von 18 kN, machte am 6. November 1992 bei PWC seinen Erstlauf. Diese Triebwerksversion ist nicht in Serie gegangen. Das PW 308 ist eine leistungsgesteigerte Triebwerksversion mit einem modifiziertem Hochdruckverdichter. Der Startschub beträgt 35,6 kN. Die Prüfstandserprobung mit einer PW 308A begann 1998.

MTU-Beteiligung am PW 500

Seit 1993 ist die MTU auch an dem neuen Zweiwellen-Zweistromtriebwerk PW 500 von Pratt & Whitney Canada (PWC) beteiligt. Das Triebwerk ist als Nachfolger des sehr erfolgreichen JT15D-Triebwerks von PWC für Geschäftsflugzeuge im Schubbereich von 13,33 bis 17,77 kN vorgesehen. Es hat einen 12 bis 15 % günstigeren Brennstoffverbrauch als die Vorgängertriebwerke. Die MTU ist bei 25 % Programmanteil an diesem Programm

PW 545-Triebwerke liefern den Schub für das Geschäftsreiseflugzeug Cessna Excel

Turbofan-Triebwerk PW 535

u.a. für die 2-stufige Niederdruckturbine, das Austrittsgehäuse mit Mischer und für Triebwerkstestläufe verantwortlich. Der Fandurchmesser dieses Triebwerks ist 570 mm, das Nebenstromverhältnis 3,8:1 und die Triebwerksmasse 290 kg, der spezifische Brennstoffverbrauch im Reiseflug 20 g/kNs, die Turbineneintrittstemperatur 1625 K. Der erste Triebwerkslauf mit MTU-Modulen wurde am 29. Oktober 1993 in Toronto bei PWC durchgeführt. Die Flugerprobung in einem fliegenden Prüfstand, einer firmeneigenen Boeing B.720 B, hat 1993 begonnen.

Der erste Prüfstandslauf einer PW 545A für die Cessna Citation Excel (Startschub 16,2 kN) erfolgte im Dezember 1994. Der Erstflug erfolgte im März 1996 und die FAA-Zulassung im März 1998. Die Serientriebwerke sind mit einem Nordam-Schubumkehrer ausgerüstet. Eine weitere Anwendung fand dieses Triebwerk in der Version PW 530A mit 13,2 kN Startschub in der Cessna Citation Bravo. Die FAA-Zulassung für dieses Triebwerk erfolgte im Dezember 1995. Bis Ende 1998 wurden von der MTU ca. 170 Module von PW 500-Triebwerken ausgeliefert.

Turbofan-Triebwerk PW 530 Schnitt

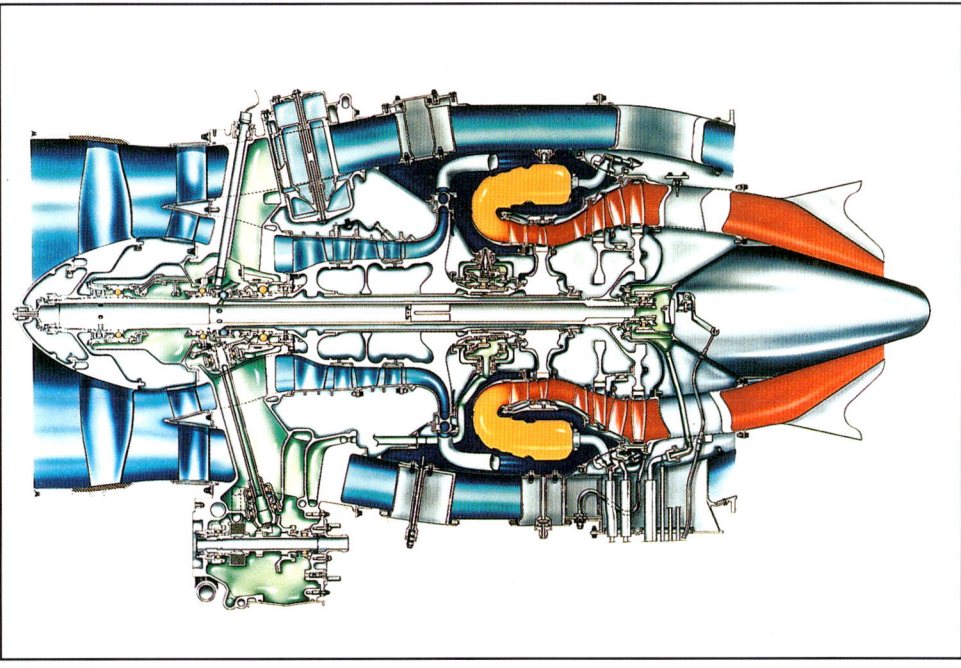

Technologie-Programme für Hochbypass-Triebwerke

Für zukünftige neuartige, noch wirtschaftlichere und umweltverträglichere Antriebe arbeitete MTU seit 1984 mit finanzieller Unterstützung durch das Bundesministerium für Forschung und Technologie (BMFT) an neuen Flugantriebskonzepten, den sogenannten ummantelten Propfan-Triebwerken mit verbessertem Gesamtwirkungsgrad bzw. Verringerung des spezifischen Brennstoffverbrauchs um etwa 15 %. Vielfach wird diese neue Generation von Triebwerken mit deutlich höherem Nebenstromverhältnis im Englischen auch als ultra-high bypass-ratio engines (UHBR) bezeichnet.

Als erstes Triebwerkskonzept wurde bei der MTU das sogenannte CRISP (Counter-Rotating Integrated-Shrouded Propfan) bearbeitet. Durch den Bau von Demonstrator-Triebwerken sollten die Verfügbarkeit derartiger Technologie und die Realisierbarkeit kritischer Komponenten und ihr Zusammenwirken in einem Triebwerk auf Prüfständen nachgewiesen werden.

Das CRISP-Triebwerkskonzept

Der CRISP in der Konzeption, wie er in der MTU seit 1984 konzipiert wurde, besteht aus einem Kerntriebwerk und einem Niederdruckteil mit großem zweistufigen gegenläufigen, ummantelten Propfan, einem gegenläufigen Planetengetriebe und einer transsonischen Niederdruckturbine.

Die beiden gegenläufigen Propfan-Rotoren haben jeweils 10 bis 12 gepfeilte Schaufeln aus Faserverbundwerkstoffen, die zur optimalen Betriebspunkteinstellung und zur Schubumkehr verstellt werden können. Wegen der Gegenläufigkeit konnte auf die Leitschaufeln verzichtet werden. Der Fanmantel ist mit 5 bis 7 nicht umlenkenden Stützrippen am Kerntriebwerk befestigt. Durch die Ummantelung werden – im Gegensatz zum offenen Propfan – auch die äußeren Schaufelpartien wirksam zur Energieübertragung eingesetzt. Zugleich wird die Lärmemission entscheidend reduziert.

Zwei hintereinanderliegende Rotoren mit kleinem Nabenverhältnis sind aerodynamisch vorteilhaft und gestatten – wegen geringerer aerodynamischer Versperrung – eine Steigerung der Durchströmgeschwindigkeit und damit einen größeren Massendurchsatz pro Stirnflächeneinheit als bei einem Turbofan.

CRISP-Modellfan im Deutsch-Niederländischen Windkanal

ADP bei Pratt & Whitney in West Palm Springs auf dem Prüfstand

Die CRISP-Konfiguration hat operationelle Vorteile gegenüber einer Einzelrotor-Anordnung mit festem Austrittsleitgitter – speziell bei Triebwerksausfall (windmilling) und bei Schubumkehr. Unmittelbar hinter der Propellernabe liegt das kompakte Planetengetriebe. Die Aufteilung der zu übertragenden Leistungen und Drehmomente auf zwei Wellen verringert die Getriebebelastung erheblich.

Der kurze, verlustarme Mantel ist teilweise aus Faserverbundwerkstoffen und schalldämmenden Stoffen gefertigt, sodaß die Flugzeugzelle und die übrige Umgebung gegen Lärmabstrahlung und Blattverlust ausreichend geschützt werden können. Der Lärmpegel im Kabinenbereich eines Flugzeugs würde dem von neueren Turbofan-Triebwerken entsprechen.

Die Mantelpropfan-Konzepte sind grundsätzlich für ein breites Einsatzspektrum im Mittel- und Langstreckeneinsatz vorgesehen. Beispielsweise wäre das CRISP-Antriebskonzept im Schubbereich 120 kN sehr gut für Flugzeuge mit etwa 150 Passagieren geeignet. Der Brennstoffverbrauch und damit auch die CO_2-Emission werden etwa 15 % niedriger sein als bei vergleichbaren konventionellen Triebwerken. Die direkten Betriebskosten (DOC) können um 3 bis 5 % gesenkt werden. In Zusammenarbeit mit der DLR und verschiedenen deutschen und ausländischen Forschungsinstituten lief bei der MTU viele Jahre ein umfangreiches CRISP-Technologieprogramm. Schwerpunkte waren dabei Untersuchungen zum CRISP-Betriebsverhalten in Windkanal-Modellversuchen, die Entwicklung leistungsfähiger analytischer Verfahren und die Erprobung kritischer Antriebskomponenten.

Das ADP-Technologieprogramm

Im Rahmen eines seit 1987 von der MTU gemeinsam mit Pratt & Whitney (USA) und Fiat Avio (Turin) durchgeführten Technologieprogramms wurde aus einer Vielzahl von möglichen Triebwerksvarianten intensiv auch das ADP (Advanced Ducted Propulsion-) Konzept einer einstufigen Fanstufe mit Schaufelblattverstellung und Planetengetriebe untersucht. Es wurde dazu nach Abschluß der theoretischen und experimentellen Vorarbeiten bei Pratt & Whitney in Hartford ein 1:1 Demonstratortriebwerk für Bodenläufe gefertigt. MTU war beim ADP mit ca. 25 % Anteil verantwortlich für den schnellaufenden dreistufigen Niederdruckverdichter mit Zwischengehäuse und die dreistufige transsonische Niederdruckturbine mit Welle, Austrittsgehäuse und Heißgasdüse. FiatAvio (8 %) übernahm das technisch sehr schwierige Untersetzungsgetriebe. Als Kerntriebwerk wurde dazu das PW 2040-Triebwerk verwendet, das bei Pratt & Whitney in Zusammenarbeit mit MTU in Serie gebaut wird. Am 14. September 1992 fand der erste Triebwerkslauf bei Pratt & Whitney in West Palm Beach, Florida, statt. Bis zu 209 kN Schub wurden bei diesen

CRISP. Bei MTU gefertigter Rotor mit einem Meter Durchmesser mit Schaufeln aus Kohlefaserwerkstoffen

Versuchsläufen erreicht und die Möglichkeit des Umkehrschubes mit Blattverstellung am 7. November 1992 nachgewiesen. Versuche im Windkanal bei NASA-Ames folgten. Der Lärmpegel war deutlich geringer als bei vergleichbaren konventionellen Turbofantriebwerken.

Gemeinsames Kennzeichen der bei MTU verfolgten CRISP/ADP-Konzepte sind ein Nebenstromverhältnis von 10 bis 20, ein Fan-Druckverhältnis von 1,2 bis 1,4, ein Fan-Wirkungsgrad von 90 bis 93 %, Verstellmöglichkeit des Fans einschließlich Schubumkehr, Herstellung der Fan-Schaufeln in Leichtbauweise mit Kohlefaser-Verbundwerkstoff, widerstandsarme, kurze und leichte Triebwerksgondel, schadstoffarme Brennkammer, Getriebe zwischen langsam laufendem Fan und schnellaufender Niederdruckturbine. Darüber hinaus waren Sonderbauarten ohne Getriebe oder mit nicht verstellbaren Fanschaufeln und konventionellem Schubumkehrer untersucht worden.

Engine 3E – Das Triebwerkskonzept der Zukunft

Basis des Engine 3E-Technologieprogramms ist die Entwicklung von fortschrittlichen Komponententechnologien. Zum triebwerksnahen Technologienachweis und zur Untersuchung ihres Zusammenwirkens werden diese neu entwickelten Komponententechnologien anschließend in ein Technologieträger-Kerntriebwerk integriert.
Die vom BMBF/BMWi geförderten Arbeiten werden in enger Kooperation mit Universitäten und der DLR durchgeführt.

Engine 3E-Verdichtertechnologie

Der von MTU im Rahmen des Engine 3E-Programms gestaltete und erprobte transsonische Hochdruckverdichter demonstriert die konsequente Weiterentwicklung der bei MTU vorhandenen langjährigen Erfahrung auf dem Gebiet der Hochdruckverdichter-Technologie. Von den heutigen Verdichtern im Serieneinsatz unterscheidet sich der kompakt gebaute Transsonik-Verdichter durch:
- ein höheres Stufendruckverhältnis
- höhere Umfangsgeschwindigkeiten
- ein kleineres Höhen- zu Seitenverhältnis der Schaufeln

Im Bereich der Niederdruckverdichter stellt sich MTU den besonderen Herausforderungen schnellaufender Niederdruckverdichter für Engine 3E-Triebwerke. So werden diese zukünftigen Verdichter hohe Stufendruckverhältnisse mit einem erweiterten Ar-

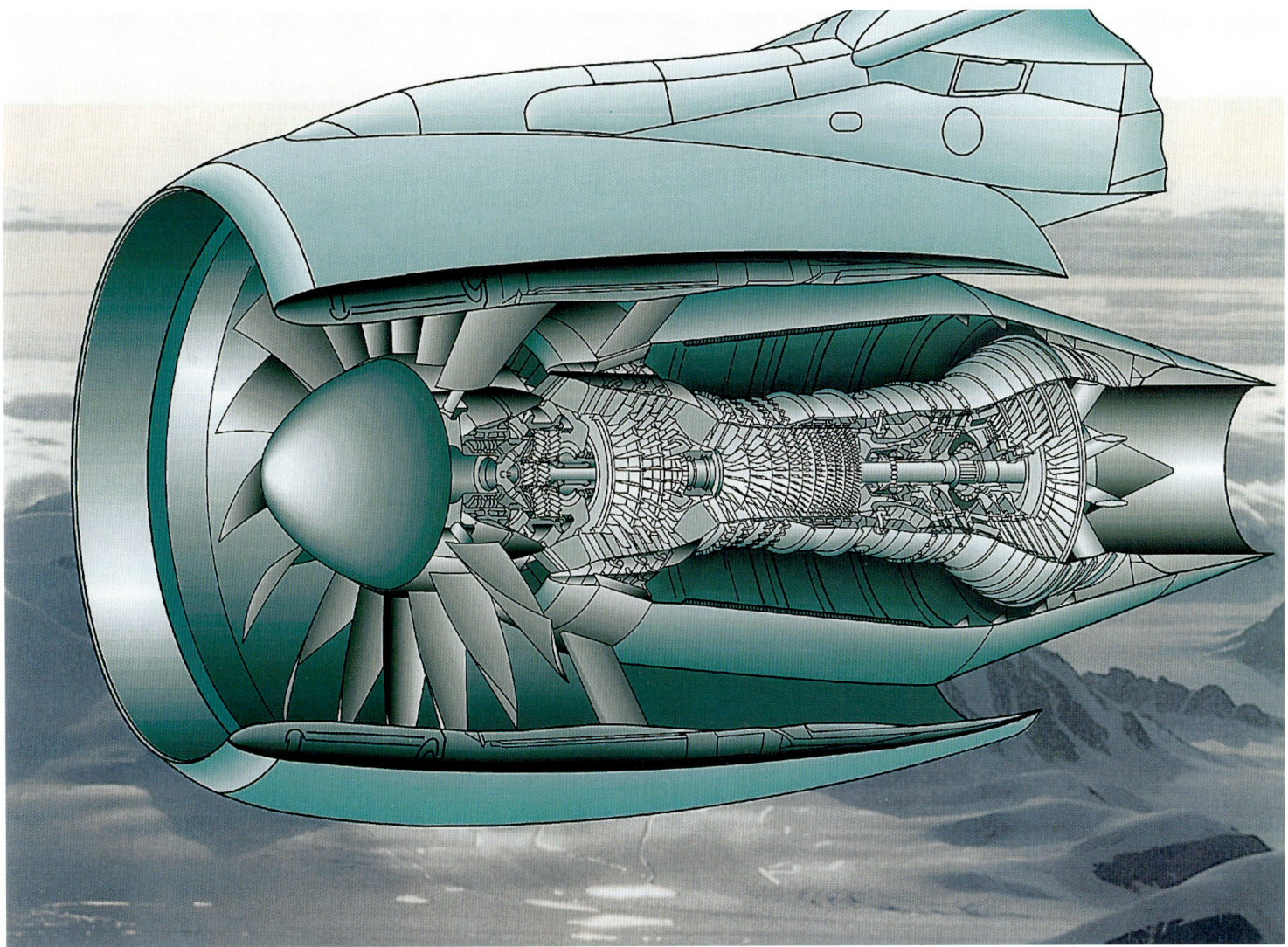

E3E-Konzept

Für Versuchsläufe fertig instrumentiertes Engine 3E-NiederdruckturbinenModul

beitsbereich haben und Leichtbaubeschaufelungen nicht mehr aus metallischen Werkstoffen, sondern zukünftig aus faserverstärktem Kunststoff hergestellt sein.

Bei der Erprobung des Transsonik-Hochdruckverdichters wird bei MTU modernste Prüfstandstechnik eingesetzt um potentielle Entwicklungsrisiken in einer möglichst frühen Phase bewerten und abfangen zu können. Neben einer umfassenden aerodynamischen Vermessung und Optimierung liegt ein weiterer Versuchsschwerpunkt in der Überprüfung des für die ganze Lebensdauer maßgeblichen statischen und dynamischen Strukturverhaltens.

Versuchsaufbau Engine 3E-Transsonik-Verdichter-Modul

Engine 3E-Brennkammertechnologie

Die zentrale Aufgabe, die an Brennkammern von zivilen Großtriebwerken gestellt wird, ist die Senkung der Schadstoffemissionen. In der Vergangenheit wurden bereits große Fortschritte bei Restkohlenwasserstoffen, Ruß und Kohlenmonoxid erzielt. Dagegen blieben die Stickoxidemissionen (NO_x) trotz Fortschritten in der Verbrennungstechnik nahezu unverändert, da im Bestreben den Brennstoffverbrauch (CO_2-Emissionen) zu senken, die Druckverhältnisse der Flugtriebwerke kontinuierlich angehoben wurden. Für eine deutliche Reduktion der NO_x-Emissionen sind wegen der weiter steigenden Druckverhältnisse unbedingt neue schadstoffarme Verbrennungskonzepte notwendig. Das MTU-Verfahren zur Reduzierung der Stickoxidemissionen basiert auf einer Homogenisierung der Brennstoffaufbereitung und einer Optimierung der Mischung mit dem Ziel, lokale Temperaturspitzen mit erhöhter No_x-Bildung zu vermeiden. Die MTU-Brennkammer eignet sich aufgrund der unveränderten Baugröße auch hervorragend zur Nachrüstung existierender Triebwerke. Eine fünfzigprozentige Reduktion des NOx-Wertes, relativ zur ICAO-Richtlinie wurde bereits demonstriert.

Engine 3E-Turbinentechnologie

Die Wirkungsgrade moderner Turbinen liegen heute bereits auf einem so hohen Niveau, daß nur noch leichte Verbesserungen möglich sind und bei den Anforderungen an Turbinen für zukünftige Triebwerke die Reduktion der Herstell- und Wartungskosten, der Masse, der Baulänge und der Anzahl der Bauteile im Vordergrund steht. Dabei werden von Niederdruckturbinen für konventionelle Turbofantriebwerke kontinuierliche Verbesserungen erwartet und bei Hochdruckturbinen zum Antrieb von Geschäftsreiseflugzeugen wird der Übergang von der zwei- auf die einstufige Brennkammer-Bauform gefordert.

Ein wesentlicher Schwerpunkt im Rahmen des Engine 3E-Programmes ist die Bereitstellung von schnellaufenden transsonischen Niederdruckturbinen für künftige Engine 3E-Triebwerke. Die Arbeiten bauen auf die langjährige Erfahrung und die konsequente Weiterentwicklung der Technologie auf, die sich die MTU auf dem Gebiet der konventionellen Niederdruckturbinen für zivile Anwendungen erworben hat.

Im Rahmen des E3E-Programms wurden inzwischen erfolgreich neu ausgelegte schnellaufende Niederdruckturbinen mit sehr hohem Expansionsverhältnis (ca. 7:1 bei 3 Stufen) und sehr gutem Wirkungsgrad erprobt.

Zukünftige Zielsetzungen

In der 1. Phase des deutschen Luftfahrtforschungsprogramms 1994 - 1998 wurden Grundlagentechnologien erarbeitet und in der Regel auf Komponentenebene verifiziert. Im nächsten logischen Schritt sollen in der Fortführungsphase des Luftfahrtforschungsprogramms – Phase 2 – die neu entwickelten Komponententechnologien für
• den Hochdruckverdichter mit hoher Leistungskonzentration
• die schadstoffarme Brennkammer und
• die Hochtemperatur Hochdruckturbine
in ein Technologieträger-Kerntriebwerk integriert werden, um sie in ihrem Zusammenwirken triebwerksnah untersuchen und demonstrieren zu können. Hauptpartner des Technologieträger-Kerntriebwerksprogramms sind die Firmen MTU und BMW Rolls-Royce, die von Ausrüstern, Universitäten und DLR unterstützt werden. Dieses geplante Kerntriebwerk bildet mittelfristig zusammen mit dem schnellaufenden Niederdrucksystem die Basis für ein Engine 3E-Triebwerk.

In optimaler Ergänzung zum Luftfahrtforschungsprogramm entwickelt MTU im Rahmen der EU-Forschungsförderung Technologien für neuartige Triebwerkskonzepte mit Zwischenkühlung und Wärmetauscher, die langfristig noch weitere Verbesserungen bezüglich Umweltverträglichkeit und Wirtschaftlichkeit versprechen.

Forschung und Entwicklung

Neue Technologien

Die wirtschaftliche Situation eines Unternehmens ist langfristig nur zu sichern, wenn das technologische Wissen laufend erweitert, die Produkte verbessert und neue Produkte entwickelt werden. Die Entwicklung und Produktion von Gasturbinen-Flugtriebwerken ist stets Wegbereiter neuer Lösungen von hohem volkswirtschaftlichem Nutzen gewesen. Von ihr sind in der Vergangenheit wichtige Impulse über die zivile und militärische Luftfahrt hinaus auf andere Bereiche der Technik ausgegangen. Abgewandelte Luftfahrtgasturbinen findet man heute als Kraftmaschinen in vielen Anwendungen, z. B. als Schiffs- und Lokomotivantrieb, als Antrieb von Pumpen zur Erdgasförderung oder als Generatorantrieb.

Transsonische Verdichter und Hochleistungsturbinen mit neuen Schaufelkühlungsverfahren, wie sie bei Flugantrieben seit Jahren benutzt werden, finden heute Anwendung bei Großgasturbinen in Kraftwerken. Die Weiterentwicklung solcher Großgasturbinen auf Leistungen um 300 MW ist ohne Nutzung der im Flugtriebwerkbau gewonnenen Grundlagen nicht denkbar.

Vier Hauptkriterien sind für den Erfolg bei einer Triebwerkneuentwicklung entscheidend: Das durch Erfahrung abgesicherte theoretische Wissen in Form der neuesten Berechnungs- und Auslegungsmethoden, umfangreiche konstruktive Erfahrungen eines ausreichend großen Ingenieurteams, die Beherrschung der neuesten Fertigungs- und Werkstofftechnologie und die Anwendung neuester Meß- und Versuchstechniken.

Finite-Elemente-Modell eines Turbinengehäuses

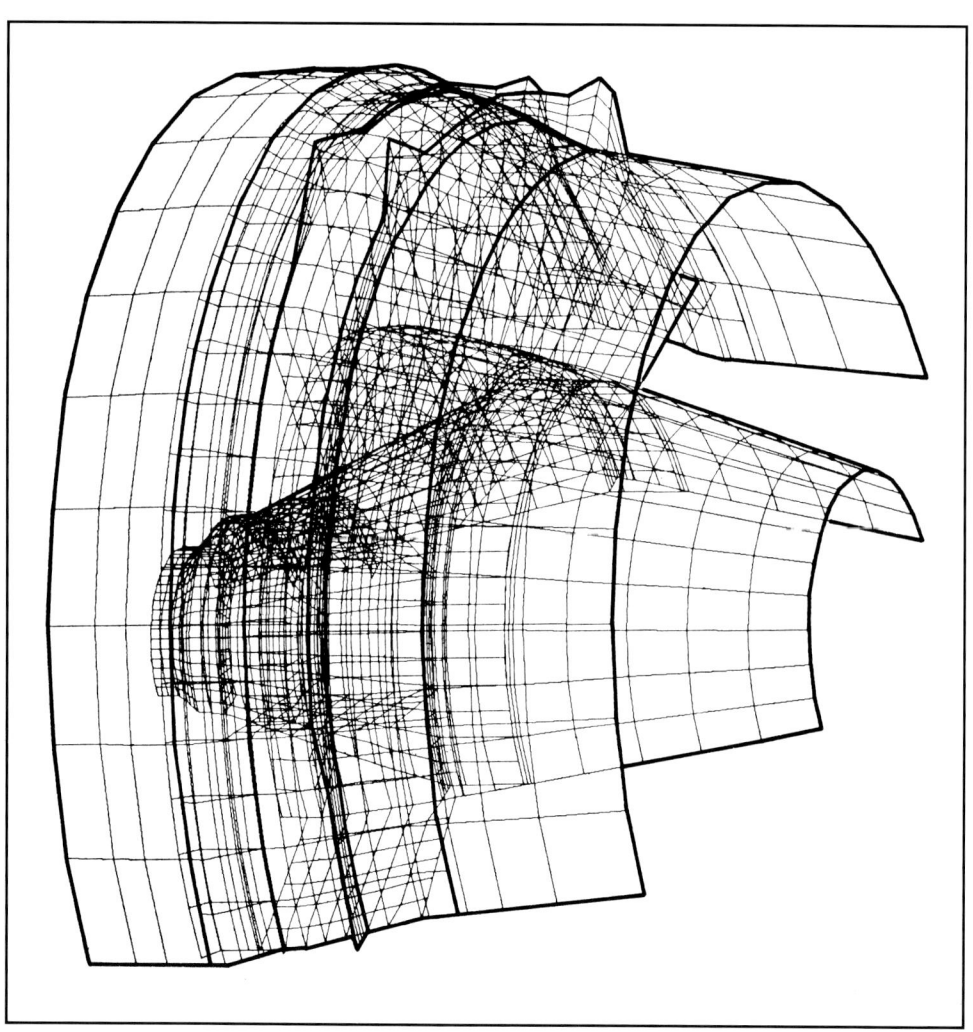

Fortschrittlicher Kleintriebwerkrotor mit kombiniertem, dreistufigem Axialverdichter, einstufigem Radialverdichter und zwei Axialturbinenstufen

Eine wesentliche Voraussetzung zur wirtschaftlichen Entwicklung fortschrittlicher Triebwerke sind zuverlässige Methoden zur Vorausberechnung ihrer aerodynamischen Eigenschaften und Verfahren zur Berechnung der verlustfreien Strömung, die befriedigende Ergebnisse liefern. Da in absehbarer Zeit eine rein theoretische Bestimmung des realen Verhaltens der Strömung in Verdichter und Turbine nicht möglich sein wird muß auch weiterhin auf empirisch ermittelte Verlustzahlen zurückgegriffen werden.

Voraussetzung für jede Verbesserung der Berechnungsverfahren ist eine tiefere Kenntnis der physikalischen Vorgänge in den Strömungsmaschinen, die vor allem durch neue optische Geschwindigkeitsmeßverfahren, wie dem Laser-Zwei-Fokus-Meßverfahren, erwartet werden kann. Es erlaubt eine sehr gute Überprüfung der den modernen Berechnungsverfahren zugrundegelegten Modellvorstellungen.

Für Triebwerke mit Kurzzeiteinsatz wie z. B. für Hubschrauber und kleinere Flugzeuge, deren Anschaffungspreis niedrig sein muß, sind Axialverdichter wegen der sehr hohen Fertigungskosten zumeist nicht einsetzbar. Deshalb hat die MTU ihre Aktivitäten auf dem Gebiet des Radialverdichters verstärkt und in den letzten Jahren große Fortschritte erzielt. Mit Radialverdichtern sind in einer Stufe Druckverhältnisse von 7 bis 10, Wirkungsgrade über 80 % und erträgliche Pumpgrenzabstände verwirklicht worden. Eine weitere Verbesserung ist möglich, wenn es gelingt, die in den Laufrädern auftretenden Strömungsablösungen zu vermindern und den Strömungsverlauf im Laufrad und im Diffusor eingehender zu analysieren.

Turbinen sind die Strömungsmaschinen, die sich heute am sichersten vorausberechnen lassen und bei denen sich die Vorausberechnung im allgemeinen im Versuch bestätigt, so lange sich der Versuch auf Kaltluft als strömendes Medium beschränkt, die aerodynamische Belastung gering ist und die relativen Machzahlen im Unterschallbereich liegen.

Von großer Bedeutung sind die Fortschritte bei der Spaltanpassung zwischen umlaufenden Schaufeln und Gehäuse mit der sogenannten aktiven Spaltkontrolle, bei der je nach Betriebszustand das Turbinengehäuse mit Kühlluft beaufschlagt und gekühlt wird.

Hauptziele bei der Brennkammerentwicklung sind eine möglichst gleichmäßige Temperaturverteilung am Austritt bei hoher Brennkammerbelastung und eine möglichst geringe Emission von Schadstoffen. Dabei werden die Fragen der Rauchbildung gleichermaßen bei militärischen wie bei zivilen Triebwerken gezielt angepackt.

Umkehrringbrennkammer mit Luftzerstäuber-Brennstoffdüse für Kleingasturbinen

Hochdruckbrennkammerprüfstand, der in Zusammenarbeit mit der MTU bei der DLR in Porz errichtet wurde

Erprobungsträger zur Untersuchung sämtlicher Keramikkomponenten unter Heißgasbedingungen

Eine erfolgreiche Brennkammerentwicklung erfordert die Erprobung unter realistischen Triebwerkbedingungen, d. h. es sind triebwerk-äquivalente Brennkammereintrittstemperaturen und entsprechende Drücke erforderlich. Solche sehr aufwendigen Versuchseinrichtungen stehen heute sowohl für kleine als auch für große Massenströme und hohe Drücke zur Verfügung. Ein bei der DLR Köln in Zusammenarbeit mit der MTU gebauter und betriebener Hochdruckprüfstand war dazu eine wertvolle Hilfe.

Hohe Turbineneintrittstemperaturen führen zu günstigem Brennstoffverbrauch und hohen spezifischen Leistungen. Sie erfordern jedoch gleichzeitig einen hohen Aufwand für die Bauteilkühlung und für Kühlluftführungen und zwingen zur Verwendung teurer Werkstoffe mit immer knapper werdenden Legierungsbestandteilen bei den warmfesten Werkstoffen. Es besteht daher das Ziel, diese Materialien teilweise zu ersetzen oder ohne Bauteilkühlung auszukommen.

Mit Unterstützung des BMFT wurde 1974 von der MTU zusammen mit anderen deutschen Unternehmen und Instituten ein zunächst auf drei Jahre befristetes Programm zur Entwicklung von keramischen Bauteilen für Brennkammern, Turbinen und Heißgasführungen gestartet.

Im Jahre 1977 begann dann ein zweites bis Februar 1980 gehendes Dreijahresprogramm mit dem Ziel, diese Bauteile unter triebwerkähnlichen Bedingungen zu erproben. Dazu wurde bei der MTU ein spezieller Versuchsträger konstruiert. Der Erstlauf erfolgte Ende 1979. Die weiteren Arbeiten waren gekennzeichnet von der Langzeiterprobung einer größeren Zahl von Bauteilvarianten mit dem Ziel einer abschließenden Analyse und Optimierung der Bauteilformgebung. Parallel dazu liefen Arbeiten besonders auf dem Gebiet der Verbesserung der Konstruktions- und Fertigungstechniken sowie der Prüf- und Abnahmetechniken von Keramikbauteilen.

Die Arbeiten in der Keramikkonstruktion befaßten sich auch mit Anwendungen für Abgasturbolader. Im Vordergrund standen dabei Turbinenräder aus heißisostatisch nachverdichtetem, gesinterten Siliziumkarbid.

Gepreßtes kohlefaserverstärktes Verdichtergehäuse für Kleingasturbinen

Keramikturbinenräder mit unterschiedlicher Naben/Wellen-Verbindung: Keramik-Einzelschaufel (links) und integriertes Turbinenrad (rechts)

Triebwerkbauteile aus keramischen Werkstoffen

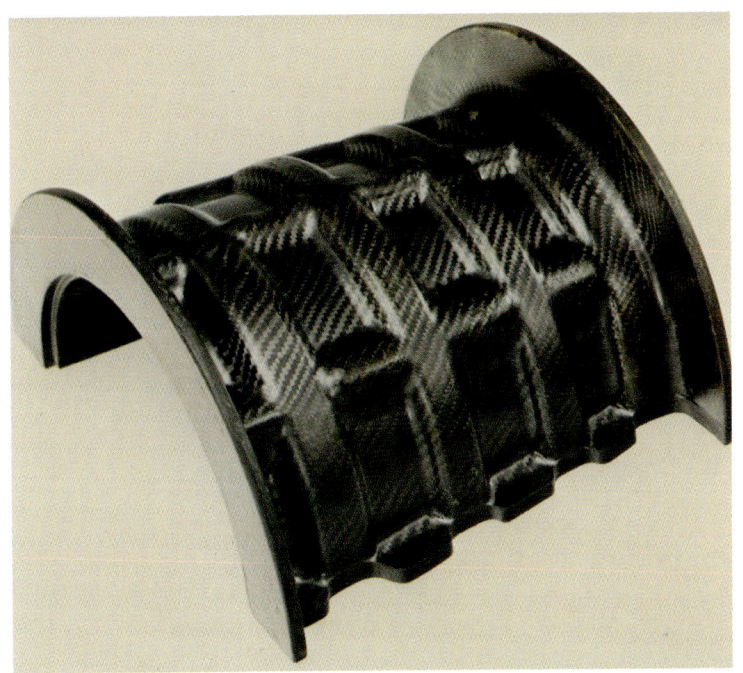

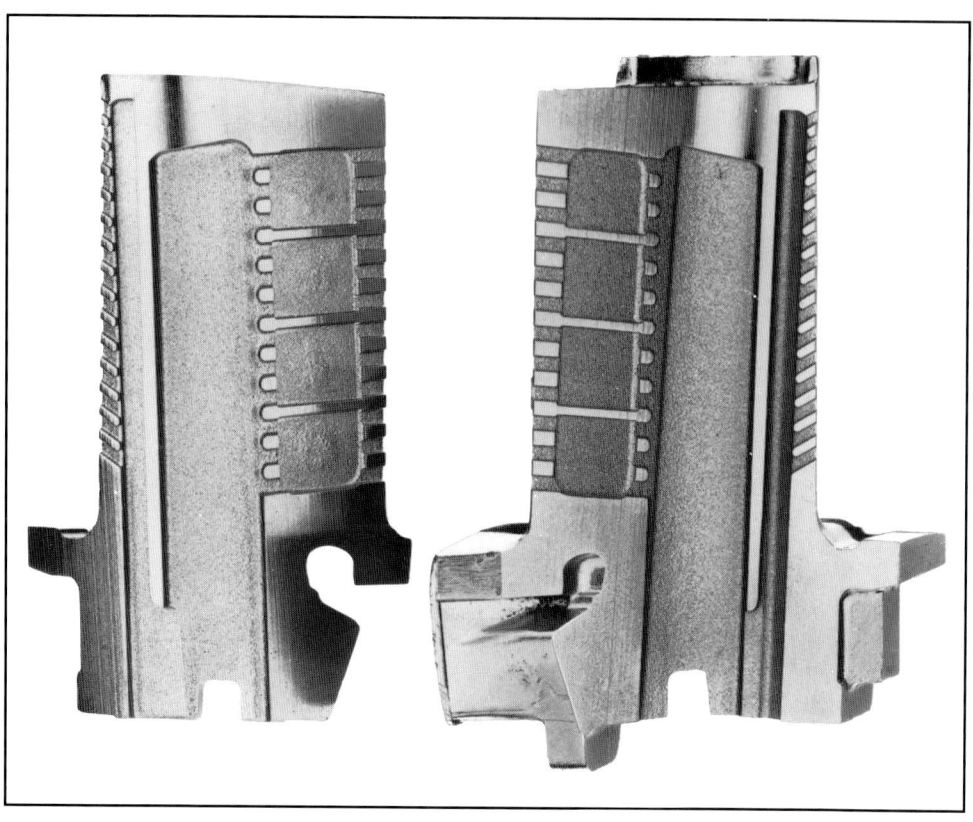

Schaufelhälften einer gekühlten Turbinenschaufel, die mit Diffusionslöten verbunden werden

Bei der Entwicklung neuer Turbinenschaufeln und besserer Turbinenwerkstoffe werden mehrere Richtungen verfolgt. Im Zusammenhang mit der Qualifikation von Einkristallschaufeln für das Tornado-Triebwerk wurden eingehende Untersuchungen zur Absicherung des Gießverfahrens und zur Sicherung der Eigenschaften durchgeführt. Zusätzlich wurde damit begonnen, in Zusammenarbeit mit den Gießereien, die Kennwerte weiterer Einkristallwerkstoffe zu ermitteln.

Ein vielversprechendes Arbeitsgebiet sind die sogenannten gefügten Schaufeln, d. h. die Herstellung von Schaufeln, die aus mehreren Einzelteilen bestehen und mit einem Fügeverfahren wie dem Diffusionslöten verbunden werden. Dieses Verfahren eignet sich besonders, um im Versuchsbetrieb Prototypturbinenschaufeln mit komplexer Kühlkonfiguration schnell herzustellen. Als Demonstration der Anwendbarkeit dieses Prinzips dienten z. B. die Mitteldruckturbinenschaufeln mit diffusionsverbundener Vorderkante für das Tornado-Triebwerk.

Metall/Keramik-Leitschaufelsegmente wurden auch bereits in einem Heißgasversuch über knapp 200 Stunden mit guten Ergebnissen getestet. Dabei waren die Leitschaufelsegmente einem Temperaturwechsel zwischen 575 und 1675 K ausgesetzt.

Mit pulvermetallurgisch hergestellten Mitteldruckturbinenscheiben wurden im Triebwerkversuch Laufzeiten von rund 250 Stunden erreicht.

Bei der Darstellung von pulvermetallurgisch hergestellten Bauteilen wie Turbinenscheiben aus Titan- und Nickelwerkstoffen, wird an der Verbesserung der Formgenauigkeit gearbeitet. Auf dem Gebiet der Werkstoffmechanik wird intensiv der Einfluß von Fehlerstellen auf die Lebensdauer von Bauteilen untersucht. Dabei wurde als wesentlich erkannt, daß diese hochfesten Werkstoffe bei voller Ausnutzung ihrer Festigkeit selbst auf winzige Fehlerstellen äußerst empfindlich reagieren. Die hohe Festigkeit läßt sich nur dann voll nutzen, wenn entsprechend hohe Qualitätsanforderungen eingehalten werden können. Dies gilt sowohl für innere Fehler wie Schwindungsporen als auch für äußere Fehler wie Kratzer und Riefen an den Bauteiloberflächen.

Der größte Anteil der künftig erzielbaren Verbesserungen liegt in der Anwendung dieser modernen Werkstoffe und Verfahren. Die Werkstofftechnologie dürfte der Schlüssel sein für die nächsten großen Schritte mit Turbotriebwerken wie auch mit klassischen Verbrennungsmotoren.

Übersicht über die MTU-Kleintriebwerktechnologieträger

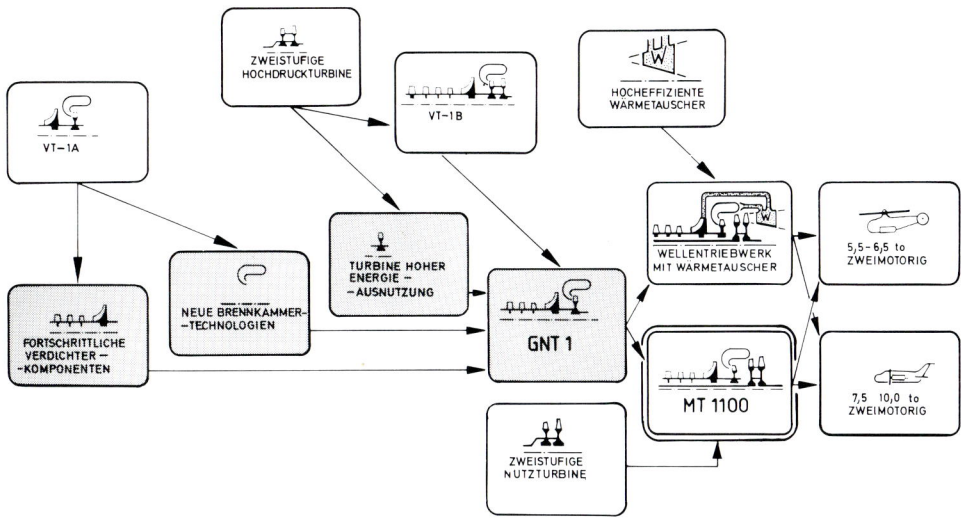

Moderne Versuchsträgerprogramme

Seit 1975 laufen bei der MTU mehrere überwiegend aus Eigenmitteln finanzierte Versuchsträger-Entwicklungsprogramme. Diese Programme dienen als Vorentwicklungsprogramme für fortschrittliche Komponenten von Flugtriebwerken für die verschiedenen Leistungsbereiche und das Zusammenwirken dieser Komponenten in Versuchsträger-Triebwerken, sogenannten Demonstratoren, die das Kernstück und im allgemeinen auch den technisch anspruchsvollsten Teil von Wellen- und Strahltriebwerken bilden. Mit ihnen sollen nicht nur aero- und thermodynamische Erkenntnisse gesammelt, sondern vor allem die Probleme der mechanischen Bauteilentwicklung gelöst, neue Wege der konstruktiven Gestaltungen geprüft und neue Meß- und Versuchsmethoden erprobt werden. Die Versuchsträgerprogramme sind so ausgerichtet, daß ein Maximum an Ergebnissen für alle denkbaren zukünftigen Triebwerkprogramme anfallen.

Versuchsträger VT 1A

Der MTU-Versuchsträger VT 1A entspricht dem Gaserzeuger eines 450 kW-Triebwerks. Der einstufige Radialverdichter mit dem Druckverhältnis 7 wird aus Stahl oder in einer anderen Ausführung aus Titan gefertigt. Die Brennkammer ist eine hochbelastbare Umkehrringbrennkammer mit Verdampfer-Einspritzsystem. Damit können verschiedene Brennstoffaufbereitungssysteme erprobt werden. Die einstufige transsonische Gasgeneratorturbine hat gekühlte Leitschaufeln.

Der Versuchsträger ist sehr umfangreich instrumentiert und an ein großes Lufteintrittsgehäuse angeflanscht. Der Luftdurchsatz beträgt etwa 2,4 kg/s und die Rotordrehzahl rund 50 000/min. Der erste Prüflauf erfolgte im April 1977.

Versuchsträger VT 1A auf dem Prüfstand

Versuchsträger VT 1 B

Der MTU-Versuchsträger VT 1B dient der Erprobung von Bauteilen für Luftfahrtgasturbinen im Leistungsbereich von 800 bis 1800 kW. Er hat einen vierstufigen Axialverdichter mit verstellbaren Leitschaufeln, kombiniert mit einem einstufigen Hochdruck-Radialverdichter. Das Verdichterdruckverhältnis beträgt 12 bis 14. Die Brennkammer ist als Umkehrringbrennkammer ausgeführt. Die Turbineneintrittstemperatur liegt im Bereich von 1450 bis 1550 K. Die Turbine hat zwei Stufen und ist gekühlt. Eine Erweiterung des Versuchsträgers um eine Nutzturbine mit verstellbaren Leitschaufeln und der Einsatz eines Wärmetauschers ist möglich. Der Erstlauf des Versuchsträgers VT 1B erfolgte im Dezember 1979.

Schnitt durch den Versuchsträger VT 1B

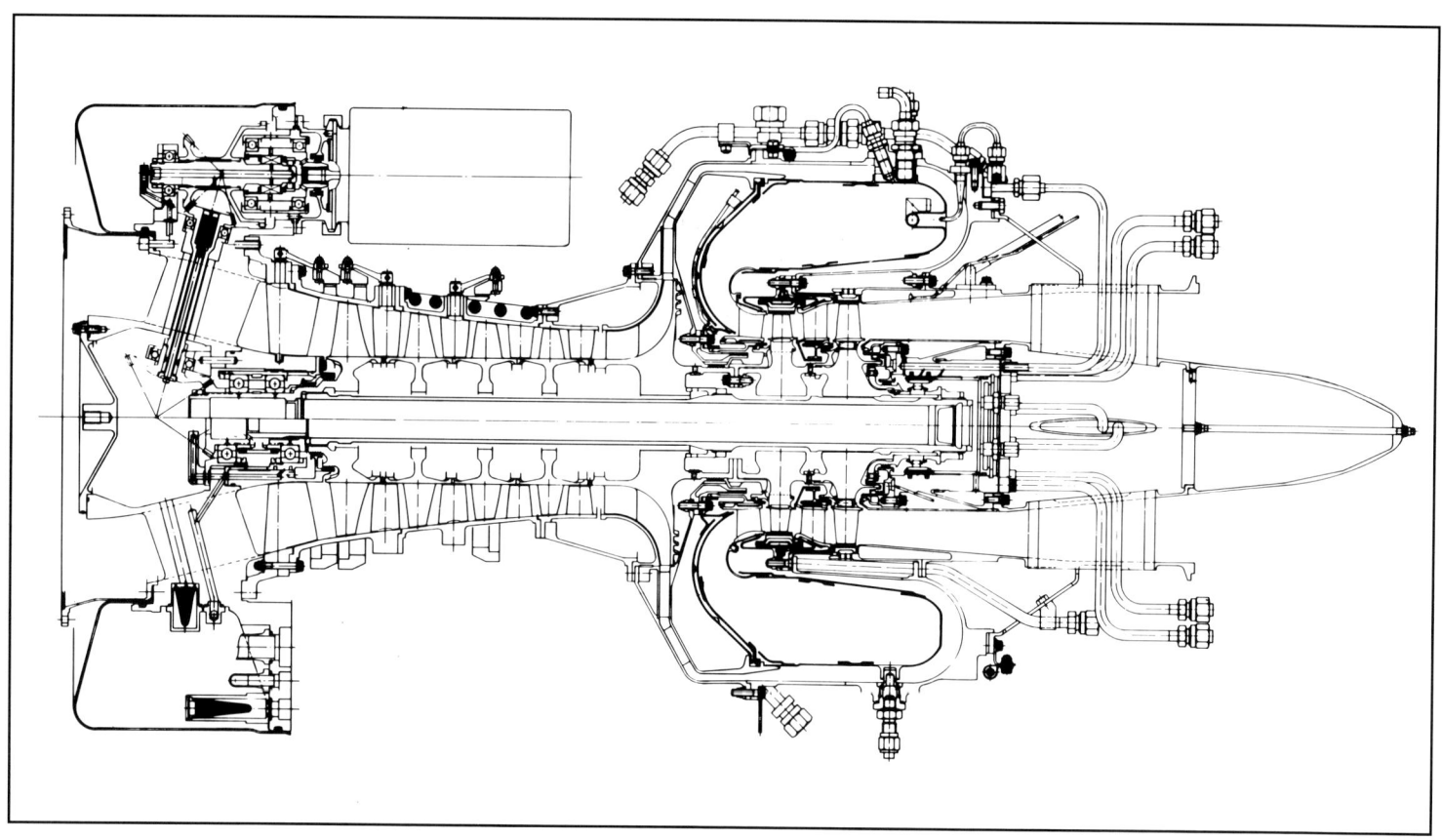

Versuchsträger VT 3

Als Basis für den Versuchsträger VT 3 dient der Hochtemperatur-Gasgenerator des RB.199-Triebwerks. Der Versuchsträger ist geeignet zur Erprobung von Baugruppen und Bauteilen für Triebwerke im Schubbereich von 28 bis 50 kN ohne und von 35 bis 80 kN mit Nachbrenner und zwar unabhängig von der gewählten Gasgeneratorkonfiguration.

Der Versuchsträger VT 3, mit dem Ende 1981 Versuchsläufe begonnen haben, dient der Entwicklung und Erprobung fortschrittlicher Triebwerktechnik unter möglichst realistischen, stationären und instationären Betriebsbedingungen. Er ist so konstruiert, daß neben dem Betrieb mit komplettem Aufbau (Mitteldruck- und Hochdrucksystem) das Hochdrucksystem nach Einbau entsprechender Anpaßteile auch separat gefahren werden kann. Der Schwerpunkt des auf der Basis des VT 3 durchzuführenden Entwicklungs- und Erprobungsprogramms liegt auf Komponentenversuchen, die nur im Gesamtverband eines Gasgenerators und nur bei triebwerkgerechter Konstruktion der Bauteile durchgeführt werden können.

Versuchsträger VT 3

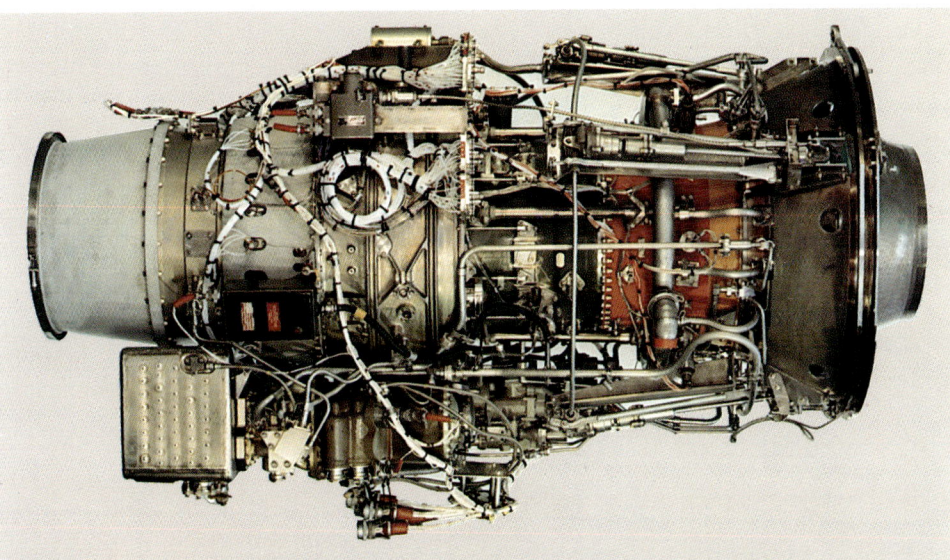

Prüfstanderprobung mit dem Versuchsträger VT 3

BLISK-Technologie

Die integrale Bauweise der Verdichterbeschaufelung und Rotoren stellt eine besondere technologische Herausforderung dar. Der englischsprachige Ausdruck heißt »Bladed Disk«, abgekürzt »BLISK«. Die Blisk-Bauweise verspricht eine Massereduzierung durch Wegfall des (Einzel)-Schaufelfußes abhängig von der Geometrie des Verdichters und einen davon abhängigen Nutzlast/Reichweitengewinn für ein Flugzeug. In der Kombination von geringen Herstellkosten und den Kosten für die Reparatur dürfte auch der Ersatzteilaufwand und der Wartungsaufwand geringer sein.

Lineares Reibschweißen

Bei der MTU werden die ersten beiden Verdichterstufen als Blisk-Bauteile durch ein lineares Reibschweißverfahren hergestellt. Gegenüber der konventionellen Blisk-Bauweise mit Zerspanen aus dem Vollen, bietet die Verbindung der einzelnen Bauteile durch das lineare Reibschweißen Kostenvorteile. Ein Blisk-Bauteil kann schmiedetechnisch mit optimalen Gefüge- und Festigkeitseigenschaften ausgestellt werden. Die eingesetzten Verdichterschaufelblätter können einbaufertig geschmiedet werden. Durch den Schweißprozeß ergibt sich in der Schweißzone im Übergangsradius zwischen Schaufelblatt und Nabe ein extrem feinkörniges Gefüge, dessen statische und dynamische Festigkeit höher als die des Grundwerkstoffes ist.

Im Rahmen eines Kooperationsprogrammes wurde bei der MTU eine Prototypenschweißanlage beschafft. Sie besteht im wesentlichen aus einem mechanisch angetriebenen Oszillator, der die Linearbewegung erzeugt und dem Werkstückhalter, der die Werkstücke aufnimmt, positioniert und die Klemm-, Stauch- und Reibkräfte überträgt. Der Oszillator ist mit einer Einrichtung versehen, die es gestattet, die Amplitude am Ende des Schweißvorgangs innerhalb von Sekundenbruchteilen auf null zu fahren und die angeschweißte Schaufel in Soll-Lage mit enger Toleranz zu positionieren. Auf der Schweiß-Prototypenanlage wurden umfangreiche Grundlagenuntersuchungen mit verschiedenen Titanlegierungen durchgeführt. Sie dienten der Ermittlung optimaler Schweißparameter, der Bestimmung der Verbindungsfestigkeit, der Prozeßreproduzierbarkeit sowie der Erarbeitung grundlegender Erkenntnisse über die beim Schweißvorgang ablaufenden metallphysikalischen Prozesse.

Adaptives Fräsen

Für die abschließende Bearbeitung des Blisks müssen nur der Spannbund und die Fügezone überfräst werden. Für diese Fräsbearbeitung ist bei der MTU ein neuer Typ Fräsmaschine mit integrierter Meßtechnik und spezieller Software für das sogenannte adaptive Fräsen entwickelt worden. Die Maschine muß die Lage der Schaufelblätter nach dem Schweißvorgang exakt ermitteln und die Daten möglicher Abweichungen in ein NC-Programm zur mehrachsigen, simultanen Fräsbearbeitung liefern. Fräsmaschinenseitig führen die Anforderungen zur Definition einer 6-Achsen-Hochgeschwindigkeitsfräsmaschine mit entsprechender Software.

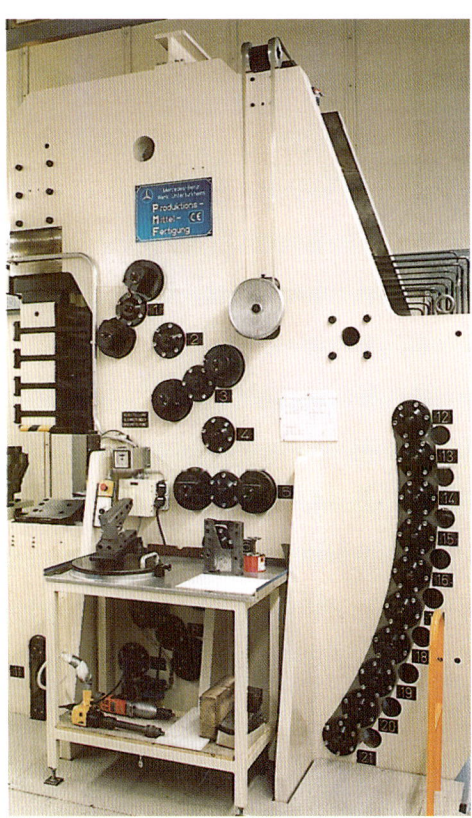

Fertigung eines Blisk-Verdichterades durch Hochgeschwindigkeitsfräsen aus dem Vollen.

Werkzeugmaschine zum linearen Reibschweißen für die Herstellung von Blisk-Verdichtern aus Titan.

Dichtungstechnologie

Fertigung von Bürstendichtungen

Fertigung der Bürstendichtungen

In Triebwerken spielt, wie bei allen Turbomaschinen die Dichtungstechnologie zur Erreichung eines guten thermodynamischen Wirkungsgrades eine große Rolle. Da die Strömungsvorgänge in Turboflugtriebwerken bei einem hohen Druckniveau und bei hohen Temperaturen ablaufen, werden besondere Anforderungen an die Materialbeschaffenheit der heute verwendeten Labyrinthdichtungen gestellt. Bei MTU entwickelte neuartige Bürstendichtungen sind wegen ihres geringen Abnutzungsgrades sehr gut für Turbomaschinen und Turbostrahltriebwerke geeignet.

Bei bisherigen Ausführungen dieser Dichtungselemente mußten die Dichtdrähte durch einen komplizierten und aufwendigen Schweißvorgang im Dichtungsgehäuse befestigt werden. Dies führte mitunter zum Verlust oder schnellem Abrieb der Drähte im Einsatz. Basis für das neue bei MTU entwickelte Fertigungsverfahren ist eine Klemmtechnologie anstelle des bisherigen komplexen Schweißverfahrens. Die neue Befestigungstechnik erlaubt es, bis zu 300 Drähte pro Millimeter unter einem Winkel von 45 Grad sicher zu halten. Die feinen Drähte der Dichtung passen sich den radialen Bewegungen sehr gut an. Ein weiterer wesentlicher Vorteil der Innovation besteht darin, daß die Dichtung jetzt aus einzelnen Elementen aufgebaut ist, die auf sehr einfache Art - durch Klemmen und Bördeln - miteinander verbunden sind. Dadurch kann die Formgebung der Einzelelemente optimal gestaltet werden, wodurch sich die Funktion der Dichtung erheblich verbessert. Die MTU-Bürstendichtung wird inzwischen neben der Anwendung in Luftfahrtantrieben auch in Dampf- und Industriegasturbinen erprobt.

Verwendung von zwei Bürstendichtungen in einem militärischen Triebwerk

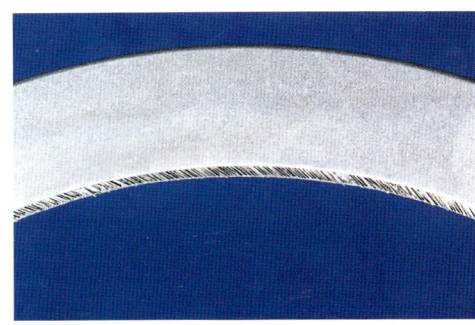

Bürstendichtung für militärisches Triebwerk

Sänger II – Wiederverwendbarer zweistufiger Raumtransporter

Antriebskonzepte für Raumflugkörper

Das Bundesministerium für Forschung und Technologie (BMFT) hat 1989 Aufträge für ein umfangreiches Technologieprogramm für das deutsche Raumfahrtprojekt »Sänger« – einen zweistufigen Raumtransporter – vergeben.

Das für die untere Stufe vorgesehene Turbo-Strahltriebwerk stand im Mittelpunkt des Technologieprogrammes. Die MTU arbeitete in diesem Projekt zusammen mit MBB und war die Leitfirma für »Luftatmende Antriebe«. Die Deutsche Forschungsanstalt für Luft- und Raumfahrt (DLR) war ebenfalls an dem Programm beteiligt und führte Komponenten- und Windkanalversuche durch.

Die Aktivitäten für das Antriebssystem begannen mit umfangreichen Konzeptuntersuchungen. Es wurden die unterschiedlichen Antriebskonzepte im Detail verglichen, basierend auf Leistungsabschätzungen, Missionsanalysen, Triebwerksauslegungen und Einbauuntersuchungen. Unter diesen Konzepten war auch ein HyperCRISP und eine Turbofan/Ramjet-Kombination mit einem gegenläufigen, verstellbaren Fan.

Hyperschall-Kombinationstriebwerk

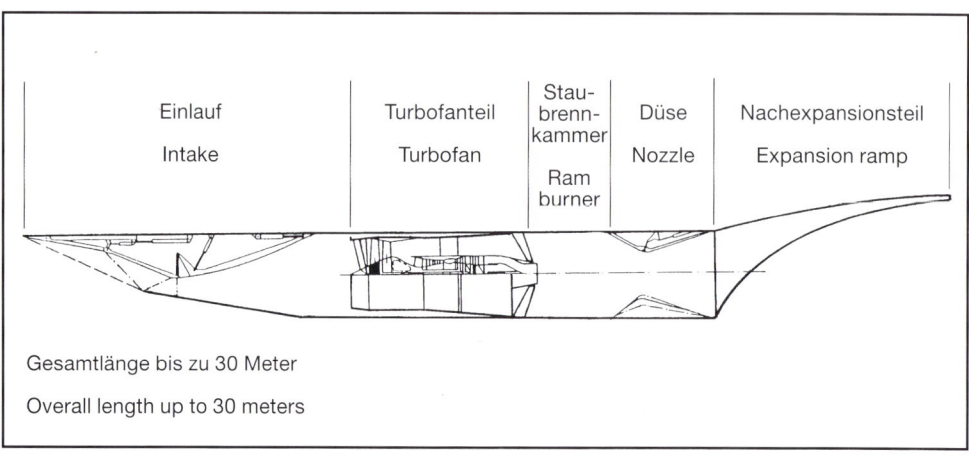

Das MTU-Triebwerkskonzept versprach optimale Einsatzflexibilität. Bei reinem Staustrahlbetrieb mit einer Flugmachzahl über 3,5 werden bei diesem Entwurf zur Erreichung eines niedrigen Strömungswiderstandes die Fanschaufeln in Segelstellung gebracht und das Kerntriebwerk geschlossen. Ferner bot das MTU-Konzept niedrigen Brennstoffverbrauch während des Reiseflugs.

Gleichzeitig mit der Bewertung der Konzepte wurde ein Technologie-Programm begonnen. Neben der Leitungsfunktion für das luftatmende Antriebssystem war MTU für das Turbo-Triebwerk mit dem verstellbaren Hochtemperatur-Fan, die Schubdüse mit verstellbarer Geometrie und den Wasserstoff-Kühlluftkühler verantwortlich. Fortschrittliche Leichtbauweisen und der Einsatz besonderer Hochtemperatur-Werkstoffe wurden untersucht. MBB konzentriert seine Leistungen im Rahmen der Antriebstechnologie auf den verstellbaren Einlauf, die Staubrennkammer und den Wasserstofferhitzer.

Dieses vom BMFT unterstützte Programm lief zunächst bis 1995 und führte zu den ersten wesentlichen Demonstrator-Komponenten, so z.B. eine verstellbare, aktiv mit Wasserstoff gekühlte Schubdüse, die bei Gastemperaturen bis 2400 Kelvin erfolgreich getestet wurde.

Von MTU entworfen und gebaut – Verstelldüse für die Sänger-Antriebsanlage

Prüfstandsaufbau der Sänger-Antriebsanlage mit Brennkammer und Verstelldüse und Diffusor bei der DASA in Ottobrunn

EJ 200 – Europas wichtigstes militärisches Triebwerk

Das EF 2000 Typhoon-Flugzeugprogramm

Grundlage für die Definition des Waffensystems/Flugzeugprojektes EF2000/European Fighter Aircraft (EFA), ab Herbst 1998 auch Typhoon genannt, war das European Staff Requirement (ESR), das von den Luftwaffen Großbritanniens, der Bundesrepublik Deutschland, Italiens und Spaniens am 5. Dezember 1986 gemeinsam verabschiedet worden ist.

Die Luftwaffen dieser Nato-Partnerländer hatten damals einen gemeinsamen Bedarf für ein neues Jagdflugzeug festgestellt und im September 1987 gemeinsame militärische und technische Forderungen für ein neues Flugzeug festgelegt. Dieses Flugzeug war als Nachfolgemuster für die britischen »Lightning« und »Tornado F.3«, den italienischen »Lockheed Starfighter F-104S«, die deutschen McDonnell F-4E »Phantom II« und die spanischen Phantom- und Mirage-Flugzeuge vorgesehen. Von den deutschen parlamentarischen Gremien wurde die Neuentwicklung eines neuen Jagdflugzeugs in Deutschland, zunächst als »Jäger 90« bezeichnet und im Mai 1988 gebilligt. In einem Regierungsabkommen hat sich die Bundesrepublik Deutschland im November 1988 zusammen mit den Partnerländern verpflichtet, die Entwicklung eines solchen Flugzeugs und eines neuen Triebwerks innerhalb eines festen Kostenrahmens zu beginnen. Die Unterzeichnung der Entwicklungs-Hauptverträge für den Eurofighter 2000 sowie für das Triebwerk EJ 200 erfolgte am 23. November 1988 in München. Ende 1992 wurde von der gemeinsamen NATO-Programmsteuergruppe NEFMA (NATO European Fighter Management Organisation), deren Sitz in München ist, eine Reorientierung des Entwicklungsprogramms verlangt. Im Jahre 1993 sind daraufhin von dem Firmenkonsortium

Eurofighter Jagdflugzeuge GmbH (München) und Eurojet GmbH (München) neue Verträge ausgearbeitet worden. Neben der DASA (33 % Anteil) waren British Aerospace (33 %), Alenia (21 %) und CASA (13 %) auf der Zellenseite beteiligt. Eine deutsche parlamentarische Entscheidung über eine Serienfertigung und Beschaffung des Flugzeugs nach Abschluß der Entwicklung wurde 1998 herbeigeführt. Ein Beschluß der vier am Flugzeug-Programm beteiligten Regierungen für die Fertigung von zunächst 620 Flugzeugen und zum Bau von ca. 1500 Triebwerken in Form verschiedener Teillose liegt vor.

Eurojet EJ200 Modul-Aufbau

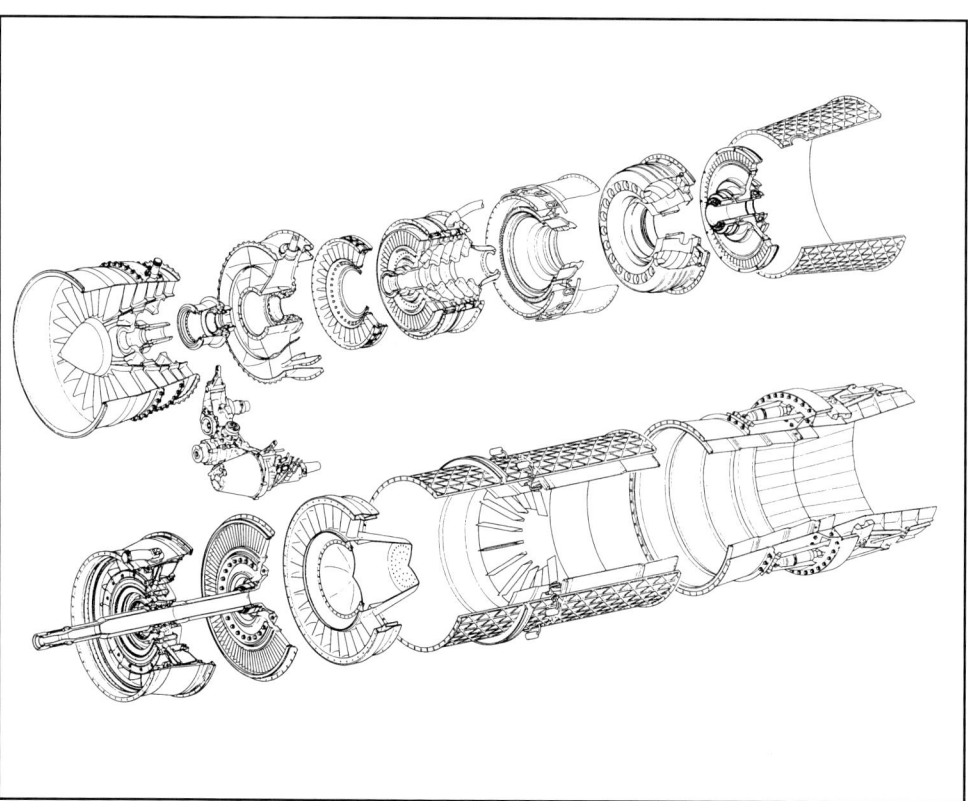

Eurojet EJ200 bei MTU auf dem Entwicklungsprüfstand

Das EJ 200-Triebwerksentwicklungsprogramm

Die Eurojet Turbo GmbH, München, gegründet 1986, ist Tochtergesellschaft der vier Firmen: Rolls-Royce (England), Fiat Avio (Italien), Industrie de Turbo Propulsores (ITP) (Spanien) und MTU München. Der deutsche Anteil beträgt 30 % für den Hauptauftragnehmer MTU unter Beteiligung der Ausrüstungsindustrie. MTU entwickelt die Module Niederdruckverdichter, Hochdruckverdichter und das elektronische Triebwerksregelsystem und führt neben den Komponentenversuchen Volltriebwerksprüfstandsversuche in Bodenprüfständen und Höhenprüfständen durch. Außerdem ist die MTU für die Fremdkörperansaugversuche und Nachweise zuständig (Wasser, Sand, Hagel, Gas, Vogel), die alle in München-Allach durchgeführt wurden. An der Fertigung der HD-Turbine ist die MTU mitbeteiligt. Die Triebwerksauslegungsphase begann 1986. Erstlauf eines DVE (Design Verification Engine)-Triebwerks, d.h. eines Triebwerks mit noch nicht endgültig technologisch festgelegten Komponenten, war am 23. November 1988 bei MTU in München. Das sogenannte DVE-Programm wurde im Juli 1991 abgeschlossen. Die ersten sechs Entwicklungstriebwerke hatten ab Liefertermin 15.6.1994 den sog. 01A-Standard, die nächsten 8 Triebwerke den 01C-Standard ab Ende 1995. Ab 25.4.1997 folgte der Standard 03A mit 8 Triebwerken und ab 15.9.1998 der Standard 03B MP1 mit sechs Triebwerken.

Am 15.3.1999 folgt der 03B MP3-Standard mit 3 Triebwerken und am 30.6.1999 der 03Z-Standard als erster Serienstandard mit ebenfalls 3 Triebwerken. Die EJ200-Serienzulassung soll im November 1999 abgeschlossen werden.

Im Triebwerksentwicklungsprogramm liefen bis Ende 1998 22 Prototypen-Triebwerke. Die Gesamttriebwerkslaufzeit auf den Prüfständen in Bristol, Turin, Zamudia und München einschließlich der Voll-Standard-Entwicklungstriebwerke (FSDE - Full Scale Development Engine) betrug Ende 1998 9000 Laufstunden. Davon 3500 Stunden im Höhenprüfstand an der TH Stuttgart und bei der DERA in Pyestock (England). Bis zu diesem Zeitpunkt hatten die 7 Prototypenflugzeuge (DA - Development Aircraft) 700 Flugstunden erflogen. Die Vogelschlagversuche und die Wasseransaugtests wurden erfolgreich abgeschlossen, werden aber mit dem Serienstandard 03Z nochmals wiederholt.

Vollausgerüstete EJ 200

Im Dezember 1993 erhielt das EJ 200 die vorläufige Flugfreigabegenehmigung (PFR = preliminary flight release). Im September 1993 wurden die ersten zwei Flugerprobungstriebwerke fertiggestellt. Sie waren zum Einbau in die Zelle des Eurofighter-Erprobungsflugzeugs DA-3 bei Alenia in Caselle (Italien) vorgesehen.

Der erfolgreiche Erstflug des ersten von sieben EF 2000-Prototypen DA-1 mit zwei von Anfang an geplanten RB.199-Mk104E-Interimstriebwerken fand mit DASA-Testpilot Peter Weger am 27. März 1994 in Manching statt.

Das EF 2000-Flugzeug ist ein einsitziges Jagdflugzeug mit zwei Triebwerken. Es ist ein sehr wendiges und leistungsfähiges Flugzeug für Luftverteidigungsaufgaben zur Abwehr von gegnerischen Flugzeugen (Luftraumschutz) und zum Einsatz sowohl für größere Entfernung als auch im Nahbereich optimiert.

Mit seiner Leermasse von rund zehn Tonnen ist der Eurofighter EF 2000 um ein Drittel leichter als der gleich große PANAVIA Tornado. Dies ist durch die konsequente Verwendung von Kohlefaserverbundwerkstoffen und Titan und modernster Systemtechnologie

Eurofighter Typhoon-Prototypenflugzeug während der Flugerprobung

ermöglicht worden. Das Flugzeug hat eine Länge von 14,5 Metern, 10,5 Meter Flügelspannweite und eine Abflugmasse von maximal 17 Tonnen. Ohne Computerunterstützung kann das Flugzeug nicht fliegen. Es ist ein aerodynamisch instabiles Delta-Canard-Flugzeug mit zwei Entenflügeln. Die Anwendung der Nutzung der künstlichen Stabilität ist nur durch die Computer-Systemarchitektur der digitalen Flugsteuerung und entsprechende leistungsfähige intelligente Software möglich. So sind das Speichervolumen der Bordrechner und auch der Programmumfang der Flugzeug-Software hundertmal größer als zu Beginn der Erprobung des Tornado 1974. Alle Flugdaten und Steuerbefehle werden über Lichtwellenleiter übertragen. Das Flugführungssystem ist zum Schutz gegen Ausfall vierfach vorhanden.

Die EJ 200-Triebwerkstechnologie

Das EJ 200 ist ein Zweistromtriebwerk mit zwei Wellen und Nachbrenner. Es hat einen überhängenden dreistufigen Niederdruckverdichter ohne Eintrittsleitschaufel (Druckverhältnis ca. 4,2:1) in All-Blisk-Bauweise, einen fünfstufigen Hochdruckverdichter mit »wide-cord« 3D-Beschaufelung mit Druckverhältnis ca. 6:1, davon ist die erste Stufe verstellbar. Die Brennkammer ist eine Ringbrennkammer mit 30 Verdampfereinspritzdüsen. Der Massendurchsatz beträgt 75 bis 77 kg/s.
Die gekühlte Hochdruckturbine und die ungekühlte Niederdruckturbine sind einstufig. Die Turbineneintrittstemperatur beträgt ca. 1750 K. Der Luftbedarf zur Kühlung der Turbine beträgt ca. 2,5 % des Luftdurchsatzes. Das Nebenstromverhältnis beträgt 0,4:1 und der Schub 60 kN ohne bzw. 90 kN mit Nachverbrennung. Es wird eine von ITP in Spanien konstruierte konvergent-divergente Verstellschubdüse verwendet. Es werden im gesamten Triebwerk neuartige Bürstendichtungen eingesetzt. Das Triebwerk ist hauptsächlich aus Titan konstruiert und für einen Einsatz bei einer Fluggeschwindigkeit im Mach 2-Bereich ausgelegt. Das EJ 200-Triebwerk ist für eine Lebensdauer von 6000 Flugstunden konzipiert worden. Dies entspricht einer Lebensdauer von ca. 25 Jahren bei militärischen Flugzeugen.

Großer Wert wurde auf eine einfache Konstruktion und große Wartungsfreundlichkeit gelegt. Gegenüber dem RB 199 wurde dieser Wert, d.h. die Zahl der Wartungsstunden pro Flugstunde, um den Faktor 2 verringert. So wurde die Zahl der eingebauten Schaufeln von den 2848 Stück des RB 199 auf 1800 reduziert. Die Verwendung von integrierter Schaufel/Scheiben-Konstruktionen, sog. »Blisks« (Blade and Disk), wurde im gesamten ND-Verdichter und in der 3. HD-Verdichterstufe realisiert. Die ungekühlte ND-Turbinenstufe ist aus einem Einkristallhochtemperaturwerkstoff, und die einstufige HD-Turbine ist eine Pulvermetallkonstruktion aus RR 2000 bei den Laufschaufeln und MARM 002-Werkstoff bei den Leitschaufeln. Das Triebwerk hat ein dreiflutiges Nachbrennersystem. Der Nachverbrennungsgrad ist stufenlos regelbar. Das Triebwerk hat ein für negative und 0 g-Belastung taugliches Ölsystem.

Die elektronische Triebwerksregelung

Mit der DECU (Digital Electronic Control Unit), dem Kernstück des Regelsystems, verfügt das EJ 200 über einen Regler vom Konzept eines »digitalen Triebwerksreglers mit voller Autorität« (FADEC = Full Authority Digital Engine Control). Der Regler sorgt eigenständig dafür, daß die vom Piloten geforderte Leistung umgehend und stabil zur Verfügung steht. Dies beinhaltet, daß die An- und Abwahl des Nachbrenners automatisch erfolgt und geeignete Maßnahmen bei eventuellen Störungen (z.B. automatisches Wiederanlassen nach Triebwerksverlöschen) bereitgehalten werden. Gleichzeitig stellt der Regler sicher, daß die festgelegten Drehzahl-, Temperatur- und Druckgrenzwerte eingehalten werden.

Die vom Piloten angeforderte Leistung wird elektronisch über einen redundant ausgeführten Flugzeugdatenbus übermittelt, der auch Informationen über den Flugzustand des Flugzeuges bereitstellt. Anstelle der früher im Triebwerksbau üblichen hydraulisch arbeitenden Regelgeräte wurden im modernen Triebwerksbau elektrisch angesteuerte Brennstoffzumeßventile und Schaufel- und Düsenverstellungen eingeführt. Die Sollwerte all dieser Stellgeräte werden in Abhängigkeit von den jeweiligen Flug- und Lastbedingungen vom Regler berechnet. Der genaue Abgleich der Positionen erfolgt unter Zuhilfenahme der gemessenen Istwerte.

Kraftstoffgekühlte Triebwerksregler für Triebwerk EJ 200

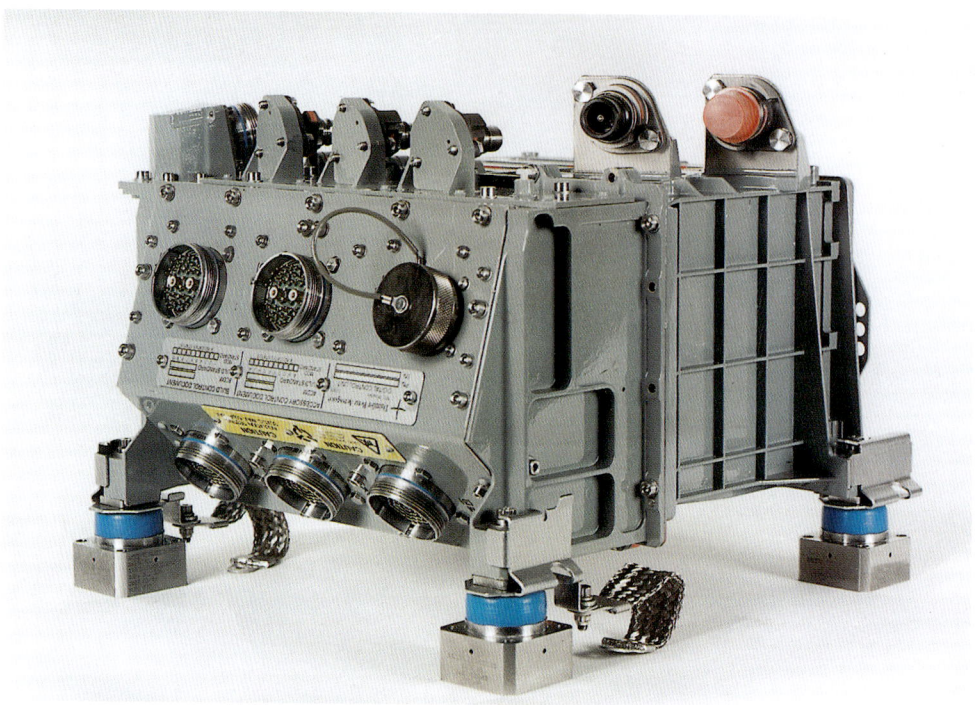

Aus Sicherheitsgründen ist das Regelsystem zweikanalig ausgeführt, d.h. alle Meßsignale, die Elektronik des Reglers und der Stellgeräte sind doppelt vorhanden. Damit konnte ein fortschrittliches Selbsttest- und Umschaltkonzept realisiert werden, welches die strengen Forderungen zur Fehlerlokalisierung und -toleranz erfüllt und ein Höchstmaß an Sicherheit und Zuverlässigkeit garantiert.

Der Regler ist direkt am Gehäuse des Niederdruckverdichters montiert. Er ist hohen mechanischen und thermischen Belastungen ausgesetzt. Er ist schwingungsgedämpft aufgehängt und wird mit Kraftstoff gekühlt.

Alle gemessenen Triebwerksdaten sowie eventuell auftretende Fehler werden an die im Flugzeug zentral untergebrachte Überwachungseinheit (EMU = Engine Monitoring Unit) weitergeleitet. Sie ermittelt u.a. den Lebensdauerverbrauch der Triebwerksbauteile, meldet erhöhte Schwingungspegel, registriert alle Störungen und diagnostiziert den Leistungszustand des Triebwerks. Der Regler wurde von der MTU vollverantwortlich entwickelt. Die Regel- und Sicherheitslogik wurde komplett im Haus entworfen und als sicherheitskritische Software für den Flugeinsatz qualifiziert.

Der endgültige Serienstandard des Reglers befindet sich in der Erprobung am Triebwerk. Er ist um 20 % leichter und übertrifft deutlich die spezifizierten Forderungen. Durch die Verwendung hochintegrierter Bauteile konnte die Anzahl der ursprünglich vorgesehenen Komponenten um ca. 40 % reduziert werden. Die Verlustwärme sank um ca. 30 %. Beide Maßnahmen brachten eine erhebliche Verbesserung von Zuverlässigkeit und Lebensdauer.

Die Zukunft des EJ 200

Die von der MTU für das Eurofighter-Triebwerk EJ 200 entwickelten Komponenten tragen mit ihrem hohen technologischen Stand wesentlich zum Erfolg des Triebwerks und des Waffensystems bei. Technologien, wie die Herstellung integraler Verdichterlaufräder (Blisk) oder die hocheffiziente und robuste Beschaufelungsauslegung werden bei zukünftigen militärischen Projekten aber auch im zivilen Flugtriebwerksbau Anwendung finden. Auf dem Gebiet Triebwerksregelung hat die MTU sowohl im Bereich der Reglerelektronik als auch bei der Softwareentwicklung eine internationale Spitzenleistung erreicht.

Das EJ 200 ist auch für den Einsatz in anderen militärischen Flugzeugen geeignet. So werden im Rahmen verschiedener Exportaktivitäten zur Zeit der Einbau in der schwedischen Saab »Gripen« in Einmotoren-Version sowie in dem Alenia/AerMacchi/Embraer AMX-Kampfflugzeug in einer Version ohne Nachbrenner untersucht.

Weiterführende Fachliteratur:

- MTU München (Hrsg.)
  Flugtriebwerke von MTU
  Sonderbeilage INTERAVIA (1975) Heft 4

- MTU Gesellschaften (Hrsg.)
  Erinnerungen – 50 Jahre Flugtriebwerkbau in München / 75 Jahre Motorenbau in Friedrichshafen
  Sonderausgabe MTU heute, 1984

- MTU Gesellschaften (Hrsg.)
  Die Geschichte der MTU Gruppe
  Broschüre der MTU Gesellschaften München und Friedrichshafen, 1987

- MTU München (Hrsg.)
  MTU 20 Jahre 1969–1989
  MTU heute 19 (1989) Heft 3

- MTU Gesellschaften (Hrsg.)
  25 Jahre MTU
  Broschüre der MTU Gesellschaften München und Friedrichshafen, 1994

- Gersdorff, K. von; Grasmann, K.; Schubert, H.:
  Flugmotoren und Strahltriebwerke
  3. Auflage - Bernard & Graefe Verlag Bonn, 1995

- Heindl, F.:
  Antriebe für eine moderne Welt – Die MTU stellt vor: Menschen, Technik, Umfeld
  Buch der MTU München, München 1997

- MTU München (Hrsg.):
  Engines for the World – MTU today
  Military Technology-Profile (1998) 9 S. 1 bis 8

Aus der Geschichte der MTU München und ihrer Vorgängergesellschaften

1888	Erste Flugversuche von Dr. Hermann Wölfert mit einem Luftschiff, das von einem 2-PS-Daimler-Motor angetrieben wird.
1900	Daimler liefert Luftschiffmotoren für das erste Zeppelin-Luftschiff LZ1.
1902	Daimler liefert einen Luftschiffmotor für das französische Lebaudy-Prall-Luftschiff.
1906	Erstfahrt des Zeppelin LZ3 mit zwei 90 PS Daimler-Motoren.
1909	Beginn des Flugmotorenbaus bei den Firmen Daimler in Cannstatt und Benz in Mannheim. Karl Maybach, der Sohn Wilhelm Maybachs, gründet die »Luftfahrzeug-Motorenbau GmbH« in Bissingen an der Enz. Bau des AZ-Luftschiffmotors.
1912	Umbenennung der »Luftfahrzeug-Motorenbau GmbH« in »Motorenbau GmbH« und Verlegung der Firma nach Friedrichshafen am 8. Mai 1912. Bau der Luftschiffmotoren CX, DW, JR, HL und HS. Beginn der Flugmotorenentwicklung bei der Siemens & Halske AG im Blockwerk in Berlin-Siemensstadt.
1913	Am 28. Oktober 1913 Gründung der »Rapp-Motorenwerke GmbH« durch Karl Rapp in Milbertshofen. Beginn des Flugmotorenbaus in München. Der 100 PS 4-Zylinder-Standmotor FX von Benz gewinnt den ersten Kaiserpreis. Daimler-Flugmotoren erreichen bei diesem Wettbewerb den zweiten und vierten Preis.
1914	Benz und Daimler entwickeln Sechszylinder-Flugmotoren mit 160 PS-Leistung für militärische Flugzeuge.
1915	Baubeginn des neuen Daimler-Werkes Sindelfingen, in dem zunächst Flugzeuge und Flugmotoren hergestellt werden.
1916	Bau des überverdichteten Flugmotors MB IVa bei Maybach.
1917	Umbenennung der Rapp-Motorenwerke GmbH in »Bayerische Motoren Werke GmbH« (BMW). Entwicklung des BMW IIIa 185 PS Höhenmotors durch Max Friz.
1918	Umbenennung der »Motorenbau GmbH« in »Maybach-Motorenbau GmbH«. Umwandlung der »Bayerische Motoren Werke GmbH« in die »Bayerische Motoren Werke AG« am 13. August 1918. Serienfertigung des BMW IIIa bis Kriegsende.
1919	Der Versailler Vertrag verbietet den Flugmotorenbau in Deutschland. Versuche gehen bei BMW heimlich weiter. Höhenweltrekordflug einer Junkers F13 mit BMW IIIa mit 6750 m Flughöhe und 8 Personen. Höhenweltrekord einer DFW C IV mit BMW IV-Flugmotor.
1922	Der österreichische Industrielle Camillo Castiglioni erwirbt die Einrichtungen, Patente und den Firmennamen der Bayerischen-Motoren-Werke AG. Seine Firma »Bayerische Flugzeugwerke AG« in München-Milbertshofen übernimmt den Motorenbau der BMW und ändert ihren Namen in »Bayerische Motoren Werke AG« (BMW).
1923	BMW nimmt nach Lockerung der Alliierten-Verbote den Motorenbau mit einer kleinen Serie von BMW IIIa-Motoren wieder auf.
1924	Interessengemeinschaft der Firmen Daimler und Benz.
1926	Zusammenschluß der Firmen Daimler (Stuttgart) und Benz (Mannheim) zur »Daimler-Benz AG« und Wiederaufnahme der Flugmotorenentwicklung bei Daimler-Benz in Zusammenarbeit mit der Deutschen Versuchsanstalt für Luftfahrt (DVL) in Berlin-Adlershof. Der BMW IV-Motor erfliegt 5 Weltrekorde im Rohrbach-Flugboot RoVII. Der BMW VI-Motor erringt im Dornier »Merkur« und Dornier Do-D15 Weltrekorde.

	Die Siemens & Halske Flugmotoren Sh10, Sh11 und Sh12 bestehen bei der DVL die Musterzulassung.
1927	Der BMW IV-Motor erobert im Rohrbach »Roland« 22 Weltrekorde. Siemens & Halske erwirbt von Gnôme et Rhone die Lizenz für den luftgekühlten Jupiter-Flugmotor.
1928	BMW erwirbt die Herstellerlizenz für den luftgekühlten Neunzylinder-Hornet-A-Motor von Pratt & Whitney, USA. Siemens & Halske verlagert den Flugmotorenbau in das Werk Berlin-Spandau.
1929	8 Weltrekorde werden in Heinkel- und Rohrbach-Flugzeugen mit BMW VI-Motor geflogen.
1930	Im März 1930 wird der tausendste BMW VI Flugmotor ausgeliefert. Wolfgang von Gronau überquert mit einem Dornier »Do Wal«, der mit BMW VI-Motoren ausgerüstet ist, den Nordatlantik.
1931	Weltrekord für Schienenfahrzeuge. Schienenzeppelin mit BMW VI fährt 230 km/h.
1933	BMW erwirbt die Herstellerlizenz für den luftgekühlten Neunzylinder Hornet B-Motor. Der daraus weiterentwickelte BMW 132-Motor kommt als Antrieb der Junkers Ju 52 zum Einsatz.
1934	Gründung der »BMW Flugmotorenbau GmbH«, einer 100 prozentigen Tochtergesellschaft der BMW AG. Sie wird Ursprung der MTU München. Die »Siemens-Apparate- und Maschinen GmbH« (SAM) in Berlin übernimmt den Flugmotorenbau von Siemens & Halske. Daimler-Benz beginnt mit der Entwicklung der DB600 Flugmotoren-Familie.
1936	Gründung der »Brandenburgischen Motorenwerke GmbH« (Bramo) als Nachfolger der »Siemens-Apparate- und Maschinen GmbH« (SAM). Einführung der Kraftstoff-Direkteinspritzung im Flugmotorenbau durch Daimler-Benz. Bei Daimler-Benz Beginn der Serienfertigung des DB601 Flugmotors.
1937	Der Focke-Achgelis-Hubschrauber FW61 mit Siemens & Halske SH 14B-Motor erringt sämtliche Hubschrauberweltrekorde. Im neuen BMW-Werk II in Allach (heutiges Werk der MTU München) wird die Reparatur von BMW 132-Flugmotoren aufgenommen.
1938	Die BMW beteiligt sich mit 50 Prozent an den Brandenburgischen Motorenwerken (Bramo). Auf Wunsch des RLM Beginn der Gasturbinen-Entwicklung bei Bramo im Werk Berlin-Spandau unter Dr. Hermann Oestrich. Vorarbeiten für das BMW 109-003 beginnen. Focke Wulf Fw200 Condor mit vier BMW 132 macht Nonstop-Flug nach New York.
1939	Die »BMW Flugmotorenbau GmbH« übernimmt die »Brandenburgische Motoren Werke GmbH« zu 100 Prozent und firmiert diese Tochtergesellschaft in »BMW Flugmotorenwerke Brandenburg G.m.b.H« um. BMW beginnt die Entwicklung von Raketentriebwerken in Berlin-Spandau. Geschwindigkeitsweltrekord für Propellerflugzeuge mit der Messerschmitt Me 209 V1, die mit einem modifizierten DB601-Motor ausgerüstet ist.
1941	Das neu errichtete Flugmotorenserienwerk (BMW-Werk II) in Allach beginnt mit der Serienfertigung des 14-Zylinder-Doppelsternmotors BMW801 für die Focke-Wulf FW190.
1942	Beginn der Serienfertigung der Daimler-Benz Flugmotoren DB605 und DB603 in Genshagen. Beginn der Gasturbinen-Entwicklung bei Daimler Benz (DB109-007) in Stuttgart-Untertürkheim.
1943	Beginn der Flugerprobung der BMW 109-003 in einer Junkers Ju88 als fliegender Prüfstand.
1944	Beginn der Serienfertigung BMW 109-003A-0 in Berlin-Spandau. Erster Höhenflug in einer Arado Ar 234 mit BMW 109-003. Erstflug Heinkel He 162 V1 Volksjäger mit BMW 109-003 E am 06.12.1944.
1945	Beginn Flugerprobung eines BMW 109-003 R in einer Me 262 C-2b am 28.03.1945 in Lechfeld. April 1945: Besetzung der BMW-Werke in München durch die Amerikanische Armee.

	Umstellung des BMW-Werkes Allach auf die Reparatur von Heeresfahrzeugen für die amerikanischen Streitkräfte als Karlsfeld Ordenance Depot KOD.
1947	Umbenennung der BMW Flugmotorenbau GmbH in BMW-Verwaltungsgesellschaft mbH am 30. Oktober 1947.
1952	Das BMW-Werk II in Allach hat 6300 Mitarbeiter und überholt und repariert Heeresgerät für die US-Army.
1954	Gründung der »BMW-Studiengesellschaft für Triebwerkbau GmbH« am 22. Januar 1954 als Tochter der BMW-Verwaltungsgesellschaft und der BMW Maschinenfabrik Spandau GmbH.
1955	Beendigung des Besatzungsregimes in Deutschland und Aufhebung der Alliierten-Verbote für die Luftfahrt am 5. Mai 1955. Verkauf von ca. 50 Prozent der Werkanlagen in Allach von BMW an die M.A.N. AG am 28. April 1955, die ihre Nutzfahrzeugproduktion von Nürnberg nach München-Allach verlagert. Freigabe des BMW-Werkes II in Allach durch die US-Army am 30. Juni 1955.
1956	Am 4. Juni 1956 Abschluß eines Lizenzvertrages zwischen AVCO Lycoming und BMW über den Bau von Flugkolbenmotoren.
1957	Umbenennung der BMW Verwaltungsgesellschaft mbH in »BMW Triebwerkbau GmbH«, einer 100prozentigen Tochter der BMW AG und Nachfolgerin der »BMW Flugmotorenbau GmbH«. Beginn der Lizenzproduktion des Kolbenmotors Lycoming Go-480-B 1 A 6 und Betreuung der Orenda 10- und Orenda 14-Strahltriebwerke. Entwicklungsbeginn der Kleingasturbine BMW 6002. Entwicklungsbeginn der Wellenleistungs-Gasturbine DB720 bei der Daimler Benz AG in Stuttgart.
1958	Gründung der »M.A.N. Turbomotoren GmbH« als Tochtergesellschaft der M.A.N. AG mit Firmensitz in unmittelbarer Nachbarschaft der BMW Triebwerkbau in München Allach. Entwicklungsbeginn der Wellenleistungs-Gasturbine DB721 bei der Daimler Benz AG in Stuttgart.
1960	Aufstockung des Stammkapitals bei der BMW Triebwerkbau von 10 auf 20 Mio. DM durch die M.A.N., die damit 50 Prozent der Geschäftsanteile übernimmt. Beginn der Lizenzfertigung des Starfighter-Triebwerks General Electric J79-11A. Entwicklungsbeginn der Kleingasturbine BMW 6012 bei BMW Triebwerkbau GmbH. Unterzeichnung eines 10-Jahres-Zusammenarbeitsvertrages zwischen der M.A.N. Turbomotoren und Rolls-Royce, Derby.
1961	Am 3. August 1961 wird das erste in München gebaute J79-11A-Triebwerk an das BWB übergeben. Am 21. Dezember 1961 Abbruch der Entwicklungsarbeiten am Triebwerksprojekt RB 153-17/25.
1962	Der BMW 6012L-Luftlieferer geht in die Erprobung. Erste Kundendiensttagung der BMW-Triebwerkbau im Mai 1962. Erstflug Dornier-Einmannhubschrauber Do 32 mit BMW 6012 als Antrieb.
1963	Erstflug C-160-Transall mit Tyne Mk 22 am 25.2.1963 in Mellun-Villaroche. Erster Schwebeflug der EWR VJ101-C-X1 mit sechs RB 145-Triebwerken in Manching.
1964	Entwicklungsbeginn der Kleingasturbine BMW 6022. Im September 1964 schloß die MAN Turbomotoren mit Rolls-Royce einen Vorvertrag über die Tyne-Lizenzfertigung.
1965	Am 18.6.1965 übernimmt die M.A.N. AG die BMW Triebwerkbau GmbH zu 100 Prozent. Die BMW Triebwerkbau GmbH wird in »M.A.N. TURBO GmbH« umbenannt. Die M.A.N. Turbomotoren GmbH fusioniert mit der M.A.N. TURBO. Kapitalerhöhung aus Eigenmitteln, bedingt durch die Fusion, auf 31,63 Mio. DM. Beginn der Lizenzfertigung des Wellenleistungstriebwerkes Tyne Mk22 und Mk21 von Rolls-Royce für die Transall C-160 und Breguet Br.1150 Atlantic.
1966	Gründung einer Raumfahrtabteilung bei der MAN-Turbo im März 1966. Einstellung der Entwicklung des Triebwerkes RB 153-61 für die EWR VJ101D. 1967 Projektarbeiten an einem Triebwerk für das NKF-Flugzeugprojekt. Erstflug der BO105-V3 mit zwei MAN Turbo 6022-A2 am 20. Dezember 1967 in Ottobrunn.
1968	Gründung der Entwicklungsgesellschaft für Turbomaschinen GmbH als Tochter der Daimler-Benz AG und der MAN Turbo GmbH am 27. November 1968.

1969	Abschluß eines Vertrages zwischen der Daimler Benz AG und der M.A.N. AG, um die Interessen beider Konzerne auf dem Gebiet der Luftfahrtgasturbinen und der schnellaufenden Dieselmotoren zusammenzulegen. Umbenennung der »M.A.N. TURBO GmbH« in »Motoren- und Turbinen Union München GmbH M.A.N. Maybach Mercedes Benz« (MTU München). Umbenennung der »Maybach Mercedes-Benz Motorenbau GmbH« in »Motoren- und Turbinen Union Friedrichshafen GmbH M.A.N. Maybach Mercedes Benz« (MTU Friedrichshafen). MTU München, Rolls-Royce und Fiat gründen die Tochergesellschaft »Turbo-Union Ltd.« zur Entwicklung des Triebwerks RB199 für das MRCA (Tornado) am 1. Juni 1969. Unterzeichnung des Entwicklungsvertrages RB 199-34R zwischen NAMMA und Turbo-Union am 13. Oktober 1969.
1970	Am 1. Januar 1970 übernimmt MTU München 83,8 Prozent der Gesellschaftsanteile der MTU Friedrichshafen von der Daimler Benz AG. Nach dieser Sacheinlage werden Daimler Benz 50 Prozent der Anteile der MTU München übertragen. Erhöhung des Stammkapitals bei der MTU München auf 63,26 Mio DM. Serienauftrag des Hubschrauber-Triebwerkes T64-MTU-7 für den Sikorsky CH-53 G. Roll-Out VFW VAK 191 B-V1 am 24. April 1970.
1971	Vertrag zwischen General Electric und MTU München über Teilefertigung CF6-50 am 17. März 1971. Die MTU München errichtet in Peißenberg ein Zweigwerk. Eröffnung am 1. April 1971. Am 27. Mai 1991 letzter Flug der VJ101C-X2 in Manching. Erstflug VFW VAK 191B mit RB193-12 in Bremen am 10.9.1971.
1972	Erhöhung des Stammkapitals der MTU München auf 100 Mio. DM. Beginn der Fertigung der J79-MTU-17A-Triebwerke für die McDonnell Phantom F-4F.
1973	Auslieferung des ersten CF6-50-Serienkits am 19.4.1973 an die SNECMA. Am 10. Mai 1973 Unterzeichnung des Vertrages mit Pratt & Whitney Aircraft über die Entwicklung und Fertigung des JT10D-Triebwerkes.
1974	Auslieferung des ersten bei MTU München gelieferten RB199-34R-Flugerprobungstriebwerkes am 8. April 1974. Erstflug MRCA/Tornado am 14.8.1974 in Manching. 1975 Übergabe des letzten T64-MTU-7-Hubschraubertriebwerkes am 24. April 1975 an das BWB.
1976	Serienauftrag für das Tornado-Triebwerk RB199. Serienauftrag für das Alpha-Jet-Triebwerk Larzac 04. 1977 Unterzeichnung des PW2037-Zusammenarbeitsvertrages zwischen Pratt & Whitney, MTU und Fiat.
1978	Gründung der »MTU-Turbomeca S.A.R.L.« durch MTU und Turbomeca zur gemeinsamen Entwicklung des 800-kW-Hubschraubertriebwerkes MTM385.
1979	Gründung der MTU Maintenance GmbH in Langenhagen bei Hannover.
1980	Erhöhung des Stammkapitals der MTU München auf 110 Mio DM.
1981	Die MTU Maintenance erhält am 1. Juli 1981 die LBA-Zulassung. Erster Prüfstandslauf PW 2037 am 4. Dezember 1981 in East Hartford.
1982	Erhöhung des Stammkapitals der MTU München auf 156,6 Mio DM. MTU München beteiligt sich an der »Aktiengesellschaft Kühnle, Kopp & Kausch (KKK)« in Frankenthal.
1983	Die MTU München beteiligt sich an der IAE zur Entwicklung des Triebwerkes V 2500. Die MTU München stockt die Beteiligung bei KKK zu einer Mehrheitsbeteiligung auf.
1984	Die MTU München feiert mit einem Tag der offenen Tür am 5. Mai 1984 ihr 50jähriges Firmenjubiläum. Erstflug eines Serienflugzeuges Boeing B.757 mit PW 2037 bei Delta Airlines a m 13. Juli 1984.
1985	100prozentige Übernahme der MTU-Gruppe durch die Daimler-Benz AG. Die MAN AG Augsburg verkauft ihren 50 Prozent-Anteil an Daimler-Benz AG. Beginn der Kooperation mit Pratt & Whitney Canada (PWC).
1986	Gründung der Eurojet GmbH in München zur Entwicklung des EJ 200-Triebwerkes.

1989	Am 19.05.1989 wird in München die Deutsche Aerospace AG (DASA) gegründet. Die MTU München wird eine 100prozentige Tochter der DASA. Das Turbinenschaufelzentrum (TSZ) der MTU München geht in Betrieb.
1990	Auslieferung des ersten F117-PW-100-Serientriebwerkes für den USAF Transporter McDonnell-Douglas C-17A »Globemaster« III.
1991	Unterzeichnung des Allianz-Vertrages mit der United Technologies Corp. (UTC), Hartford, USA am 8. März 1991 in Frankfurt. Am 1. Juli 1991 bekommt die MTU München mit der MTU Ludwigsfelde, der vormaligen Luftfahrttechnik Ludwigsfelde (LTL) einen weiteren Wartungsbetrieb.
1993	Erstlauf PW 500 bei PWC in Kanada. Beginn der Flugerprobung des PW 4084 bei Boeing in Seattle.
1994	Vereinbarung zwischen MTU, SNECMA, Fiat Avio und ITP über die Entwicklung eines Wellenleistungstriebwerkes für einen europäischen militärischen Transporter (FLA), Projekt M138. Auslieferung des ersten Airbus A321 mit Triebwerk V2500 in Hamburg. Auflösung der MTU-Gruppe am 1. Juli 1994. Trennung von MTU München und MTU Friedrichshafen.
1995	Umbenennung der Deutschen Aerospace AG in Daimler-Benz Aerospace AG zum 1. Januar 1995.
1996	Das Hubschraubertriebwerk MTR 390 erhält die militärische deutsche Musterzulassung des BWB ML. Am 1. Juli 1996 Gründung der AEROTECH GmbH in Peißenberg. Unterzeichnung eines Triebwerksfertigungs-Kooperationsvertrags mit Volvo Aero am 9. Dezember 1996.
1997	Erstlauf des Engine 3E-Hochdruckverdichters am 29. April 1997. Am 15. Mai 1997 Verkauf der AEROTECH GmbH, Peißenberg. Entscheidung des Deutschen Bundestages über die Beschaffung des EF 2000 Eurofighters mit Triebwerk EJ 200. 1998 MTU München gründet eine Engineering Tochterfirma »ATENA«. Erstflug Fairchild Dornier 328 JET mit PWC 308 am 20. Januar 1998 in Oberpfaffenhofen. Gründung der MTU Maintenance Canada Ltd. In Vancouver. Am 17. November 1998 wird aus der Daimler-Benz AG durch Fusion mit Chrysler die DaimlerChrysler AG.